Leitfaden der Physik
mit besonderer Berücksichtigung
des Braugewerbes

von Dr. Albert Doemens

4. Auflage
von Dr. Albert Doemens u.
Dipl.-Ing. Albert Doemens

(Manuldruck)
Mit 111 Abbildungen

München und Berlin 1939
Verlag von R. Oldenbourg

Manuldruck F. Ullmann, G. m. b. H., Zwickau-Sa.
Printed in Germany

Vorwort zur II. Auflage.

Aus dem ungeheuer groß gewordenem Gebiete der Physik haben wir uns bemüht, das für den technisch gebildeten Brauer Notwendige auszuwählen. Der Brauer benötigt physikalische Kenntnisse zum Verständnis mancher Vorgänge im Betriebe, die Untersuchung der Braumaterialien und des Bieres im Laboratorium erfolgen zum großen Teil nach physikalischen Methoden, die Grundlage des Maschinenwesens bildet ebenfalls die Physik. Das Buch ist dazu bestimmt, die erforderlichen Kenntnisse aus der Physik dem Brauer auf eine leicht verständliche Art, unter Beschränkung auf das Notwendigste, zu vermitteln. Es dürfte willkommen sein als Leitfaden für den Unterricht an Brauerlehranstalten und soll auch dem in der Praxis tätigen Brauer als Nachschlagebuch und zum Selbststudium dienen.

M ü n c h e n , im Mai 1925.

Die Verfasser.

Inhaltsübersicht.

VI

VIII

X

Das metrische Maßsystem.

Im Jahre 1799 wurde von der französischen Regierung der zehnmillionste Teil des durch Paris gehenden, vom Nordpol bis zum Aequator reichenden Erdmeridianquadranten, also der vierzigmillionste Teil des Erdumfanges, als Längenmaß aufgestellt und als „das Maß" (le mètre) bezeichnet. Dieses Maß wurde in Form eines Platinstabes im Staatsarchiv in Paris als „Urmeter" aufbewahrt. Im Jahre 1889 wurde das Urmeter in eine neue zweckmäßigere Form gebracht, und seitdem wird es im Bureau international des poids et mesures in Sèvres bei Paris aufbewahrt. Das neue „Meterprototyp" bildet einen aus Platiniridium gefertigten, auf dem Querschnitt x-förmigen Stab. Der Abstand zwischen zwei feinen Strichen auf diesem Stabe von 0° C ist das Meter, die Grundlage des in den meisten Kulturstaaten eingeführten Maßsystems. Dasselbe ist nach neueren Messungen genau $\frac{1}{10000856}$ des durch Paris gehenden Erdmeridianquadranten. Aus demselben Gußblock Platiniridium wurden im Jahre 1889 außer dem Meterprototyp noch weitere dreißig Urmeter in gleicher Form hergestellt und an die einzelnen Staaten verteilt. Diese sind natürlich alle mit kleinen Fehlern behaftet, die aber sehr genau festgestellt sind und so bei genauen Messungen berücksichtigt werden können. So ist der Deutschland zugewiesene, von der Physikalisch-Technischen Reichsanstalt (P.T.R.) aufbewahrte Stab Nr.18 bei 0° 1–0,00000172 Meter lang.

Das Meter bildet auch die Grundlage für die Flächen- und Körpermaße. Das für Deutschland geltende Maß- und Gewichtsgesetz siehe Reichsgesetzblatt I. T. 1935, Nr. 142.

1. Längenmaße.

1 Meter (m)	=	10 Dezimeter (dm),
	=	100 Zentimeter (cm),
	=	1000 Millimeter (mm),
10 m	=	1 Dekameter (dkm),
100 m	=	1 Hektometer (hm),
1000 m	=	1 Kilometer (km),
10 km	=	1 Myriameter (μm),
1000 km	=	1 Megameter,
1 mm	=	1000 Mikromillimeter oder Mikron (μ),
1 μ	=	1000 Millimikron (mμ).

Andere Längenmaße.

Deutschland:

1 geographische (deutsche) Meile	=	7420 m
1 Seemeile (Knoten)	=	1852 „
1 preußischer Fuß = 12 Zoll = 144 Linien . · · ·	=	0,314 „
1 bayerischer Fuß = 10 Zoll = 100 Linien . · · ·	=	0,292 „
1 württembergischer Fuß = 10 Zoll = 100 Linien . ·	=	0,286 „
1 badischer Fuß = 10 Zoll = 100 Linien . · · ·	=	0,300 „
1 sächsischer Fuß = 12 Zoll = 144 Linien . · · ·	=	0,283 „

1 Lichtjahr = der vom Licht in 1 Jahr zurückgelegten Strecke
= rd. 9,46 Billionen km

1 österreichisch. (Wiener) Fuß = 12 Zoll = 144 Linien = 0,316 m

England und Nordamerika:

1 Statute Mile (gesetzliche Meile) . . . . = 1609 „
1 Sea Mile (Seemeile) . . . . = 1853 „
1 Foot (Fuß) = 12 Inches (Zoll) . = 0,305 „
1 Yard = 3 Feet (Fuß) . . . . = 0,915 „

Schweiz:

1 Fuß = 10 Zoll = 100 Linien . . . . . . = 0,300 „

Rußland:

1 Fuß = 12 Zoll . . . . = 0,305 „
1 Saschen = 3 Arschin = 16 Werschock . = 2,134 „
1 Werst = 500 Saschen . . . . = 1067 „

Frankreich, Belgien und Italien:

1 Pariser Fuß = 12 Zoll = 144 Linien . = 0,325 „

Schweden:

1 Fuß = 12 Zoll . . . . = 0,297 „
1 Elle = 2 Fuß . . . . = 0,594 „
1 Meile . . . . = 10 000 „

Dänemark und Norwegen:

1 Fuß = 12 Zoll = 144 Linien . . . . = 0,314 „

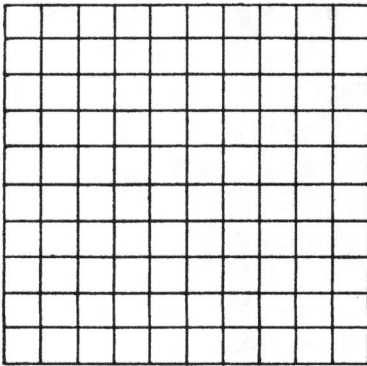

← 1m →

Figur 1

2. Flächenmaße.

Für den Ausdruck der Flächenausdehnung dient als Einheit das Quadratmeter, d. i. ein Quadrat von 1 m Seitenlänge. Nach Figur 1 gehen auf 1 Quadratmeter nicht 10, sondern 10×10 oder 10^2 Quadratdezimeter, man findet daher den Inhalt eines Quadrates, indem man die Seitenlänge in die zweite Potenz oder das Quadrat erhebt.

Demnach ist

1 Quadratmeter	= 10^2 =	100 Quadratdezimeter (dm² oder qdm)
(m² oder qm)	= 100^2 =	10 000 Quadratzentimeter (cm² oder qcm)
	= 1000^2 =	1 000 000 Quadratmillimeter (mm² oder qmm)
	= $0,001^2$ =	0,000 001 Quadratkilometer (km² oder qkm)

1 Ar (a)   = 100 m² (= 1 Quadratdekameter)
1 Hektar (ha) = 100 a = 10 000 m² (1 Quadrathektometer)
1 km²   = 100 ha = 10 000 a = 1000² oder 1 000 000 m²
    Ferner:
      1 Quadratmeile = 7,42² = 55,06 km²
      1 Quadratfuß (preuß.) = 0,314² = 0,0986 m²
      1   „   (bayer.) = 0,292² = 0,0853 „
    etc.

Feldmaße.

Deutschland:

1 preußischer Morgen	= 25,53 a
1 bayerisches Tagwerk = 39 964 Quadratfuß	
= 100 Dezimalen	= 34,07 „
1 württembergischer Morgen	= 31,52 „
1 badischer Morgen	= 36,00 „
1 Acker (sächsisch)	= 55,34 „
1 österreich. Joch (Katastraljoch) = 1600 Quadratklafter =	57,55 „

3. Körpermaße.

Für den Ausdruck des Raum-
inhaltes von Körpern, des Volumens der Körper, dient als
Einheit das Kubikmeter, d. i.
ein Kubus, ein Würfel von 1 m
Kantenlänge. Nach Fig. 2 gehen
auf 1 Kubikmeter $10 \times 10 \times 10$
oder $10^3 = 1000$ Kubikdezi-
meter, man findet daher den
Inhalt eines Kubus, indem man
die Kantenlänge in die dritte
Potenz oder den Kubus er-
hebt.

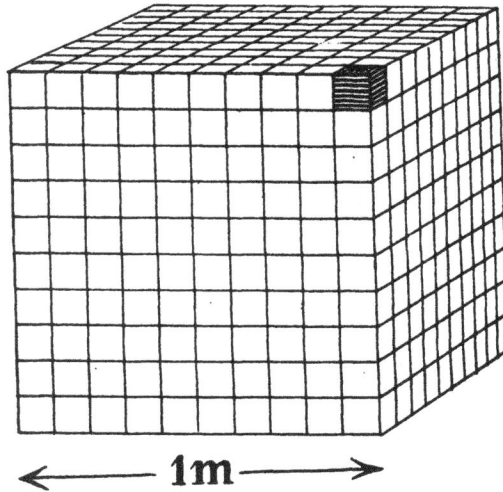

←— 1m —→

Figur 2

Demnach ist

1 Kubikmeter	$= 10^3 =$	1000 Kubikdezimeter (dm³ oder cdm)
(m³ oder cbm)	$= 100^3 =$	1 000 000 Kubikzentimeter (cm³ oder ccm)
	$= 1000^3 =$	1 000 000 000 Kubikmillimeter (mm³ oder cmm)
1 Kubikkilometer (km³)	$= 1000^3 =$	1 000 000 000 m³
1 Ster (s)	$= 1$ m³	

Ferner:

1 Kubikfuß (preuß.) $= 0,314^3 = 0,0310$ m³
1 Kubikfuß (bayer.) $= 0,292^3 = 0,0249$ m³
1 Kubikfuß (engl.) $= 0,305^3 = 0,0284$ m³
1 Kubikzoll (engl.) $= (\frac{0,305}{12})^3$ m³ $= 16.43$ cm³
etc.
1 m³ $= 0,353$ brit. Register-Tons (Schiffsraumgehalt)
1 bayer. Holzklafter $= 3,133$ m³.

Hohlmaße.

Das Volumen von Flüssigkeiten, Gasen und lose geschichteten festen Körpern (z. B. Gerste) kann man natürlich auch in m³ angeben. Als Einheit für den Ausdruck des Volumens von Flüssigkeiten etc., als Hohlmaßeinheit, dient jedoch gewöhnlich 1 dm³, genannt 1 Liter.*) 1 Liter Wasser in irgend einem Gefäß, z. B. in einem Literkrug, ist also genau so viel wie die Menge Wasser, welche ein kubischer Hohlraum von 1 dm Kantenlänge faßt.

1 Liter (l) $=$ 1 dm³
$=$ 10 Deziliter (dl)
$=$ 100 Zentiliter (cl)
$=$ 1000 Milliliter (ml) $=$ 1000 cm³
10 l $=$ 1 Dekaliter (dkl)
100 l $=$ 1 Hektoliter (hl)
1000 l $=$ 1 m³ $=$ 10 hl
1 hl $=$ einem Würfel von 4.6416 ($=\sqrt[3]{100}$) dm Kantenlänge
1 Tropfen $= 0,05$ bis $0,06$ cm³ $\Big\}$ bei Wasser
1 cm³ $= 16$ bis 20 Tropfen

Andere Hohlmaße.

Deutschland:

1 bayerischer Eimer (Schenkeimer) = 60 Maß = 240 Schoppen	64.1 l
1 bayrischer Schäffel (für Getreide)	222.36 l
1 preußisches Oxhoft = 1½ Ohm = 3 Eimer = 6 Anker = 180 Quart	206,1 l
1 preußischer Scheffel (für Getreide)	54.96 l
1 österreich. Eimer = 40 Maß = 160 Seidel . . . =	56.6 l
1 Wiener Metzen (für Getreide) . . . . . . =	61.5 l

---

*) Exakt wissenschaftlich definiert ist ein Liter der Raum den ein Kilogramm reinen Wassers (natürlich im Vacuum) bei seiner größten Dichte unter normalem Luftdruck einnimmt.

England:

1 Barrel = 36 Gallons . . . . =	162.00 l
1 Gallon = 4 Quarts = 8 Pints . . . . . . =	4.54 l
1 Quarter (für Getreide) = 8 Bushels = 32 Pecks	
= 64 Gallons . . . . =	290.78 l

Rußland:

1 Wedro = 10 Kruschki (oder Stof) . . . . . =	12.3 l
1 Tschetwert (für Getreide) = 8 Tschetwerik) . . =	209.9 l

Vereinigte Staaten von Nordamerika:

1 Bier-Barrel = 31 Gallons = 124 Quarts = 248 Pints =	117.3 l
1 Bushel (für Getreide) . . . . =	35.24 l

Übungsbeispiele.

1. 1 m = ? km.
2. 1 dm = ? m = ? cm = ? mm.
3. 1 cm = ? m = ? dm = ? mm.
4. 1 mm = ? m = ? dm = ? cm.
5. 0,35 m = ? dm = ? cm = ? mm.
6. 94 mm = ? cm = ? dm = ? m.
7. 3492 mm = ? m.
8. 94 cm + 0,4 mm + 654 dm = ? m.
9. 0,0427 km = ? m.
10. 7 m² = ? dm² = ? km².
11. 582 cm² = ? m² = ? mm².
12. 0,0000632 km² = ? m².
13. Welchen Flächeninhalt hat ein Quadrat von 7 m Seitenlänge?
14. 3726,53 m² = ? a = ? ha.
15. 31 dm³ = ? m³ = ? cm³.
16. 0,00864 m³ = ? dm³ = ? cm³.
17. 0,034 dm³ = ? cm³ = ? m³.
18. Wie viel m³ Rauminhalt hat ein Würfel mit 6,35 dm Kantenlänge?
19. 96,43 hl = ? m³ = ? l.
20. 0,038 m³ = ? l.
21. 0,79 l = ? cm³ = ? hl.
22. Wie viel hl faßt ein kubischer Hohlraum von 1,73 m Kantenlänge?

Messen von Strecken, Flächen und Körpern.

In früheren Zeiten bediente man sich zum Messen von Entfernungen und Längen verschiedener, durch den menschlichen Körper gebotener Maße, z. B. des Fußes, des Schrittes, des Zolles, der Spanne. Es ist auch heute noch zweckmäßig, sich den Wert dieser Maße am eigenen Körper für annähernde Messungen zu merken.

Zum Messen von Längen bedient man sich eines Meterstabes, der entweder selbst ein Meter lang ist oder bei dem die Länge von einem Meter durch Striche angegeben ist. Vielfach ist der Meterstab auch zusammenlegbar oder in die Form eines aufwickelbaren Bandes gebracht. Das Meter wird auf dem Maßstab gewöhnlich in Dezimeter, Zentimeter und Millimeter eingeteilt, so entsteht eine Skala*) von 0—1000 Millimeter. Will man nun die Länge eines Gegenstandes messen, so bringt man das eine Ende desselben zur Deckung mit dem Nullpunkt der Skala und ermittelt mit welchem Skalenstrich das andere Ende zusammenfällt. Dabei entstehen leicht wie bei allen Skalen Fehler durch sogenannte Parallaxe (= Verschiebung), wenn Auge, Endpunkt des zu messenden Gegenstandes und abgelesener Punkt an der Skala nicht genau in einer zur Skala senkrechten Geraden liegen. Der Fehler kann um so größer werden, je größer der Abstand zwischen dem Endpunkt des Gegenstandes und der Skala ist.

Um auch noch Bruchteile eines Skalenstriches genau ermitteln zu können und nicht auf Schätzung angewiesen zu sein, bedient man sich vielfach eines Nonius (Vernier), der an der Skala verschiebbar angebracht ist. In Figur 3 ist der Gegenstand offenbar etwas länger als 2 cm. Jeder Teilstrich des Hauptmaßstabes entspricht einer Entfernung von 1 cm oder 10 mm, jeder Teilstrich des Nonius dagegen nur 9 mm. Die Entfernung von 2 bis 5 am Hauptmaßstab ist gleich $3 \times 10 = 30$ mm, die von 0 bis 3 am Nonius dagegen $3 \times 9 = 27$ mm. Da nun aber 3 am Nonius mit 5 am Hauptmaßstab zusammenfällt, so muß die Entfernung vom 2. Strich am Hauptmaßstab bis zum 0-Strich am Nonius $30—27 = 3$ mm sein, somit ist die Länge des Gegenstandes 2 cm $+ 3$ mm $= 2,3$ cm. Würde dagegen etwa der Noniusstrich 5 mit einem Strich des Hauptmaßstabes zusammenfallen, so ist zur Ablesung am Hauptmaßstab zu addieren 0,5 etc.

Hauptmaßstab

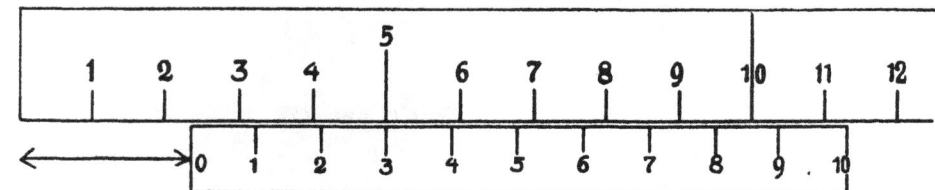

Länge des Gegenstandes

Nonius

Figur 3

*) Skala = ital. Wort für Treppe.

Zur Bestimmung von größeren Längen oder Strecken bedient man sich mehrere Meter langer Meßlatten oder Meßbänder. Auch kann man eine Wegstrecke leicht berechnen aus der Anzahl der Umdrehungen eines Rades, dessen Umfang man kennt, besonders wenn die Anzahl der Umdrehungen durch einen Tourenzähler registriert wird. Krumme Strecken, wie der Umfang eines Kreises, einer Kugel, eines Zylinders etc. werden am einfachsten mit einem Bindfaden gemessen, dessen Länge man alsdann mit dem Meterstab bestimmt. Um eine ganz unregelmäßige krumme Linie zu messen, kann man sich auch eines kleinen Meßrades bedienen. Zur Bestimmung größerer Entfernungen dient die Winkelmessung (trigonometrische Methoden). Das Messen mikroskopisch kleiner Strecken erfolgt am einfachsten mit einer in das Okular des Mikroskopes einzulegenden kleinen Glasskala, dem Okularmikrometer. Zur Eichung des Okularmikrometers dient das Objektmikrometer, ein Glasplättchen, auf dem ein in 100 gleiche Teile geteiltes Millimeter aufgezeichnet ist. Legt man dieses unter das Mikroskop, so kann man leicht die Skala des Okularmikrometers mit der des Objektmikrometers vergleichen.

Die Schublehre oder Schieblehre besteht aus einem Maßstab mit zwei senkrecht zu ihm stehenden Schenkeln, von denen der eine, immer in Parallelstellung zum andern, verschiebbar ist, der andere dagegen am Ende der Meßskala feststeht. Die Stellung des ersteren Schenkels auf dem Maßstabe nach dem Einklemmen des Gegenstandes gibt demnach ohne weiteres die Dicke des Gegenstandes an. Umgekehrt, bei Auseinanderbewegung der Schenkel, können Schublehren auch zum Messen der lichten Weite von Röhren und dergl. benutzt werden.

Zum Messen der Stärke von dünnen Blechen, Deckgläschen und dergl dienen die Mikrometerschrauben. Dieselben bestehen aus einem Bügel mit zwei kleinen, runden, glatt geschliffenen Fühlflächen, von denen die eine fest, die andere dagegen beweglich und mit der Mikrometerschraube verbunden ist. Zwischen beide Fühlflächen wird die zu messende Platte eingeklemmt und die Dicke des Gegenstandes an der an der Mikrometerschraube befindlichen Skala abgelesen.

Die Größe von Flächen und Körpern wird meistens nicht direkt gemessen, sondern aus ihren Längenmaßen nach mathematischen Formeln berechnet. Den Inhalt einer kleineren Fläche von ganz unregelmäßigem Umfang, bei welcher die Berechnung sehr umständlich und ungenau sein würde, bestimmt man mittels eines Planimeters, eines sinnreichen Instrumentes, von dessen Skala man nach Umfahren des Umfanges der Fläche mit dem an dem einen beweglichen Schenkel des Instrumentes verbundenen Stifte den Inhalt der Fläche ablesen kann. Bei kleinen Flächen kann man auch in der Weise verfahren, daß man die zu messende Fläche in Pauspapier ausschneidet und genau wägt. Zugleich stellt man das Gewicht eines Quadrates von genau etwa ein dm Seitenlänge aus dem gleichen Pauspapier fest.

Um das Volumen unregelmäßig geformter Körper festzustellen, bedient man sich vielfach der Wasserverdrängungsmethode, welche darauf beruht, daß man den zu messenden Körper in Wasser bringt und die Menge des verdrängten Wassers bestimmt, da selbstverständlich jeder Körper soviel

Wasser verdrängt, als er selbst Raum einnimmt. (Näheres siehe unter: Spezifisches Gewicht.)

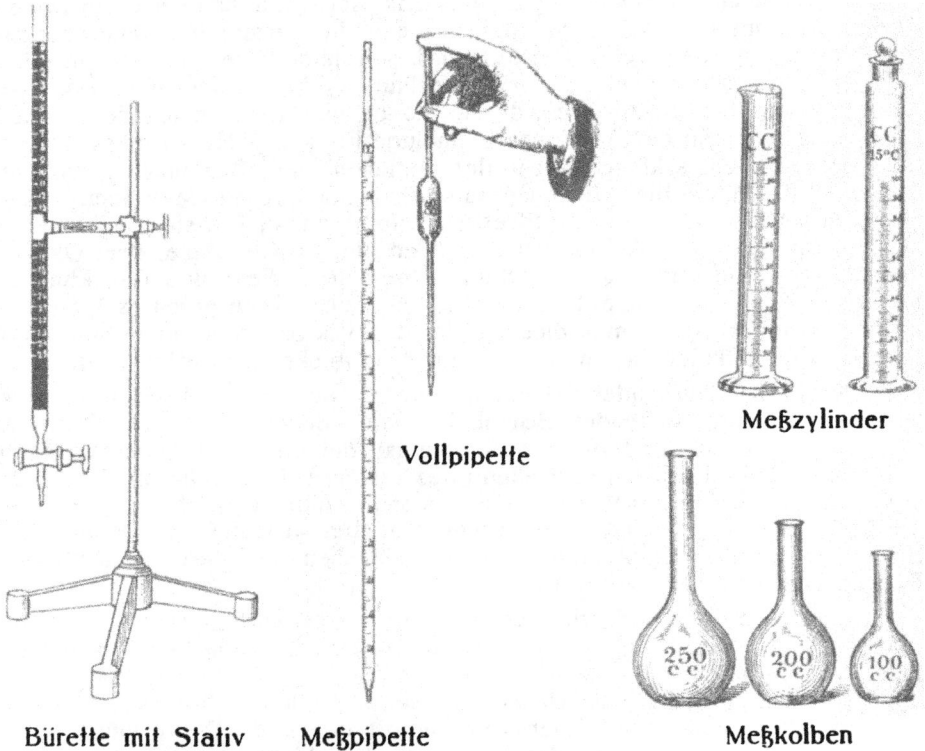

Vollpipette

Meßzylinder

Bürette mit Stativ   Meßpipette

Meßkolben

Figur 4

Fig. 4 zeigt die wichtigsten, im Laboratorium gebräuchlichen Flüssigkeitsmaße. Der Meßkolben faßt bis zur Marke im Hals die auf dem Kolben angegebene Menge, gießt man aber nach dem Auffüllen bis zur Marke einen 1 l-Kolben aus, so fließt natürlich nicht genau 1 l aus, da ja noch ein geringer Rest im Kolben zurückbleibt.

Der Meßzylinder kann nur für annähernde Messungen dienen.

Die Vollpipetten werden bis zu der Marke im oberen verengten Teile angesaugt, die alsdann bei angelegter Spiße auslaufende Flüssigkeit ist genau gleich der auf der Pipette angegebenen Menge. Bei manchen Instrumenten muß man jedoch nur bis zu einer über der Auslaufspiße angebrachten zweiten Marke auslaufen lassen.

Während man mit der Vollpipette immer nur ein ganz bestimmtes Quantum Flüssigkeit abmessen kann, gestattet die Meßpipette, die eine cm³-Einteilung besißt, beliebige Mengen abzumessen.

Die Bürette ist ebenso eingeteilt wie die Meßpipette, jedoch unten durch einen Hahn (Glashahn oder Quetschhahn) geschlossen, kann daher an einem Stativ befestigt werden, während Meß- und Vollpipetten in der Hand gehalten und durch Verschließen der oberen Oeffnung mittels Zeigefingers am Auslaufen verhindert werden.

Bei allen derartigen Meßinstrumenten sollten die Skalenstriche ganz oder wenigstens so weit um das Rohr herumgehen, daß man beim Ablesen zur Vermeidung von Parallaxenfehlern den vorderen und hinteren Teil des Striches zur Deckung bringen kann.

Zur Prüfung von Meßgeräten (Pipetten und Büretten) tariere man sich auf der analytischen Wage ein kleines, trockenes Becherglas oder besser ein weithalsiges Glas mit Glasstopfen, gebe in dieses ein abgemessenes Quantum destilliertes Wasser von 15 ° C hinein und wäge. Meßkolben werden trocken und hierauf mit Wasser auf einer Tarierwage gewogen.

Das metrische Gewichtssystem.

Alle Körper werden von der Erde angezogen, daher zeigen alle das Bestreben nach der Erde oder genauer nach dem Erdmittelpunkte zu fallen (Schwere oder Schwerkraft). Wird ein Körper durch Auflegen auf eine feste Unterlage oder Aufhängen an der Fallbewegung gehindert, so äußert sich die Schwerkraft als Druck oder Zug. Diesen infolge der Schwerkraft ausgeübten Druck oder Zug nennt man das Gewicht des Körpers. Die Anziehungskraft der Erde nimmt ab mit der Entfernung vom Erdmittelpunkt und da nun nicht alle Punkte der Erdoberfläche gleich weit vom Erdmittelpunkt entfernt sind, so ist auch das Gewicht ein und desselben Körpers bei gleichbleibender Masse nicht an allen Orten das gleiche. An den Polen ist es, da diese dem Erdmittelpunkte näher sind, größer, am Aequator dagegen kleiner. Ein Kilogramm wiegt tatsächlich am Aequator ungefähr 3 g weniger, am Pol ungefähr 2,2 g mehr. Diese Unterschiede sind jedoch nur wahrnehmbar, wenn die Wägungen mittels einer Federwage vorgenommen werden, während eine Hebelwage, bei welcher ja für gewöhnlich das Gewicht und der zu wägende Körper sich in gleicher Höhe befinden, überall das gleiche Gewicht ergibt.

Als Gewichtseinheit dient das Gewicht von 1 cm³ Wasser bei + 4 ° C, das Gramm (g). Als eigentliche Grundlage des ganzen metrischen Gewichtssystems dient jedoch das in Sèvres bei Paris aufbewahrte, aus Platiniridium gefertigte Kilogrammprototyp. Dasselbe ist nicht absolut genau gleich dem Gewicht von 1000 cm³ oder 1 dm³ Wasser, sondern 22,5 mg schwerer.

Wenn ein Körper etwa 50 g wiegt so bedeutet dies, daß er 50 mal schwerer ist als 1 cm³ Wasser oder daß er soviel wiegt wie 50 cm³ Wasser. Wären vor Einführung des Grammgewichtes andere Gewichtseinheiten nicht gebräuchlich gewesen, so könnte jede nähere Bezeichnung zur Gewichtszahl als selbstverständlich weggelassen, das Gewicht also durch eine unbenannte Zahl ausgedrückt werden, wie dies z. B. bei den Atomgewichten üblich ist.

Die Bezeichnung „Gramm" hat also nur zur Unterscheidung von Lot, Pfund usw. eingeführt werden müssen.

$$
\begin{aligned}
1 \text{ Gramm (g)} \quad &= 10 \quad \text{Dezigramm (dg)} \\
&= 100 \quad \text{Zentigramm (cg)} \\
&= 1000 \text{ Milligramm (mg)} \\
1 \text{ mg} \quad &= 1000 \; \gamma \\
1 \text{ Hektogramm} \quad &= 100 \quad \text{g} \\
1 \text{ Kilogramm (kg)} &= 1000 \text{ g} \\
1 \text{ Doppelzentner od. Meterzentner (q od. dz)} &= 100 \text{ Kg} \\
1 \text{ Tonne (t)} &= 1000 \text{ Kg.}
\end{aligned}
$$

Die nachstehenden fünf Volumeneinheiten stimmen bei Wasser mit Gewichtseinheiten überein.

$$
\begin{aligned}
1 \text{ mm}^3 \text{ Wasser} &= 1 \text{ mg} \\
1 \text{ cm}^3 \quad \text{„} \quad &= 1 \text{ g} \\
1 \text{ dm}^3 \text{ od. l „} &= 1 \text{ Kg} \\
1 \text{ hl} \quad \text{„} \quad &= 1 \text{ q} \\
1 \text{ m}^3 \quad \text{„} \quad &= 1 \text{ t.}
\end{aligned}
$$

Die zur Gewichtsbestimmung dienenden Gewichtsstücke bestehen bei den höheren Gewichten meist aus Eisen, bei 1 — 1000 g aus Messing und bei 0,001 — 0,5 g aus Platin- oder Aluminiumblech. Bei besseren Gewichtssätzen sind die Messinggewichte mit Nickel, Gold oder Platin überzogen. Um mit einem Gewichtssatz alle erdenklichen Gewichte bilden zu können, genügt es, daß derselbe von jeder Stelle der Gewichtszahl je ein Stück zu 5 und 1 und zwei Stück zu 2 oder je ein Stück zu 5 und 2 und zwei Stück zu 1 enthält. Zu einem vollständigen Gewichtssatz für alle Gewichte zwischen 0,01 — 1000 g gehören demnach folgende 20 Gewichtsstücke:

je ein Stück zu 500, 50, 5, 0,5, 0,05 g
je zwei Stück (oder je ein Stück) zu 200, 20, 2, 0,2, 0,02 g
je ein Stück (oder je zwei Stück) zu 100, 10, 1, 0,1, 0,01 g.

Einen genauen Gewichtssatz gibt es ebensowenig wie einen genauen Meterstab, d. h. alle von dem Meterprototyp und dem Kilogrammprototyp angefertigten Kopien sind mit gewissen Fehlern behaftet. Für genaue Wägungen benötigt man daher einen Gewichtssatz, dessen Fehler durch Vergleich mit den Normalgewichten des betreffenden Landes ermittelt und bekannt sind.

Andere Gewichte.

Deutschland:

$$
\begin{aligned}
1 \text{ Pfund (℔)} \; . \; . \; . \; . \; . \; . \; . &= \quad 0,5 \text{ Kg} \\
1 \text{ Zentner *)} = 100 \text{ ℔} \; . \; . \; . \; . \; . &= \quad 50,0 \quad \text{„} \\
1 \text{ Karat (Juwelengewicht)} \; . \; . \; . \; . &= 205,5 \text{ mg} \\
1 \text{ metr. Karat} \; . \; . \; . \; . \; . \; . &= 200,0 \quad \text{„}
\end{aligned}
$$

---

*) In Oesterreich verstand man früher unter Zentner den metrischen Zentner = 100 kg.

England und Vereinigte Staaten von Nordamerika:

1 Hundredweight	= 112 Pfund	=	50,8 Kg
1 Pfund		=	453,6 g
1 Unze		=	28,4 „

Rußland:

1 Pud		=	16,4 Kg

Übungsbeispiele.

23. 356 mg = ? g = ? dg = ? cg.
24. 83,4 cg = ? mg.
25. 0,065 Kg = ? q = ? t = ? g.
26. 7 t = ? Ztr = ? Kg.
27. 7 mg + 14 g + 5 cg = ? g.
28. 63,5 Kg + 465 mg + 65 g = ? g.
29. 4,635 Ztr = ? ℔.
30. 64,2 g = ? Kg.
31. 683,4 g + 42,039 Kg + 960 mg = ? g.
32. 0,086 q = ? t = ? Kg = ? ℔.
33. Aus welchen Gewichtsstücken setzen sich zusammen die Gewichte
    a) 673,58 g; b) 999,99 g; c) 803,04 g ?
34. Wieviel Kg wiegen 7 hl + 93 l Wasser?
35.   "   "   "   4 l + 93 cm ³ Wasser ?

Die Waagen.

Zur Bestimmung der Gewichte der Körper bedient man sich der Waagen. Man unterscheidet Federwaagen und Hebelwaagen. Erstere bestehen aus einer Schraubenfeder, deren Längenveränderung durch Druck oder Zug nach dem Elastizitätsgesetz genau proportional dem einwirkenden Gewicht ist und durch eine geeignete Vorrichtung auf eine Skala oder ein Zifferblatt übertragen wird. Federwaagen finden als Küchenwaagen und zu automatischen Waagen vielfach Verwendung. Federwaagen mit starken Stahlfedern dienen als Kraftmesser, Dynamometer, um die Zugkraft eines Pferdes u. dergl. zu messen.

Bei den Hebelwaagen dient ein Hebel zum Vergleich des Körpers mit den Gewichtsstücken. Unter einem Hebel versteht man eine gerade oder gebogene, unbiegsame Stange mit einem Unterstützungs- oder Aufhängepunkt, um welchen der Hebel drehbar ist, und zwei Angriffspunkten A und B (Fig. 5, 6 und 7). Die Entfernungen von den Angriffspunkten zum Unterstützungspunkt nennt man die Hebelarme, also A C und B C in allen drei Figuren. Figur 5 bildet einen gleicharmigen, Fig. 6 und 7 dagegen bilden ungleicharmige Hebel. Bei Figur 5 und 6 liegt der Unterstützungspunkt zwischen den beiden Angriffspunkten (zweiseitiger Hebel) und beide Kräfte wirken in der gleichen Richtung, nach unten. Bei Fig. 7 dagegen liegen beide Angriffspunkte auf der gleichen Seite des Unterstützungspunktes (einseitiger Hebel) und die beiden Kräfte müssen in entgegengesetzter Richtung wirken, B nach oben, A nach unten oder umgekehrt. Sind bei einem gleicharmigen Hebel die Kräfte A und B gleich, so befindet sich der Hebel im Gleichgewicht, die gerade Hebelstange in wagerechter Lage. Verschiebt man aber den Unterstützungspunkt C auf A zu, so daß A C kleiner wird als B C, so wird man imstande sein, durch eine viel geringere Kraft B eine viel größere Last A im Gleichgewicht zu halten. Um den Einfluß des Gewichtes der Hebelarme selbst auszuschalten, kann man auch statt C zu verschieben zur Herstellung einer Ungleicharmigkeit in Fig. 5 die Last A auf dem Arm A C näher an C heranrücken und so für die Last A den Arm A C verkürzen. Vom ungleicharmigen Hebel macht man im praktischen Leben vielfach Gebrauch bei Brecheisen, Zangen, Schubkarren usw. Bei näherer Untersuchung wird man nun finden, daß der Hebel dann im Gleichgewicht ist, wenn der Kraftarm B C sovielmal länger ist als der Lastarm A C, wie die Last A schwerer ist als die Kraft B. Oder:

Der Hebel befindet sich im Gleichgewicht, wenn sich die Kräfte umgekehrt verhalten wie die Hebelarme, wenn also $A : B = B C : A C$.

Der Hebel in Fig. 6 befindet sich z. B. im Gleichgewicht, wenn bei A 16 kg, bei B 8 kg wirken, da AC $=$ 2 cm, B C $=$ 4 cm ist, denn 8 : 16 $=$ 2 : 4.

Da aber bei jeder Proportion das Produkt der äußeren Glieder gleich dem Produkt der inneren Glieder ist, so ist auch, wenn sich B : A $=$ A C : B C verhält, $B \times B C = A \times A C$ und $8 \times 4 = 16 \times 2$. Man kann daher auch sagen:

Der Hebel befindet sich im Gleichgewicht, wenn die Produkte der Kräfte mit ihren Hebelarmen, d. h. wenn die Drehmomente gleich sind.

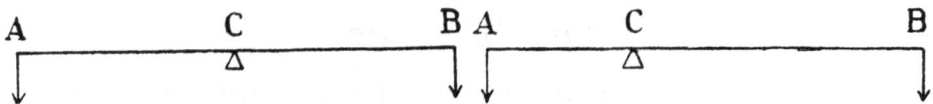

Figur 5

Figur 6

Figur 7

Ist die Hebelstange nicht gerade sondern gebogen oder geknickt (Briefwage), so gelten als Hebelarme die Entfernungen des Unterstützungspunktes auf der durch ihn gelegten Wagerechten bis zu den auf den Angriffspunkten errichteten Senkrechten, also in Figur 8 p und q.

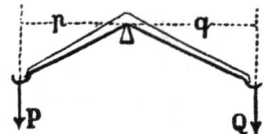

Figur 8

Uebungsbeispiele.

(Bei nachstehenden Berechnungen kann das Gewicht der Hebelarme selbst vernachlässigt, bzw. gleich 0 angenommen werden.)

36. Wie viel Kg bei A könnten bei einem Hebel wie in Fig. 6 13 Kg bei B das Gleichgewicht halten, wenn B C = 6,9, A C = 3,8 dm wäre?
37. Wie lang müßte in Fig. 6 der Arm A C sein, wenn B C = 5,3 dm, A = 4,3 und B = 1,98 Kg wäre?
38. Wie viel kg müßte in Fig. 7 A betragen, wenn C A = 3 dm, A B = 6,4 dm und B = 7,2 kg wäre?
39. Wie lang müßte in Fig. 7 A B sein, wenn B C = 23 dm, A = 14 und B = 4,5 Kg wäre?

Die gewöhnliche Tarierwaage (Fig. 9) besteht aus einem gleicharmigen Hebel, dem Waagebalken, dessen Unterstützungspunkt, die stählerne Schneide, auf Stahl oder Achat ruht und an dessen Angriffspunkten die beiden Waagschalen aufgehängt sind. In der Mitte des Waagebalkens ist die nach oben oder nach unten gerichtete sogenannte Zunge angebracht, deren Spitze auf eine Skala zeigt. Die Waage befindet sich im Gleichgewicht, wenn die Zungenspitze beim leichten Hin- und Herschwanken der Waage nach jeder Seite vom Mittelstrich der Skala gleichweit ausschlägt. Durch die sogenannte Arretierung verhindert man, daß die Waage, wenn sie nicht benutzt wird, fortwährend hin- und herschaukelt und sich so unnötiger Weise abnutzt.

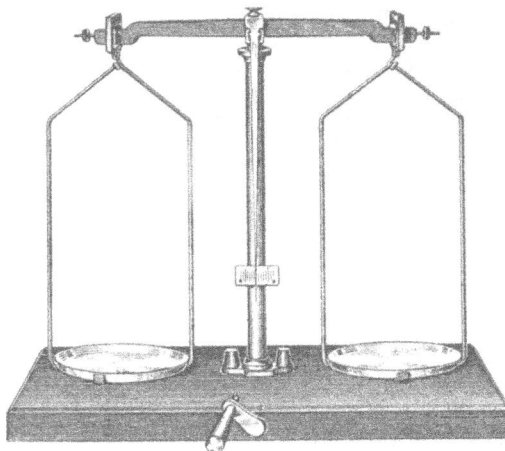

Figur 9

Unter der Empfindlichkeit einer Waage versteht man dasjenige Gewicht, welches erforderlich ist, um die Einstellung der Waage, d. h. den Punkt der Skala, um welchen die Zunge nach beiden Seiten gleich weit ausschlägt, um einen Skalenteil zu verschieben. Also Empfindlichkeit in mg = $\dfrac{mg}{Sk.\text{-}T.}$

Für Brauereilaboratorien genügt eine Tarierwaage von einer Empfindlichkeit von etwa 50 mg bei voller Belastung (500 oder 1000 g auf jeder Waagschale), so daß, wenn die Waage genau um den Nullpunkt pendelte, eine Zulage von 50 mg eine Ausschlagzunahme von zwei Skalenstrichen auf der entgegengesetzten Seite bewirkt.

Das Gewicht des auf irgendeiner gleicharmigen Waage gewogenen Körpers ist natürlich nur dann genau gleich den Gewichtsstücken, wenn der

Waagebalken wirklich absolut gleicharmig ist, was eigentlich nie der Fall ist. Zur Prüfung der Gleicharmigkeit des Waagebalkens oder besser des Armverhältnisses stellt man die Waage zunächst auf 0 ein, belastet sie mit dem Höchstgewicht auf beiden Waagschalen und bringt sie, wenn nötig, durch Zulage eines kleinen Uebergewichtes rechts oder links wieder in die 0-Lage. Hierauf vertauscht man die auf den Waagschalen stehenden Hauptgewichte und bringt durch Zulage rechts oder links wieder in die 0-Lage. Alsdann ist das Verhältnis des linken zum rechten Waagebalkenarm $= \dfrac{l}{r} = 1 + \dfrac{Z_1 + Z_2}{2 \times P}$ wobei Z, die bei der ersten Wägung, Z_2 die bei der zweiten Wägung rechts erforderlich gewesene Zulage und P das Hauptgewicht auf einer Waagschale bedeutet. Eventuell links erforderlich gewesene Zulagen gelten mit negativem Vorzeichen für rechts. Wäre der eine Arm z. Bsp. der linke nur um $^1/_{1000}$ länger als der andere, daher $\dfrac{l}{r} = 1{,}001$, was allerdings nur bei einer recht mangelhaften Waage vorkommt, so würde nach dem Hebelgesetz sich bei einer Wägung nach der gewöhnlichen Methode schon ein Fehler von 1 g bei 1000 g ergeben. Man kann aber auch auf einer nicht genau gleicharmigen Waage richtig wägen, wenn man zunächst den Körper etwa mit Schrotkörnern austariert, ihn dann von der Waage herunternimmt und für ihn Gewichte aufsetzt, bis das Gleichgewicht wieder hergestellt ist (Substitutionsmethode).

Figur 10

Zum Abwägen von pulverigen Substanzen, Gerste, Malzschrot etc. kann man sich der sogenannten Handwaage (Figur 10), ebenfalls eine gleicharmige Waage, bedienen.

Zu ganz exakten Wägungen dient eine besonders genau gearbeitete Tarierwaage, die zum Schutz und zur Vermeidung des Einflusses von Luftbewegungen während des Wägens von einem Glaskasten umgeben ist, die analytische Waage (Figur 11). Diese Waagen werden bis zu einer Empfindlichkeit von 0,1 mg und noch weniger gebaut, für Brauerei-Laboratorien genügt in der Regel eine Empfindlichkeit von 1 mg pro Skalenteil bei etwa 100 g Tragfähigkeit.

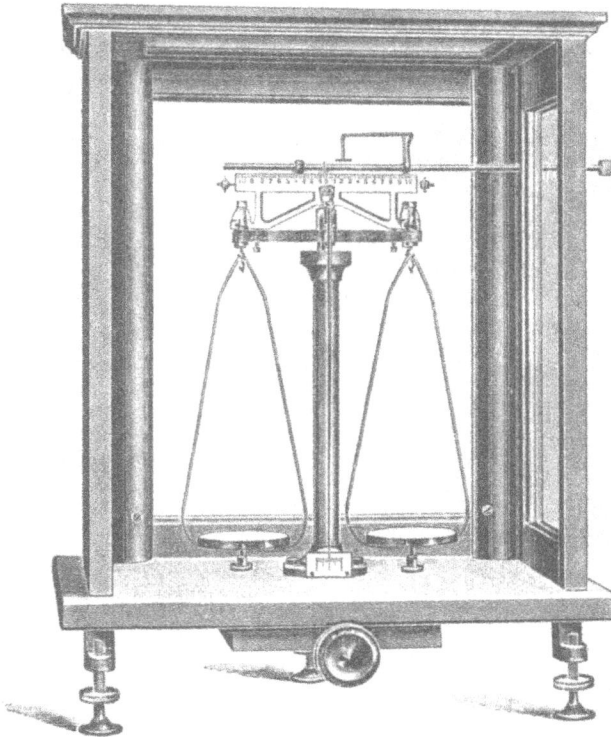

Figur 11

Der rechte Arm des Waagebalkens ist bei der analytischen Waage in zehn gleiche Teile geteilt. Auf dem 1. Teilstrich hat der beigegebene, 1 cg schwere sogenannte Reiter aus Platin- oder Aluminiumdraht nach dem Hebelgesetz die Wirkung von 1 mg, auf dem 2. Teilstrich 2 mg usw. Für die Teilmilligramme sind die Abstände zwischen je zwei Teilstrichen in 5 oder 10 Teile geteilt.

Bei genauen Wägungen mit der analytischen Waage ist auch der nach Ort und Zeit veränderliche Luftauftrieb zu berücksichtigen (s. unten).

Waagen mit ungleicharmigen Waagebalken sind die römische oder Schnellwaage (auch die Brief-waage) und die Dezimalwaage. Die Wirkung der Schnellwaage erhellt deutlich aus Figur 12. Am kürzeren Arm OA bei A hängt der zu wägende Körper. Auf dem längeren Arm OB ist der Läufer K, der 1 Kg wiegt, verschiebbar. Steht der Läufer auf dem 1. Teilstrich der Skala, so ist das Gewicht 1 Kg, auf dem 2. Teilstrich 2 Kg etc. etc.

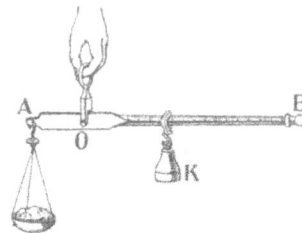

Figur 12

Die Brückenwaage oder Dezimalwaage (und ebenso die Zentesimalwaage) bildet eine Kombination von drei Hebeln (Figur 13), bei dem einen, a b, liegt der Unterstützungspunkt zwischen den beiden Angriffspunkten, bei den beiden andern, i h und d c, dagegen liegen die beiden Angriffspunkte auf der gleichen Seite des Unterstützungspunktes. Beim Hebel a b ist der Arm a c = 10 b c. Bei den beiden Hebeln d c und i h dagegen müssen die Hebelarme im gleichen Verhältnisse stehen in der Weise, daß, wenn etwa i h = 5 g h, auch d c = 5 b c sein muß. Angenommen die auf die Plattform, d. i. die Linie e f, auf-

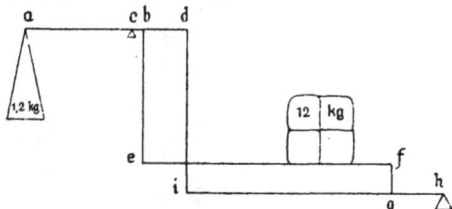

Figur 13

gesetzte Last beträgt 12 Kg. Dieselbe verteilt sich auf die beiden Punkte f und e so, daß die Summe der auf beide Punkte treffenden Last immer wieder 12 Kg beträgt. Angenommen es träfen auf e 4, auf f 8 Kg. Die 4 Kg von e wirken mit der gleichen Kraft bei b, wogegen die auf f treffenden 8 Kg mit der gleichen Kraft bei g wirken. g ist aber der Endpunkt des Hebelarmes g h und da i h = 5 g h, so können $\frac{8}{5}$ Kg bei i den 8 Kg bei g das Gleichgewicht halten. Demnach wirken auch $\frac{8}{5}$ Kg bei d. Da aber d c = 5 b c, so sind die $\frac{8}{5}$ Kg von d gleich $\frac{8}{5} \times 5 = 8$ Kg bei b. Somit sind die ganzen 12 Kg Last bei b vereinigt und da a c = 10 b c, so genügen $\frac{12}{10} = 1,2$ Kg bei a um das Gleichgewicht herzustellen.

Genauigkeitsgrenzen für den Nachweis und die quantitative Bestimmung der Stoffe.

Die Waage kann als eines der zuverlässigsten und exaktesten physikalischen Instrumente gelten. Auf einer gewöhnlichen analytischen Waage von 1 mg Empfindlichkeit gelingt es leicht das Gewicht eines Körpers von ca. 100 g mit einer Genauigkeit von 0,1 mg ($= \frac{1}{10}$ Skalenteil) d. i. $\frac{1}{1000000}$ zu bestimmen. Es werden auch Waagen gebaut, auf denen 10 kg mit einer Genauigkeit von 0,1 mg oder $\frac{1}{100000000}$ gewogen werden können. Die Genauigkeit der Wägung läßt sich noch weiter steigern, auch auf einer gewöhnlichen Hebelwaage bis etwa 0,001 mg, allerdings bei bedeutend verminderter Tragfähigkeit der Waage. Eine von Ramsay konstruierte Waage mit einem Waagebalken aus Quarz gestattet Wägungen mit einer Genauigkeit von 0.000 003 mg. Torsionswaagen, bei welchen die Anziehungskraft aus der Stärke der Verdrehung oder Verdrillung eines äußerst feinen Quarzfadens berechnet wird, können mit ungefähr der gleichen Empfindlichkeit wie die Ramsaysche Waage hergestellt werden. Die äußerste Grenze der Nachweisbarkeit der Stoffe ist aber damit noch nicht erreicht, die empfindlichsten Waagen können durch andere Methoden noch weit übertroffen werden. So gelingt es durch biologische Methoden, Anfertigung von Gelatineplatten, leicht die in einem Wasser enthaltenen Bakterien, sogar auch ihrer Anzahl nach, sicher nachzuweisen, wenn das Wasser auch nur eine einzige Bakterie in einem cm³ enthält, dabei hat aber ein Individuum mancher im Wasser vorkommenden Bakterienarten kein größeres Gewicht als ca. 0,000 000 001 mg. Ein ganzer m³ Wasser enthält also in diesem Falle 0,001 mg Bakteriensubstanz. Ebenso kann man mittels des Elektroskops noch 0,000 000 001 mg Radium nachweisen. Gegen diese außerordentlich feinen Methoden tritt die Genauigkeit der gewöhnlichen chemischen Reaktionen sehr weit zurück, dieselbe geht in der Regel nicht über die Nachweisbarkeit von etwa 0,1 mg einer Substanz in 1 l Lösung hinaus und wird sogar von der Schärfe der menschlichen Sinnesorgane weit übertroffen. Besonders durch den Geruchssinn, obschon auch dieser wie die übrigen Sinne bei zivilisierten Menschen sehr viel schwächer ist als bei wilden Völkern und besonders bei Tieren, sind wir imstande, stark riechende Stoffe wie Moschus, Schwefelwasserstoff, ätherische Oele etc. in Mengen von 0,000 001 und selbst 0.000 000 001 mg wahrzunehmen. Wie durch die Zivilisation unsere Sinne im allgemeinen an Schärfe verloren haben, so können sie anderseits bei einzelnen Menschen durch fortgesetzte Uebung und eiserne Willenskraft auch wieder bedeutend geschärft werden. Die Qualität eines Bieres ist letzten Endes bedingt durch minimale Mengen gewisser Geschmacks- und namentlich Geruchsstoffe und diese bedingen besonders die feinen Unterschiede einzelner Biersorten von gleichem Typus. Daraus ergibt sich, daß die Qualität eines Bieres durch die chemische Untersuchung niemals genau feststellbar ist, sondern uns das Urteil des Kenners maßgebend ist. Für den Brauer muß es daher immer das höchste Bestreben sein, seine Sinne, besonders Geschmack und Geruch in Richtung auf Beurteilung des Bieres, aber auch der Rohmaterialien und Zwischenprodukte aufs äußerste zu schärfen. Guten Geschmack und Geruch können wissenschaftliche Untersuchungsmethoden dem Brauer niemals ersetzen.

Bei der Betrachtung der obigen noch nachweisbaren unendlich kleinen Substanzmengen könnte man wohl auch auf den Gedanken kommen, ob damit nicht bald die denkbar kleinste Menge der Substanzen, nämlich ein Molekül, erreicht sei. Dies ist aber bei weitem noch nicht der Fall. 1 Atom Wasserstoff wiegt $1,76 \times 10^{-24}$ (Loschmidt'sche Zahl). Das Molekulargewicht steigt selbst bei den kompliziertesten organischen Körpern kaum über 30 000. Somit würde das Gewicht eines einzelnen Moleküls in Gramm ausgedrückt $30\,000 \times 1,76 \times 10^{-24}$ g oder $5,28 \times 10^{-17}$ mg niemals übersteigen. Dieses Gewicht ist aber immer noch millionenmal kleiner als die kleinste oben genannte Menge.

Das Archimedische Prinzip.

Ein schwerer Gegenstand ist vom Grunde eines Wassers bis an die Oberfläche desselben viel leichter zu heben als in der Luft, im Bade liegend

erscheinen uns unsere Gliedmaßen bedeutend leichter, ein Kork bleibt überhaupt nicht im Wasser, sondern steigt, sobald man ihn unter Wasser losläßt,
an die Oberfläche. Die Kraft, die diese Erscheinungen verursacht und
die Körper unter Wasser leichter macht, die Schwerkraft ganz oder zum Teil
aufhebt, nennt man die Auftriebkraft. Sie macht sich natürlich nicht nur in
Wasser, sondern auch in anderen Flüssigkeiten bemerkbar. Die dabei auftretende Gesetzmäßigkeit wurde schon 200 Jahre v. Chr. von Archimedes erkannt und läßt sich kurz wie folgt ausdrücken:

„Ein in eine Flüssigkeit getauchter Körper nimmt soviel an Gewicht ab,
als die von ihm verdrängte Flüssigkeitsmenge wiegt." Dies ist das Archimedische Prinzip oder das Archimedische Gesetz. Der Rauminhalt der verdrängten Flüssigkeit ist natürlich immer gleich dem Rauminhalt des ein-
getauchten Körpers. So ergeben sich für das Verhalten des Körpers K in
Fig. 14 folgende drei Fälle.

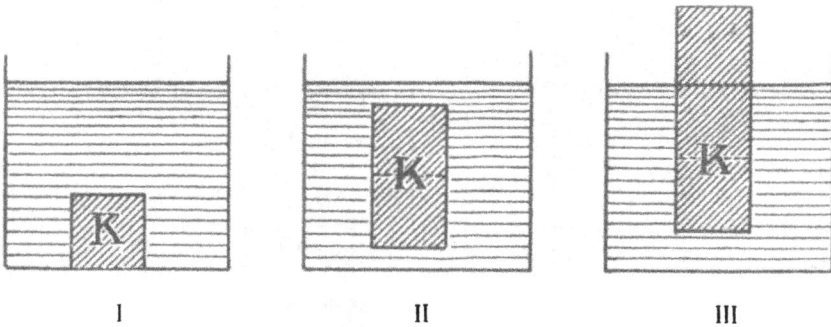

Figur 14

I. Der Körper ist 2 g schwer und nimmt 1 cm³ Raum ein. In Wasser
beträgt die Auftriebkraft demnach 1 g, er drückt also auf die Bodenfläche mit
einem Gewicht von 2 — 1 = 1 g.

II. Der Körper ist 2 g schwer und nimmt auch 2 cm³ Raum ein. In
Wasser beträgt die Auftriebkraft demnach 2 g, er hat also im Wasser ein
Gewicht von 2 — 2 = 0 g, d. h. er hat kein Gewicht mehr, er schwebt, er geht
in Wasser nicht unter und auch nicht in die Höhe.

III. Der Körper ist 2 g schwer und nimmt 3 cm³ Raum ein. Auftriebkraft in Wasser = 3 g, daher Gewicht 2 — 3 = — 1 g, d. h. unter Wasser gebracht, drückt der Körper mit einer Kraft von 1 g nach oben. Ist die Möglichkeit gegeben aus dem Wasser herauszutreten, so wird er so weit heraus-
treten, bis nur noch 2 cm³ untertauchen (also 1 cm³ herausragt), die Auftriebkraft also = 2 g und daher sein Gewicht = 0 ist. Alsdann schwimmt der
körper an der Oberfläche des Wassers.

Das allgemeine Gesetz für schwimmende Körper lautet demnach:
„Ein auf einer Flüssigkeit schwimmender Körper verdrängt soviel von
der Flüssigkeit, als er selbst wiegt".

Das Gewicht eines Körpers (z. B. eines Schiffes) kann daher auch angegeben werden in dem Gewicht des Wassers, welches er in schwimmendem Zustande verdrängt.

In allen drei obigen Fällen wird natürlich das Gesamtgewicht des Gefäßes mit Wasser durch Einsetzen des Körpers K um dessen Gewicht, also um 2 g schwerer. Läßt man dagegen im Fall 1 den an einer Schnur aufgehängten Körper in das Wasser eintauchen, so daß er den Boden des Gefäßes nicht berührt, so nimmt das Gefäß mit Wasser nur um 1 g zu.

Das spezifische Gewicht.

Der Druck, den ein Körper infolge der Schwerkraft auf seine Unterlage ausübt, bildet sein absolutes Gewicht; auch das in g ausgedrückte Gewicht eines Körpers wird absolutes Gewicht genannt. Bei der Bestimmung des absoluten Gewichtes nimmt man auf das Volumen des Körpers keinerlei Rücksicht: 1 Kg Wasser wiegt ebensoviel wie 1 Kg Quecksilber. Bringt man aber das Gewicht der Körper in Beziehung zu ihrem Volumen, so erhält man für jeden Körper eine besondere Zahl, das spezifische Gewicht, auch Dichte (D) oder Volumengewicht genannt. Oder besser gesagt: Der für das spezifische Gewicht übliche Ausdruck gibt zugleich auch die Dichte oder das Volumengewicht an. Füllt man eine Flasche mit Quecksilber, so kann man ohne weiteres durch das Gefühl feststellen, daß das Gewicht bedeutend größer ist als das der gleichen Flasche mit Wasser gefüllt. Das Quecksilber ist im Verhältnis zu Wasser oder besser im Verhältnis zum gleichen Volumen Wasser sehr schwer. Das Verhältnis zweier Größen zueinander wird aber am besten ausgedrückt durch den Quotienten, d. h. man gibt an, wie viel mal der eine Wert größer ist als der andere. Daher drückt man auch das spezifische Gewicht aus in der Zahl, welche angibt, wie viel mal der Körper schwerer ist als das Gewicht des gleichen Volumens Wasser und man findet daher das spezifische Gewicht, wenn man das Gewicht (das absolute Gewicht des Körpers) durch das Gewicht des gleichen Volumens Wasser dividiert. Da aber ein jeder Körper in Wasser getaucht so viel Wasser verdrängt, wie er selbst Raum einnimmt, so kann man auch durch das Gewicht des verdrängten Wassers dividieren. Da aber ferner bei Wasser 1 mm³ 1 mg, 1 cm³ 1 g, 1 dm³ oder l 1 Kg, 1 hl 1 q und 1m³ 1 t wiegt, so gibt die Zahl des spezifischen Gewichts auch an das Gewicht von 1 mm³ in mg, von 1 cm³ in g, von 1 dm³ oder l in Kg, von 1 hl in q und von 1 m³ in t und man findet das spezifische Gewicht auch, indem man das absolute Gewicht des Körpers in mg, bezw. g, kg, q, t dividiert durch sein Volumen in mm³, bezw. cm³, dm³ oder l, hl, m³ oder kurz indem man das absolute Gewicht durch das Volumen im entsprechenden Ausdruck dividiert.

Beträgt z. B. das spezifische Gewicht des Quecksilbers 13,6, so bedeutet diese Zahl, daß Quecksilber 13,6 mal schwerer ist als das gleiche Volumen Wasser, daß also 1 l Quecksilber $13,6 \times 1 = 13,6$ kg wiegt. Besitzt eine Flüssigkeit, z. B. Alkohol, das spezifische Gewicht 0,8, so ist sie 0,8 mal so schwer als das gleiche Volumen Wasser, d. h. sie ist in Wirklichkeit leichter als Wasser und 1 l wiegt 0,8 Kg.

	Wasser	Quecksilber	Alkohol
Spezifisches Gewicht	1,00	13,6	0,8
1 mm³ wiegt	1,00 mg	13,6 mg	0,8 mg
1 cm³ „	1,00 g	13,6 g	0,8 g
1 dm³ od. l „	1,00 Kg	13,6 Kg	0,8 Kg
1 hl „	1,00 q	13,6 q	0,8 q
1 m³ „	1,00 t	13,6 t	0,8 t

Nach obigem ist

$$\text{Spez. Gewicht} = \frac{\text{Abs. Gew.}}{\text{Vol.}}$$

Dann ist ferner

$$\text{Abs. Gew.} = \text{Spez. Gew.} \times \text{Vol.}$$

$$\text{Vol.} = \frac{\text{Abs. Gew.}}{\text{Spez. Gew.}}$$

Z. B.: 1. Wie viel beträgt das spez. Gewicht einer Würze, wenn 7 l 7,343 Kg wiegen?

$$\text{Spez. Gew.} = \frac{7,343}{7} = 1,049$$

2. Wie viel wiegen 47 cm³ Alkohol vom spez. Gew. 0,82?

$$\text{Abs. Gew.} = 0,82 \times 47 = 38,54 \text{ g}$$

3. Welchen Raum nehmen 120 t Kork vom spez. Gew. 0,2 ein?

$$\text{Vol.} = \frac{120}{0,2} = 600 \text{ m}^3$$

Man spricht auch vielfach von einem spezifischen Volumen der Körper und versteht darunter den Raum, den die Gewichtseinheit eines Körpers einnimmt. Das spezifische Volumen des Quecksilbers ist demnach

$$\frac{1}{13,6} = 0,0735.$$

Allgemein: Das spezifische Volumen ist gleich dem umgekehrten (reziproken) Wert des spezifischen Gewichtes oder

$$\text{Spezifisches Volumen} = \frac{1}{\text{spez. Gew.}}$$

Die obige Angabe, daß die Zahl des spezifischen Gewichtes die Gewichte der betreffenden Volumina angebe, ist selbstverständlich nur dann ganz korrekt, wenn das Gewicht des Körpers durch das Gewicht des Wassers von + 4° C, beide auf Vacuum umgerechnet, dividiert wird, da ja nur bei dieser Temperatur 1 cm³ Wasser = 1 g ist.

Auch ist die Temperatur des Körpers selbst zu berücksichtigen. Ist z. B. ein Körper bei 15° 1,06 mal so schwer als das gleiche Volumen

Wasser von $+ 4^0$, so ist 1,06 das wahre spezifische Gewicht. Man schreibt kurz: Spez. Gew. $\frac{15^0}{4^0}$ oder $D \frac{15^0}{4^0} = 1,06$. Der Fehler, den man macht, wenn man statt durch das Gewicht des Wassers von 4^0 durch dasjenige von etwa 15^0 dividiert, ist allerdings nicht sehr groß. Würde z. B. ein Quantum Würze 52 Gramm und das gleiche Volumen Wasser von $+ 4^0$ C 50 g wiegen, so wäre das Gewicht von 1 cm³, also auch $D \frac{15^0}{4^0}$ offenbar $\frac{52}{50} = 1,0400$ g. Bei $+ 15^0$ C faßt aber 1 cm³ nur 0,999126 g Wasser, es würde also das Gewicht des gleichen Volumens Wasser von 15^0 C nur $50 \times 0,999126 = 49,9563$ g wiegen und es ergäbe sich für das spezifische Gewicht $\frac{15^0}{15^0} \frac{52}{49,9563} = 1,04091$. In manchen Fällen ist es ohne Bedeutung, ob man das Gewicht von 1 cm³ Würze zu 1,0400 oder 1,04091 annimmt, bei genauen Bestimmungen des spezifischen Gewichtes in Brauerei-Laboratorien würde diese Differenz jedoch zu groß sein. In den meisten Fällen wird im Laboratorium nicht das wahre, auf Wasser von 4^0 bezogene spezifische Gewicht, sondern das auf Wasser von 15 oder $17,5^0$ bezogene benötigt bei gleicher Temperatur der Flüssigkeit, also $\frac{15^0}{15^0}$ oder $\frac{17,5^0}{17,5^0}$. Zur Umrechnung dieser verschiedenen Ausdrücke benötigt man das Gewicht von 1 cm³ Wasser (das spez. Gew. des Wassers) bei 15^0 (= 0,999126 g*) und bei $17,5^0$ (= 0,998713 g). Wäre z. B. $D \frac{15^0}{4^0} = 1,0400$, so ist $D \frac{15^0}{15^0} = \frac{1,0400}{0,999126} = 1,04091$. Oder wenn $D \frac{15^0}{15^0}$ 1,0650 wäre, so ist $D \frac{15^0}{4^0} = 1,0650 \times 0,999126 = 1,06407$ und $D \frac{15^0}{17,5^0} = \frac{1,0650 \times 0,999126}{0,998713} = 1,06544$.

Es könnte scheinen, daß $D \frac{15^0}{15^0} = D \frac{17,5^0}{17,5^0}$ wäre. Dies wäre jedoch nur dann der Fall, wenn Wasser und Flüssigkeit sich beim Erwärmen von 15 auf $17,5^0$ gleich stark ausdehnen würden, was selten zutreffen wird. Die Zahl $D \frac{15^0}{15^0}$ kann man nur dann in $D \frac{17,5^0}{17,5^0}$ umrechnen, wenn die Ausdehnung der Flüssigkeit bekannt ist.

Das spezifische Gewicht gasförmiger Körper bezieht man meist auf das Gewicht des gleichen Volumens Luft, gibt also an, um wieviel mal schwerer das Gas ist als das gleiche Volumen trockener Luft bei 0^0 und 760 mm Barometerstand.

Dieses auf Luft bezogene spezifische Gewicht nennt man auch Gasdichte oder Dampfdichte.

Auf Wasser von 4^0 bezogen beträgt das spezifische Gewicht der Luft bei 0^0 und 760 mm Barometerstand 0,001293 d. i. 1 l Luft wiegt 1,293 g.

---

*) S. Tabelle XII in Pawlowski, Brautechnische Untersuchungsmethoden, V. Auflage, München 1938.

Spezifische Gewichte einiger Körper

(bei mittlerer Temperatur bezogen auf Wasser von $+ 4^0$ C)

1. Feste Körper.

Anthrazit	1,4 —1,7	Lehm trocken	1,25 – 1,5
Asphalt	1,1 —1,5	Marmor	2,7
Beton	1,8 —2,5	Schwerspat	4,6
Braunkohle .	1,2 —1,5		
Eis bei —10⁰ C	0,9191	Mauerwerk	
„ „ + 0⁰ C . .	0,9167	Bruchstein	2,4
Schnee, locker, frisch gef.	0.1 —0.2	Sandstein	2,1
Fissan-Kolloid . . .	0.04—0,05	Ziegel, trocken .	1,4 —1,5
Gerste	1,2 —1,4		
Glas, grünes . .	2,64	Metalle	
Spiegelglas . . .	2,45 –2,72	Magnesium	1,74
Kristallglas . . .	2,9 —3,0	Aluminium	2,55
Flintglas . . .	3,15—3,9	Blei	11,4
Harz von Fichte . .	1,07	Eisen	
		Schmiedeeisen .	7,79—7,85
Holzarten (lufttrocken)		Stahl	7,6 —7,8
Ahorn	0,5 —0,81	weißes Gußeisen	7,58—7,73
Birke	0,51 —0,77	graues „	7,03 –7,13
Buche	0,75	Gold	19,3
Ebenholz, schwarzes	1,26	Kupfer	8,9
Eiche	0,69—1,03	Silber	10,5
Fichte	0,35 – 0,60	Iridium	22,4
Kiefer	0,31—0,76	Messing	8,4
Linde	0,32—0,59	Nickel	8,9
Pappel . . .	0,39—0,59	Platin	21,5
Tanne	0,37 – 0,75	Zink	7,1
Balsa-Holz (S.-A.)	0,14 0,16	Zinn	7,3
Holzpflaster .	0,69 —0,72	Papier	0,7 —1,15
Holzkohle . . .	0,3 —0,5	Porzellan . . .	2,24 —2,49
Isolierbimstein .	0,38	Sand (trocken) . .	1,4 —1,6
Kalk, gebrannter	2,8	Stärkemehl . .	1,53—1,56
Kalkmörtel . . .	1,6 —1,8	Steinkohlen . . .	1,2 – 1,5
Kalkstein . . .	2,5 —2,8	Ton	1,8 —2,6
Gips, gegossen, trocken	0,97	Torf (trocken) . . .	0,5
Kautschuk (nicht vulk.)	0,93	Wachs (von Bienen)	0,96
Gummiwaren . .	1,0 —2,0	Zement, erhärteter	2,7 —3,05
Kork	0,24	Ziegelstein (gewöhnl.)	1,4 – 1,6
Leder	0,8 – 1	„ Klinker .	1,7 —2
Lehm frisch . . .	1,6 —2,8	Zucker	1,59

2. Flüssige Körper.

Aether (bei 10⁰) . .	0,725	Petroleum	0,80
Alkohol (bei 15⁰). .	0,7937	Quecksilber . . .	13,56
Ammoniak (flüss. bei 15⁰)	0,617	Salpetersäure, 25⁰/₀ige	1,153
Benzin	0,70−0,85	Salzsäure, 25⁰/₀ige .	1,124
Bier	1,005−1,03	Schwefelsäure, konzentr.	1,843
Glyzerin	1,26	Wasserstoff (flüss. b. −253⁰)	0,07
Kohlensäure (flüss. bei 15⁰)	0,814	Wein, Mosel . . .	0,916
Kuhmilch	1,03	„ Tokayer . .	1,054
Meerwasser . . .	1,02−1,03	Würze	1,03−1,08
Olivenöl	0,92	Münchener Leitungswasser	1,0003

3. Gasförmige Körper.

(Bei 0⁰ und 760 mm Barometerstand, bezogen auf trockene Luft.)

	Spez. Gew.	1-Gewicht in g
Ammoniak	0,597	0,771
Atmosph. Luft	1,00	1,293
Kohlenoxyd	0,967	1,25
Kohlensäure	1,53	1,98
Leuchtgas	0,32−0,74	0,414−0,957
Sauerstoff	1,105	1,429
Schwefeldioxyd	2,264	2,93
Stickstoff	0,97	1,250
Wasserdampf	0,62	0,802
„ von 100⁰ C .	0,454	0,587
Wasserstoff	0,0693	0,09

Übungsbeispiele.

40. Wie viel wiegt 1 l Alkohol?
41. „ „ „ 1 hl Quecksilber?
42. „ „ wiegen 5,3 l Aether?
43. „ „ „ 7 m³ dest. Wasser?
44. „ „ „ 4,5 m³ Meerwasser?
45. „ „ „ 8 dm³ Messing?
46. „ „ „ 6 hl Olivenöl?
47. „ „ l sind 25 Kg Benzin?
48. „ „ m³ sind 20 g Eichenholz?
49. „ schwer sind 83m³ Sandstein Mauerwerk?
50. Wie viel mal ist Kupfer schwerer als Aluminium?
51. „ „ „ „ Blei schwerer als Gold?
52. „ „ „ „ Kohlensäure schwerer als Wasserstoff?
53. Wie viel beträgt das spez. Gew. einer Würze, wenn 30 hl 31,5 g wiegen?
54. Wie viel beträgt das spez. Gew. eines Bieres, wenn 26,3 cm³ 26,82 g wiegen?
55. Wie viel Kg Aether faßt ein Gefäß, welches 5 Kg Quecksilber faßt?

Berücksichtigung des Luftauftriebes beim Wägen.

Bringt man einen cirka 1 Kg schweren Gegenstand von ziemlich geringem spezifischem Gewicht (etwa 1,00) auf einer empfindlichen Waage gegen Messinggewichte genau ins Gleichgewicht und läßt Gegenstand und Gewichte auf der Waage stehen, so kann man oft beobachten, daß etwa am andern Tage das Gleichgewicht vollkommen gestört ist und bis zu 50 oder 60 mg rechts oder links erforderlich sind, um es wieder herzustellen. Oder, wenn der obige Gegenstand in München genau 1 Kg wiegt, so wird er in Berlin immer um etwa 60 mg weniger wiegen, auch wenn man die gleiche Wage und den gleichen Gewichtssatz in Berlin verwenden würde. Diese merkwürdigen Erscheinungen erklären sich durch den Luftauftrieb. Das Archimedische Prinzip gilt nicht nur für Flüssigkeiten, sondern auch für Gase, also auch für Luftballon. Nur im luftleeren Raum, im Vacuum, wirkt keine Auftriebkraft auf einen Körper ein, übt der Körper absolut genommen den höchsten Druck auf die Unterlage aus, zeigt er sein größtes absolutes Gewicht. Bringt man den Körper dagegen aus dem Vacuum in einen luftgefüllten Raum, so nimmt er so viel an Gewicht ab, als die von ihm verdrängte Luftmenge wiegt. Würde man nun den oben erwähnten Körper von 1 Kg Gewicht auf einer in einem luftleer gepumpten Kasten stehenden Waage gegen Messinggewichte aequilibrieren und dann Luft in den Waagekasten strömen lassen, so wird sich die Waagschale mit den Gewichtstücken senken, denn der Gegenstand besitz ein Volumen von 1000 : 1 = 1000 cm³, die Gewichte dagegen, da das spezifische Gewicht des Messings 8,4 beträgt, von 1000 : 8,4 = 119 cm³. Der Gegenstand wird also in der Luft um das Gewicht von 1000 cm³, die Gewichte dagegen werden um das Gewicht von 119 cm³ Luft leichter. Wöge nun 1 cm³ Luft 1,2 mg, so beträgt die Gewichtsabnahme des Gegenstandes 1000×1.2 = 1200, die der Gewichtstücke 119×1.2 = 142,8 mg. Es wären demnach von den Gewichten 1200 — 142.8 = 1057,2 mg wegzunehmen, um das Gleichgewicht in der Luft wieder herzustellen. Der Körper wiegt also im Vacuum 1.0572 g mehr als in der Luft. Da nun ferner das spezifische Gewicht der Luft ziemlich großen Schwankungen unterworfen ist, so erklärt sich leicht, daß auch der Unterschied zwischen dem Gewicht eines Körpers in Luft und im Vacuum kein konstanter ist, und daß das Gewicht eines Körpers in Luft eine von Zeit und Ort abhängige Größe ist und daß nur das Gewicht eine konstante Zahl für einen Körper bedeuten kann, welches durch Wägung im Vacuum gefunden oder auf Vacuum umgerechnet wurde. Ist das spezifische Gewicht des gewogenen Körpers höher als das der Gewichtsstücke, nimmt also der Körper einen kleineren Raum ein als die letzteren, so ergibt sich natürlich für das Vacuum ein kleineres Gewicht des Körpers, als in der Luft beim Vergleich mit den Messinggewichten gefunden wurde.

Die tatsächliche Wägung im Vacuum ist aus praktischen Gründen nicht empfehlenswert, man wägt daher den Körper in Luft und rechnet auf Vacuum um. Zu dieser Umrechnung ist zunächst erforderlich das spezifische Gewicht der Luft oder das Gewicht von 1 cm³ Luft in g. Dasselbe ist abhängig von der chemischen Zusammensetzung, besonders dem Kohlensäure- und Wassergehalt der Luft, hauptsächlich aber von der Temperatur und dem Luftdruck, dem Barometerstand. In den meisten Fällen genügt die Annahme eines mittleren Wasser- und Kohlensäuregehaltes.

Alsdann berechnet sich das Gewicht von 1 cm³ Luft in g (= λ) für B mm Barometerstand und für eine Temperatur von 1 ⁰ nach der Formel

$$\lambda = \frac{0,0012932 \cdot B}{(1 + 0,00367 \cdot t)\ 760}$$

Die für die verschiedenen B- und t-Werte aus dieser Formel berechneten Zahlen finden sich in Tabelle I der Tabellen zur Malz- und Bieranalyse von Dr. Doemens, 5. Auflage, München 1938. Für München (normaler B = 716 mm) schwankt das Gewicht von 1 cm³ Laboratoriumsluft ungefähr von 0,0011 bis 0,0012 g, in Meereshöhe dagegen von 0,00115 bis 0,0013 g.

Angenommen ein Körper vom spezifischen Gewicht 1,25 ergebe in der Luft mit Messinggewichten (spezifisches Gewicht 8,4*) gewogen ein Gewicht von 75 g bei einem λ-Wert von 0,00114. So ist das Volumen des Körpers = $\frac{75}{1,25}$, das der Gewichtstücke = $\frac{75}{8,4}$ cm³. Das Gewicht der vom Körper verdrängten Luft beträgt demnach $\frac{75}{1,25} \times 0,00114$, das Gewicht der von den Gewichtstücken verdrängten Luft dagegen $\frac{75}{8,4} \times 0,00114$ g. Um diese Beträge werden Körper und Gewichtstücke im Vacuum schwerer. Daher beträgt die auf der Wagschale der Gewichtstücke erforderliche Zulage im Vauum $\frac{75}{1,25} \times 0,00114 - \frac{75}{8,4} \times 0,00114$ oder $75 \times 0,00114 \left(\frac{1}{1,25} - \frac{1}{8,4}\right)$ g. Daraus ergibt sich für das Gewicht im Vacuum $75 + 75 \times 0,00114 \left(\frac{1}{1,25} - \frac{1}{8,4}\right) = 75,05822$ g.

Wenn bedeutet

P₁ das Gewicht des Körpers in Luft,
P$_v$ das Gewicht des Körpers im Vacuum,
λ das Gewicht von 1 cm³ Luft in g,
s das spezifische Gewicht des Körpers,
σ das spezifische Gewicht der Gewichtstücke,

so lautet die allgemeine Formel

$$P_v = P_1 + P_1 \times \lambda \times \left(\frac{1}{s} - \frac{1}{\sigma}\right).$$

Hat man aber das Gewicht eines Körpers im Vacuum und wünscht sein Gewicht in Luft bei einem gegebenen λ-Wert zu berechnen, so kann man nachstehende, aus der obigen sich ergebende Formel benutzen.

$$P_1 = \frac{P_v}{1 + \lambda \times \left(\frac{1}{s} - \frac{1}{\sigma}\right)}$$

*) Für die nicht aus Messing angefertigten kleinen Gewichte unter 1 g kann auch das spezifische Gewicht = 8,4 gesetzt werden.

Methoden
zur Bestimmung des spezifischen Gewichtes.

Aus dem auf S. 21 erläuterten Begriff des spezifischen Gewichtes ergab sich ohne weiteres, daß das spezifische Gewicht gefunden wird, indem man das absolute Gewicht durch das Volumen oder durch das Gewicht des gleichen Volumens Wasser oder durch das Gewicht des verdrängten Wassers dividiert. Aber diese Angaben bilden nur das Prinzip der Bestimmung, dessen Anwendung ohne weiteres klar ist bei Körpern von regelmäßiger mathematischer Form und daher leicht berechenbarem Inhalt. Wie in anderen Fällen, wie sie meistens vorliegen, zu verfahren ist, soll im Nachstehenden durch Besprechung der wichtigsten Methoden auseinandergesetzt werden. Dabei ist noch zu beachten, daß man bei Nichtumrechnung des Gewichtes auf Vacuum nur das rohe spezifische Gewicht erhält, die Zahl weicht allerdings in der Regel nur unwesentlich von der genauen ab.

1. Bei festen Körpern.
a) Durch die hydrostatische Waage.

Nach dem Archimedischen Prinzip braucht man, um das Volumen eines unregelmäßig geformten festen Körpers zu finden, denselben nur in der Luft und hierauf in Wasser getaucht zu wägen. Die Gewichtsdifferenz gibt ohne weiteres das Gewicht des verdrängten Wassers an, streng genommen sollte allerdings das Gewicht in Luft vorher auf Vacuum umgerechnet werden. Zur bequemen Ausführung dieser Wägungen bedient man sich der in Figur 15 abgebildeten hydrostatischen Waage.

Beisp : Gewicht in der Luft . . = 12 g
        ,, im Wasser . . = 9,5 ,,
Daher   ,, des verdrängten
        Wass. = 12—9,5 g = 2,5 ,,
  ,,   spez. Gewicht =
        12 : 2,5 g . . . = 4,8

Figur 15

Bei Körpern, die in Wasser löslich sind, bestimmt man in der gleichen Weise zunächst das von dem Körper verdrängte Gewicht irgend einer anderen geeigneten Flüssigkeit und rechnet dieses auf cm^3 um.

b) Durch die Bürette.

Auf eine einfache Weise läßt sich der Unterschied zwischen Gewicht und Volumen demonstrieren durch eine Bürette. Füllt man eine solche ungefähr zur Hälfte mit Wasser, Alkohol oder einer anderen Flüssigkeit, liest den Stand der Flüssigkeit ab, wirft dann eine abgewogene Menge einer kleinkörnigen Substanz hinein und liest wieder ab, so wird man finden, daß die Flüssigkeit gewöhnlich nicht um ebensoviel cm³ gestiegen ist, wie die Substanz Gramm gewogen hat. Dagegen steigt die Flüssigkeit natürlich um ebensoviel, wie die hineingeworfene Substanz Raum einnimmt. Z. B.: Stand der Bürette 23,3 cm³, nach dem Hineinwerfen von 12 g Gerste dagegen 18,1 cm³. Dann ist das Volumen der 12 g Gerste 28,3—18,1 = 10,2 cm³ und das spezifische Gewicht 12 : 10,2 = 1,176.

c) Durch das Pyknometer.

Zur genauen Bestimmung des spezifischen Gewichtes fester Körper, welche wegen ihrer kleinkörnigen Beschaffenheit nicht aufgehängt werden können, bedient man sich eines Glaskolbens, der immer genau in der gleichen Weise mit Flüssigkeit gefüllt werden kann, eines Pyknometers (s. unten). Man wägt dasselbe zunächst mit Wasser, hierauf gießt man einen Teil des Wassers aus, gibt in das Pyknometer eine genau gewogene Menge der Substanz, füllt wieder mit Wasser auf und wägt wieder. Durch das Hinzufügen der Substanz wird das Gewicht des Ganzen vermehrt um das Gewicht der Substanz, jedoch vermindert um das Gewicht des von der Substanz verdrängten Wassers. Die Berechnung ergibt sich aus folgendem Beispiel:

Pyknometer mit Wasser . . . . 83 g
„   mit 20 g Gerste und überstehendem Wasser 86,2 „

Dann ist 86,2—20 = 66,2 g das Gewicht des mit Wasser gefüllten Pyknometers vermindert um das Gewicht des verdrängten Wassers. Das Gewicht des verdrängten Wassers ist daher 83—66,2 = 16,8 g und das spez. Gewicht 20 : 16,8 = 1,19.

Wird das Pyknometer statt mit Wasser mit einer anderen Flüssigkeit, z. B. Alkohol gefüllt, so muß das spez. Gewicht dieser Flüssigkeit bekannt sein und die Berechnung gestaltet sich wie folgt.

Z. B.: Spez. Gewicht des Alkohols .   0,82
Pyknometer mit Alkohol . . . . 73,5 g
„   mit 20 g Gerste und überstehendem Alkohol 80   „

So ist das Gewicht des verdrängten Alkohols 73,5— (80—20 g) = 13,5 g,

diese sind aber $\frac{13,5}{0,82}$ = 16,46 cm³, daher ist das spez. Gewicht 20 : 16,46 = 1,21.

2. Bei flüssigen Körpern.

a) Durch das Pyknometer.

Bei Flüssigkeiten kann die Feststellung des Volumens leicht mittels eines Hohlmaßes erfolgen. Auch kann man einen Meßkolben mit der zu untersuchenden Flüssigkeit bis zur Marke füllen und nach Feststellung des Gewichtes in der gleichen Weise mit Wasser füllen und wieder wägen. Die Nettogewichte geben alsdann das absolute Gewicht der Flüssigkeit und das des gleichen Volumens Wasser. Für ganz genaue Bestimmungen jedoch bedient man sich besonderer Fläschchen, die ein vollkommen gleichmäßiges Einfüllen gestatten, der Pyknometer, am besten angefertigt aus Jenaer Normalglas 16 III.

Pyknometer

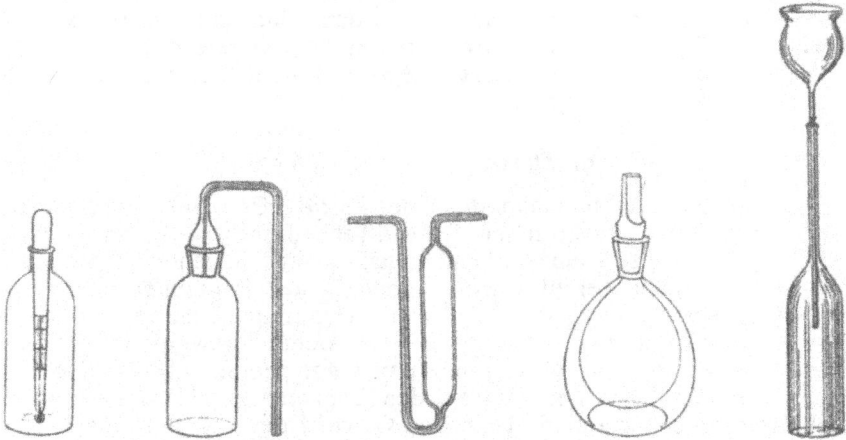

| I. mit Ther-
mometer, | II.
nach Muthmann,· | III.
nach Ostwald, | IV.
nach Boot, | V. nach
Reischauer. |

Figur 16

Dieselben sind entweder mit eingeriebenem Stopfen verschlossen, der mit einem Thermometer versehen (Fig. 16, I) oder in ein Kapillarröhrchen ausgezogen ist (Fig. 16, II) und werden dann immer vollständig angefüllt oder sie werden nur bis zu einer bestimmten Marke gefüllt, wie das nach Ostwald (Fig. 16, III), bei welchem aus dem vollständig gefüllten Pyknometer aus der Oeffnung rechts mit Fließpapier soviel herausgesaugt wird, bis die Flüssigkeit in dem nach links gerichteten Kapillarröhrchen genau bei der Marke steht. Zur Abhaltung des Einflusses der Lufttemperatur ist bei dem doppelwandigen Pyknometer nach Boot (Fig. 16, IV) der Zwischenraum zwischen den beiden Wandungen luftleer gemacht. In brautechnischen Laboratorien allgemein gebräuchlich ist das Pyknometer nach Dr. Reischauer (Fig. 16, V). Dasselbe hat in dem langen, engen Halse eine Marke, auf welche die Flüssigkeit eingestellt wird. Das Füllen geschieht mittels eines eigenen langen Trichters. Am meisten in Verwendung sind Pyknometer mit ca. 50 cm³ Inhalt. Bei der Ausführung der Bestimmung stellt man zunächst das Gewicht des gründlich gereinigten und vollkommen trockenen, leeren Pyknometers fest. Das Trocknen geschieht am einfachsten durch Ausblasen des mit Alkohol und hierauf mit Aether ausgespülten Gefäßes vor einem Blasebalg oder mittels einer Wasserstrahlsaugpumpe. Hierauf wird das Pyknometer mit Wasser gefüllt und ½ Stunde in ein Wasserbad mit der vorgeschriebenen Temperatur (meistens 20 oder 17,5 ° C) gestellt. In den meisten brautechnischen Laboratorien findet sich für diesen Zweck ein Wasserbad mit automatisch sich regulierender Temperatur. Hierauf wird genau auf die Marke eingestellt, das Pyknometer außen sorgfältig abgetrocknet und gewogen. In der gleichen Weise verfährt man alsdann auch mit der zu untersuchenden Flüssigkeit. Die

Wägung des leeren Pyknometers und des Pyknometers mit Wasser braucht natürlich nicht bei jeder Bestimmung wiederholt zu werden.

Beisp.: Pyknometer leer . . . . 28,75 g

„ mit Wasser von 17,5 ⁰ . 77,9 „

„ mit Würze „ „ . . . 80,32 „

Dann ist das spez. Gewicht $\dfrac{17,5\,^0}{17,5\,^0}\dfrac{80,32-28,75}{77,9-28,75} = \dfrac{51,57}{49,15} = 1,04924.$

Da es bei brautechnischen Arbeiten meist auf sehr große Genauigkeit der Bestimmung des spezifischen Gewichtes ankommt, so ist hier auch der Luftauftrieb zu berücksichtigen.

Bei einem λ-Wert (Gewicht von 1 cm³ Luft in g) von 0.00114 stellt sich alsdann die obige Rechnung wie folgt:

$$\text{Würze im Vacuum} = 51,57 + 51,57 \times 0,00114 \left(\frac{1}{1,0492} - \frac{1}{8,4}\right) = 51,6190 \text{ g}$$

$$\text{Wasser ,,} \quad \text{,,} \quad = 49,15 + 49,15 \times 0,00114 \left(1 - \frac{1}{8,4}\right) = 49,1994 \text{ g}$$

$$\text{Spez. Gew} = \frac{51,6190}{49,1994} = 1,04918.$$

Ist das Wasser aber an einem andern Tage bei einem andern λ-Wert gewogen, so ist natürlich bei der Umrechnung des Wassers auf Vacuum der andere λ-Wert in Rechnung zu stellen. Eventuell ist auch das veränderte Gewicht des Pyknometers zu berücksichtigen.

Mit einem Ostwaldschen Pyknometer von 80 bis 100 cm³ Inhalt kann das spezifische Gewicht bestimmt werden mit einer Genauigkeit von etwa 2 bis 3 in der 6. Dezimalstelle. Wesentlich abhängig ist die Genauigkeit von der Temperaturbestimmung, bezw. von der Konstanterhaltung des Temperierbades.

b) Durch den Senkkörper.

Nach dem Archimedischen Prinzip wird jeder Körper, in Wasser getaucht, um so viel leichter, als das verdrängte Wasser oder als sein eigenes Volumen Wasser wiegt. Der gleiche Körper nimmt, in eine andere Flüssigkeit getaucht, um so viel an Gewicht ab, als sein eigenes Volumen von dieser Flüssigkeit wiegt. Nimmt man nun einen in seinem Volumen gleich bleibenden Körper, so ergibt seine Gewichtsabnahme nach dem Eintauchen in die zu untersuchende Flüssigkeit das Gewicht der Flüssigkeit und die Gewichtsabnahme in Wasser das Gewicht des gleichen Volumens Wasser. Einen für derartige Zwecke geeigneten Körper (Senkkörper) stellt Fig. 17 dar. Derselbe bildet einen Glashohlkörper, innen mit etwas Quecksilber beschwert. Die Glasöse oben dient zur Anbringung eines feinen Drahtes, um den Senkkörper in Flüssigkeit getaucht wägen zu können. Würde ein solcher Körper in der Luft etwa 50 g, in Wasser getaucht aber 8 g wiegen, so ist sein Volumen, wenn man 1 g Wasser = 1 cm³ setzt, 50 — 8 = 42 cm³. Taucht man nun denselben Körper etwa in eine Würze und er wiegt dann nur noch 6 g, so beträgt das Gew. von 42 cm³ Würze 50 — 6 = 44 g, daher ist das rohe spez. Gewicht = $\frac{44}{42}$ = 1,04762. Die genaue Zahl erhält man, wenn man mit dem so ermittelten rohen spezifischen Gewicht das Gewicht des Körpers im Vacuum berechnet und mit diesem obige Rechnung nochmals durchführt.

Figur 17

Für das Arbeiten mit dem Senkkörper kann man eine hydrostatische Wage (Fig. 15) benutzen. In eine solche läßt sich natürlich jede Hebelwage umwandeln durch Anbringung einer verkürzt aufgehängten Wagschale. Verwendet man dazu eine analytische Wage und benutzt einen möglichst großen Senkkörper, aufgehängt (in der Flüssigkeit) an einen möglichst dünnen (Durchmesser 0,05 mm), galvanisch platinierten Platindraht, so läßt sich unter Beachtung aller Vorsichtsmaßregeln eine Genauigkeit erzielen von wenigen Einheiten in der 7. Dezimalstelle des spezifischen Gewichtes.

Zur bequemen Handhabung wurde der hydrostatischen Wage für die Bestimmung des spezifischen Gewichtes von Westphal in Celle die in Figur 18 abgebildete Form gegeben. Als Senkkörper dient ein Thermometer. Von den beiden Gewichten P ist jedes gleich dem Gewichte des von dem Thermometer verdrängten Wassers, $P_1 = {}^1/_{10}$, $P_2 = {}'/_{100}$ etc. dieses Gewichtes. Taucht das Thermometer in Wasser, so ist demnach die Wage im Gleichgewicht, wenn P am Ende des Wagebalkens auf esetzt ist, wie es in der Figur der Fall ist. Würde aber P nicht genügen, so ist dies ein Beweis, daß die Flüssigkeit schwerer ist als Wasser, als 1, und man kann als erste Zahl des spezifischen Gewichtes 1 anschreiben (2 und höhere spezifische Gewichte kommen außer bei Quecksilber nicht vor). Der Wagebalken ist in 10 gleiche Teile geteilt. Setzt man das 2. Gewicht P auf 1 am Wagebalken auf,

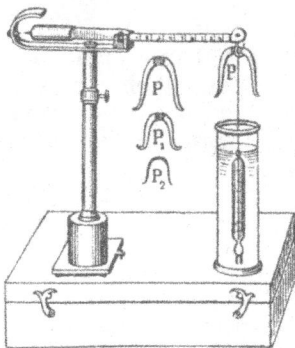

Figur 18

so würde die Wage im Gleichgewicht sein, wenn das spezifische Gewicht der Flüssigkeit 1,1 wäre. Steht das Gewicht P auf 2, so ist das spezifische Gewicht 1,2 etc. So gibt die Stellung von P auf dem Wagebalken die erste, von P_1 die zweite, von P_2 die dritte Dezimalstelle des spezifischen Gewichtes an. Hängt am Ende des Wagebalkens kein Gewicht, so ist das spezifische Gewicht natürlich 0, . . .

Mit den exakten Ausführungen dieser Westphalschen Wage (im Glaskasten) lassen sich auch recht genaue Resultate erzielen, besonders wenn der Aufhängedraht genügend fein und der Senkkörper nicht zu klein ist. Die Temperatur wird besser durch ein eigens eingehängtes, schnell sich einstellendes Thermometer bestimmt.

c) Durch das Araeometer.

Die einfachste und bequemste, dann aber auch die ungenaueste Methode zur Bestimmung des spezifischen Gewichtes von Flüssigkeiten ist die mittels des Araeometers (griech.: araios = dünn, schmal) oder der Senkwaage. Die Methode wird daher in der Praxis allgemein angewandt, in der Brauerei bei Benutzung des Sacharometers, welches nichts anderes als ein Araeometer mit Prozentskala ist.

Die Einrichtung des Araeometers beruht auf dem Seite 18 angeführten Gesetz für schwimmende Körper. Nach diesem muß ein schwimmender Körper in eine Flüssigkeit um so tiefer eintauchen, bis er schwimmt, bis er sein Eigengewicht an Flüssigkeit verdrängt hat, je geringer das spezifische Gewicht der Flüssigkeit ist. Der Körper (Figur 19) bestehe aus drei aufeinander gesetzten Kubikzentimetern, sein Inhalt betrage also 3 cm³, sein Gewicht dagegen 2 g. In Wasser wird der Körper offenbar 2 cm³ tief ein-

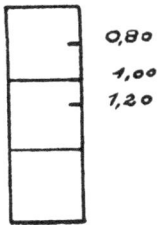

Figur 19

tauchen, denn alsdann beträgt sein Gewicht 2   2 = 0 g. Betrüge aber das spezifische Gewicht der Flüssigkeit 1,20, so muß der Körper, um 2 g zu verdrängen nur 2 : 1,20 = 1²/₃ cm³ eintauchen. Hat die Flüssigkeit das spezifische Gewicht 0,8, so muß der Körper 2 : 0,8 = 2¹/₂ cm³ eintauchen. Daher ragt der Körper 1 cm aus dem Wasser heraus, aus der ersteren Flüssigkeit 1¹/₃ cm, aus der letzteren dagegen ¹/₂ cm. In die Flüssigkeit, deren spezifisches Gewicht um 0,2 höher als 1 ist, taucht also der Körper ¹/₃ cm weniger tief, in diejenige aber, deren spezifisches Gewicht um 0,2 geringer als 1 ist, um ¹/₂ cm tiefer ein als in Wasser.

Versieht man den Körper an den Stellen, bis zu welchen er in Wasser und den beiden anderen Flüssigkeiten einsinkt, mit entsprechenden Marken, so kann man ihn als Instrument benutzen zur Bestimmung des spezifischen Gewichtes einer Flüssigkeit. Ein solches Instrument ist das Araeometer, dem man aus Zweckmäßigkeitsgründen die in Figur 20 dargestellte Form (wie ein Saccharometer) gegeben hat. Das eine Instrument von 0,85—1,00 sinkt in Wasser ein bis zum untersten, das andere dagegen von 1,00—1,15 bis zum obersten Teilstrich, denn in Wasser zeigt das Araeometer 1,00. Macht man das Instrument entsprechend leichter oder schwerer, so kann man die

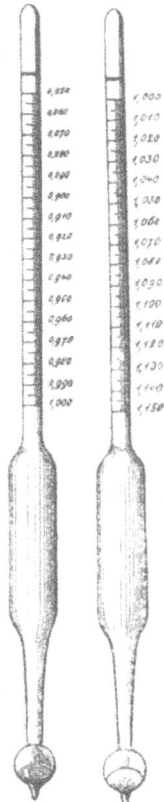

Figur 20

Skala über 0,85 und 1,15 hinaus fortsetzen. Instrumente ersterer Art werden natürlich in Wasser nicht einmal bis zur Skala, die letztere Art dagegen über die Skala hinaus einsinken. Die Teilung der Skala eines Araeometers wird um so weiter, das Instrument also um so genauer, je größer der untere Teil, der Körper, und je dünner der obere ausgezogene Teil, die Spindel oder der Stengel, wird.

Bei jedem Araeometer, daher auch Saccharometer, ist der Abstand zwischen je zwei Zahlen, welche der gleichen Differenz im spezifischen Gewicht entsprechen, unten an der Spindel kleiner als oben, wie sich aus obigen Betrachtungen zu Figur 19 ergibt.

Wie oben bei Figur 19 läßt sich auch bei jedem Araeometer jeder Punkt der Skala berechnen, wenn Gewicht und Dimensionen des Instrumentes bekannt sind. Es ist jedoch einfacher und meistens auch genauer, die Araeometerskala einzustellen auf Flüssigkeiten, deren spezifisches Gewicht bekannt, bezw. nach einer anderen Methode exakt bestimmt ist. Damit charakterisiert sich allerdings die araeometrische Methode als eine nicht selbständige. Auf die Faktoren, welche ihre Genauigkeit beeinträchtigen, wird noch unten beim Saccharometer näher eingegangen werden.

3. Bei gasförmigen Körpern.

Am einfachsten bestimmt man das spezifische Gewicht eines Gases, indem man ein durch Gummistopfen verschließbares Glasgefäß zunächst leer, d. h. mit Luft gefüllt, wägt, hierauf die Luft durch das betreffende Gas vollständig verdrängt, fest verschließt und dann wieder wägt. Den Inhalt des Kolbens findet man, indem man ihn mit Wasser auswägt. Von dem gefundenen Leergewicht des Kolbens zieht man das dem beobachteten Stande des Thermometers und Barometers entsprechende Luftgewicht ab und erhält so das wirkliche Gewicht des leeren Kolbens, dieses von dem Gewicht des Kolbens mit dem Gas abgezogen ergibt das Gewicht des Gases und dieses durch das Gewicht der Luft dividiert das spezifische Gewicht.

Übungsbeispiele.

56. Ein Körper wiegt in der Luft 8,3 g, in Wasser getaucht 7,18 g. Wie viel beträgt sein spez. Gew.?*)

57. Wie viel wiegt ein Körper vom spez. Gew. 1,4, der in der Luft 300 Kg wiegt, im Wasser?

58. Ein Körper wiegt in der Luft 13,5 g, in Aether getaucht 11,4 g. Wie viel beträgt sein spez. Gew.?

59. Stand der mit Alkohol zum Teil gefüllten Bürette 35,4 cm³, nach dem Einwerfen von 20 g Gerste 18,5 cm³. Wie viel beträgt das spez. Gew. der Gerste?

60. Leeres Pyknometer = 35,2 g. Pyknometer mit Wasser = 84,85 g. Pyknometer mit Alkohol = 75,12 g. Pyknometer mit 12 g Gerste und überstehendem Alkohol = 79,3 g. Wie viel beträgt das spez. Gew. der Gerste?

61. Wie viele cm³ tief sinkt ein 6 cm³ großer und 4,2 g schwerer Körper ein in Aether?

---

*) Gemeint ist immer das rohe, ohne Rücksicht auf den Luftauftrieb berechnete spezifische Gewicht.

62. Wie viel beträgt das spez. Gew. einer Flüssigkeit, wenn ein auf ihr schwimmender 14 cm³ großer und 13 g schwerer Körper 2,5 cm³ herausragt?

63. Um wie viel cm wird ein 12 000 t schweres Schiff in Flußwasser tiefer einsinken als im Meere, wenn sein Querschnitt am Wasserspiegel = 1200 m² ist?

Beziehungen zwischen dem spezifischen Gewicht von Lösungen und ihrem Gehalt.

Nur reines Wasser zeigt das spezifische Gewicht 1,00. Enthält das Wasser irgend einen anderen Körper gelöst, so ändert sich auch das spezifische Gewicht. Selbst die geringe Menge gelöster Substanz, die in den gewöhnlichen Brunnenwässern enthalten ist, beeinflußt schon merklich das spezifische Gewicht. So besitzt das Münchener Leitungswasser ein spezifisches Gewicht von 1,0003. Feste Körper wie Zucker, Kochsalz, Soda, ebenso manche flüssige wie Schwefelsäure, Glyzerin, auch gasförmige, wie Chlorwasserstoff erhöhen das spezifische Gewicht, die meisten gasförmigen dagegen, auch Alkohol, erniedrigen es. Die Beeinflussung des spezifischen Gewichtes ist, wenigstens in der Regel, eine umso größere, je mehr von dem gelösten Körper vorhanden ist. Jedoch gibt es auch Ausnahmen von dieser Regel; so steigt z. B. das spezifische Gewicht einer Lösung von Essigsäure in Wasser bis zu einem Gehalt von 77 % an Essigsäure, bleibt dann unverändert bis 80 %, um über 80 % wieder zu fallen bis 100 %, so daß z. B. eine 95prozentige Essigsäure genau das gleiche spezifische Gewicht besitzt wie eine 56prozentige. Ferner ist die Beeinflussung des spezifischen Gewichtes auch bei andern Körpern nicht porportional dem Gehalt. So weicht das spezifische Gewicht (0,9912) einer Alkohollösung, die in 100 g 5 g Alkohol enthält, um 0,0088 von dem des Wassers ab; das einer Lösung, die 10 g Alkohol in 100 g enthält, beträgt dagegen 0,9838 und weicht also nicht 2×0,0088 = 0,0176 sondern 0,0162 von Wasser ab. Es läßt sich auch nicht das spezifische Gewicht einer Lösung aus den Gewichten und Volumen der Bestandteile ohne weiteres in der Weise berechnen, daß man die Summe der Gewichte durch die Summe der Volumina dividiert. Alle diese merkwürdigen Erscheinungen beruhen darauf, daß bei der Lösung eines Körpers in einer Flüssigkeit eine Volumenveränderung, in der Regel Volumenverminderung, eine Kontraktion, eintritt und diese nicht proportional dem Prozentgehalt an gelöster Substanz ist. So geben 30 cm³ Alkohol und 72,712 cm³ Wasser nicht 102,712, sondern nur 100 cm³; die Kontraktion beträgt also bei 30 %igem Alkohol 2,712. Dagegen geben 15 cm³ Alkohol und 86,191 cm³ Wasser auch 100 cm³ 15 %ige Alkohollösung; die Kontraktion beträgt hier also 1,191 und nicht 2,712 : 2 = 1,356. Im Gegensatz zu festen und flüssigen Körpern findet beim Vermischen von Gasen keine Volumenveränderung statt.

Den Prozentgehalt einer Lösung kann man in vier verschiedenen Ausdrucksweisen angeben.

1. Reine Gewichtsprozente, z. B. 12 g in 100 g oder 12 Kg in 1 q.
2. Reine Volumprozente, z. B. 12 cm³ in 100 cm³ oder 12 l in 1 hl.
3. Gewichtsvolumprozente, z. B. 12 g in 100 cm³ oder 12 Kg in 1 hl.
4. Volumgewichtsprozente, z. B. 12 cm³ in 100 g oder 12 l in 1 g.

Alle vier Ausdrucksweisen sind natürlich verschieden, da 100 g Lösung nie 100 cm³ und 12 g Substanz ebenfalls nicht 12 cm³ sind.

Von einer ganzen Reihe chemischer Körper sind die spezifischen Gewichte der Lösungen verschiedenster Konzentration bestimmt und in Tabellen zusammengestellt worden. Lösungen nachstehender Substanzen von 1—20 Gewichtsprozenten zeigen die beistehenden bei den angegebenen Temperaturen bestimmten spezifischen Gewichte. *)

Gewichts- prozent- gehalt	Zucker $\frac{17,5^0}{17,5^0}$		Kochsalz $\frac{15^0}{4^0}$	Wasserfr. Chlorcalc. $\frac{15^0}{4^0}$	Wasserfr. Soda $\frac{15^0}{4^0}$	Krist. Soda $\frac{15^0}{4^0}$	Alkohol $\frac{17,5^0}{17,5^0}$
	Balling	Plato					
1	1,0040	1,0039	1,0067	1,0080	1,0099	1,0037	0,9981
2	1,0080	1.0078	1,0135	1,0161	1,0201	1,0074	0,9963
3	1,0120	1,0117	1,0208	1,0246	1,0305	1,0110	0,9946
4	1,0160	1,0157	1,0281	1,0332	1,0410	1,0148	0,9928
5	1,0200	1,0197	1,0354	1,0418	1,0515	1,0186	0,9912
6	1,0240	1,0237	1,0428	1,0505	1,0621	1,0224	0,9896
7	1,0281	1,0278	1,0502	1,0593	1,0727	1,0263	0,9881
8	1,0322	1,0318	1,0577	1,0682	1,0833	1,0300	0,9866
9	1,0363	1,0359	1,0652	1,0770	1,0939	1,0338	0,9852
10	1,0404	1,0401	1,0727	1,0858	1,1046	1,0378	0,9838
11	1,0446	1,0442	1,0802	1,0951	1,1154	1,0416	0,9825
12	1,0488	1,0484	1,0877	1,1045	1,1263	1,0455	0.9812
13	1,0530	1,0526	1,0953	1,1138	1,1373	1,0494	0,9799
14	1,0572	1,0569	1,1029	1,1232	1,1483	1,0534	0,9787
15	1,0614	1,0612	1,1105	1,1326	1,1595	1,0574	0,9774
16	1,0657	1,0655	1,1182	1,1421	1,1708	1,0613	0,9761
17	1,0700	1,0698	1,1260	1,1518	—	1,0652	0,9749
18	1,0744	1,0742	1,1338	1,1616	—	1,0691	0,9736
19	1,0788	1,0786	1,1419	1,1713	—	1,0730	0,9723
20	1,0832	1,0831	1,1500	1,1810	—	1,0769	0,9710

Derartige Tabellen kann man umgekehrt benutzen, um durch Ermittlung des spezifischen Gewichtes den Gehalt einer reinen wässerigen Lösung der betreffenden Substanz festzustellen. Die Tabellen sind natürlich nicht anwendbar, wenn die Substanz nicht in rein wässeriger, sondern etwa in schwach

---

*) Ist in einer Tabelle der gegebene Prozentgehalt nicht enthalten, so findet man das entsprechende spezifische Gewicht durch Interpolieren, z. B.: wieviel beträgt das spezifische Gewicht einer 9,3 prozentigen Zuckerlösung nach Plato? 9% = 1,0359, 10% = 1,0401. Differenz 1,0401 — 1,0359 = 0,0042. Dann trifft auf 0,1% Gehalt eine Differenz von 0,00042 und auf 0,3% 3 × 0,00042 = 0,00126. Daher entsprechen 9,3% einem spezifischen Gewicht von 1,0359 + 0,00126 = 1,03716.

alkoholischer Lösung vorliegt. Auch können derartige Tabellen nicht aufgestellt werden für Körper, die in ihrer chemischen Zusammensetzung
schwankend sind wie z. B. für Malzextrakt, dessen Zusammensetzung je nach
Malzbeschaffenheit und Maischverfahren verschieden ist. Es sind trotzdem
Extrakttabellen aufgestellt worden, so von Rüber, W. Schultze u. a., jedoch
entbehren sie alle der absoluten Grundlage und können daher nicht nach-
geprüft werden. Balling dagegen machte den Vorschlag für die Ermittlung
des Gehaltes von Würzen an Extrakt (gelösten festen Stoffen) eine Rohrzuckertabelle zu benutzen (Balling — Grade oder Balling — Prozente). Findet
man also das spezifische Gewicht $\frac{17,5^0}{17,5^0}$ einer Würze zu 1.0404, so sagt man
die Würze ist 10 Balling-Grade oder 10 Balling-Prozent stark. Dieser Ballingsche Vorschlag ist allgemein angenommen. Auch hat Balling selbst im Jahre
1835 eine von ihm entworfene Rohrzuckertabelle veröffentlicht. Weitere Rohr-
zuckertabellen sind aufgestellt worden von Brix, Gerlach, Niemann,
Scheibler u. a. Die Ballingsche Tabelle, welche lange Zeit zur Untersuchung
von Würzen benutzt wurde und auch als Grundlage für das Saccharometer
diente, ist in neuerer Zeit durch die Platotabelle[*]) ersetzt worden Beim
Vergleich der obigen Zusammenstellung von Balling und Plato ist zu berücksichtigen, daß die spezifischen Gewichte von Balling aus den beim Wägen
in der Luft gefundenen Gewichten berechnet wurden, während von Plato
die Gewichte auf den luftleeren Raum umgerechnet wurden. Nach Umrechnung der Balling'schen Zahlen auf Vacuum unter Annahme eines mittleren
Luftgewichtes ergeben sich für die richtig gefundenen Plato-Prozente nachstehende Balling-Prozente.

Plato %		Balling %	Plato %		Balling %
1	. .	0.98	11	. .	10.91
2	. .	1.95	12	. .	11.92
3	. .	2.93	13	. .	12.92
4	. .	3.93	14	. .	13.94
5	. .	4.93	15	. .	14.97
6	. .	5.93	16	. .	15.97
7	. .	6.93	17	. .	16.97
8	. .	7.91	18	. .	17.97
9	. .	8.91	19	. .	18.97
10	. .	9.94	20	. .	20.00

Die Plato'sche Abhandlung enthält eine Tabelle (Tafel I) mit den
Dichten $\frac{15^0}{15^0}$ für Zuckerlösungen von 0—100 Prozent, eine zweite (Tafel II) mit
den Dichten bei den verschiedenen Temperaturen von 0—60° bezogen auf
Wasser von 15° ($\frac{t^0}{15^0}$) und eine dritte (Tafel IV) mit den Dichten $\frac{20^0}{4^0}$ für
Zuckerlösungen von 0—100 %. Tafel II, die also die thermischen Aus-

[*]) Wissenschaftliche Abhandlungen der Kaiserl. Normal-Eichungs-Kommission. Die
Dichte, Ausdehnung und Kapillarität von Lösungen reinen Rohrzuckers in Wasser. Von
Dr. Plato, Berlin 1900.

dehnungen von Zuckerlösungen enthält, wurde verbessert von Fischer und Doemens (s. S. 69). Aus den Platotabellen wurden zwei Tabellen für den praktischen Gebrauch und zur Anwendung für Würze errechnet, die eine von Goldiner und Klemann (Berlin 1919), die andere von Doemens (München, V. Aufl. 1938).

Die erstere enthält für Zuckerlösungen (bezw. Würzen) von 0—30 %, von Hundertstel zu Hundertstel fortschreitend, die entsprechenden Dichten $\frac{20^0}{4^0}$ und außerdem die zugehörigen Laboratoriumsquotienten, die man erhält durch Divison der in der Luft gefundenen Zuckerlösung, und Wassergewichte. Die Doemens-Tabelle dagegen enthält die Dichten $\frac{17,5^0}{17,5^0}$ immer um je eine Einheit in der vierten Dezimale fortschreitend für Zuckerlösungen (bezw. Würzen) von 0—30 %. Außerdem enthält diese Tabelle eine dritte Spalte mit den sogenannten Volumprozenten (eigentlich Gewichtsvolumprozente), die angeben, wieviel g Extrakt in 100 cm³ (Mohrsche *) cm³) oder wieviel Kg in 1 hl Würze enthalten sind. Der Volumprozente bedient man sich sehr zweckmäßig bei den Ausbeuterechnungen und sonstigen Berechnungen im Betrieb.

Umrechnung von Gewichtsprozenten in Volumprozente.

Beisp.: 12 Gew. % = ? Vol. %.

In 100 g Würze sind 12 g Extrakt, es ist jedoch gefragt, wieviel Extrakt in 100 cm³ Würze enthalten sind. Da nach obiger Zuckertabelle (Plato) das spezifische Gewicht einer 12gewichtsprozentigen Würze 1.0484 beträgt, so wiegen 100 cm³ Würze 100×1.0484 g. Diese enthalten aber offenbar $\frac{12 \times 100 \times 1,0484}{100}$ oder 12×1,0484=12,58 g Extrakt (=Vol. %). Man findet also die Volumprozent, indem man die Gewichtsprozent mit dem spezifischen Gewicht multipliziert.

Bei Alkohollösungen bedient man sich vielfach der reinen Volumprozente. Die Umrechnung gestaltet sich nach folgendem Beispiel:

8 Gew. % Alkohol = ? Vol. %.

100 g Flüssigkeit enthalten 8 g Alkohol, letztere sind = $\frac{8}{0,7937}$ cm³ (siehe Tabelle Seite 23). 100 cm³ Alkohollösung von 8 Gew. % sind aber nach Tabelle Seite 34 100 × 0,9866 g. Daher stellt sich die Rechnung wie folgt:

100 g Flüssigkeit enthalten $\frac{8}{0,7937}$ cm³ (= 8 g) Alkohol.

100 × 0,9866 g (= 100 cm³) Flüssigkeit enthalten $\frac{8 \times 100 \times 0,9866}{0,7937 \times 100}$

oder $\frac{8 \times 0,9866}{0,7937} = 9,54$ cm³ Alkohol.

---

*) Unter einem Mohrschen-cm³ versteht man den Raum, den 1 g Wasser bei 15° oder auch bei 17,5° einnimmt. Streng genommen gehört zu jeder Volumenangabe auch die genaue Temperaturangabe.

Es kann jedoch auch die alkoholhaltige Flüssigkeit ein anderes spezifisches Gewicht haben als dem Alkoholgehalt nach obiger Tabelle entspricht, wie dies bei Angabe des Alkoholgehaltes geistiger Getränke meistens der Fall ist. Z. B.:

Das spezifische Gewicht eines Getränkes beträgt 1,025, sein Alkoholgehalt 4 Gew. %. Wieviel beträgt der Alkoholgehalt in Vol. %?

$$4 \text{ g Alkohol} = \frac{4}{0,7937} \text{ cm}^3 \text{ und } 100 \text{ cm}^3 \text{ Flüssigkeit} = 100 \times 1,025 \text{ g.}$$

$$100 \text{ g Flüssigkeit enthalten } \frac{4}{0,7937} \text{ cm}^3 \text{ Alkohol.}$$

$$100 \times 1,025 \text{ g } (= 100 \text{ cm}^3) \text{ Flüssigkeit enthalten } \frac{4 \times 100 \times 1,025}{0,7937 . \times 100}$$

$$\text{oder } \frac{4 \times 1,025}{0,7937} = 5,17 \text{ cm}^3 \text{ Alkohol.}$$

Bei Flüssigkeiten, deren spezifisches Gewicht nicht wesentlich von 1 abweicht (etwa 0,98—1,02) stehen Gewichts- und Volumprozent Alkohol ungefähr im Verhältnis 8 : 10, zur Umrechnung von Gewichts- in Volumprozent hat man daher nur den vierten Teil zuzuzählen, von Volum- in Gewichtsprozent den fünften Teil abzuziehen.

Uebungsbeispiele.

Alkoholwassermischungen:

64. Wie viel g Alkohol sind enthalten in 53 g von 4,5 Gew. % ?
65. Wie viel g Alkohol sind ungefähr enthalten in 136 cm³ von 7,3 Vol. %?
66. 11 Gew. % Alkohol sind wie viel Vol. %?
67. Wie viel g Alkohol sind enthalten in 74 cm³ von 6,4 Gew. % ?

Zuckerlösungen:

68. Wie viel Kg Zucker enthält 1 hl vom spez. Gew. 1,0510?
69. Wie viel g Zucker sind in 83 g von 12 Gew. %?
70. Wie viel Zucker ist in 34 l von 14 Gew. %?
71. Wie viel Kg Zucker sind in 7,3 hl von 12,3 Vol. %?
72. Ein Bier vom spez. Gew. 1,0182 enthält 4 Vol. % Alkohol. Wie viel Gew. %?
73. 4 Gew. % Alkohol entsprechen wie viel Vol. % bei einem Bier vom spez. Gewicht 1,0220?

Angewandte Araeometer oder Prozent- araeometer.

Soweit für die betreffende Substanz eine Tabelle vorhanden ist, welche das Verhältnis zwischen spezifischem Gewicht und Prozentgehalt angibt, kann man, wie oben erwähnt, den Gehalt einer Lösung feststellen, indem man das spezifische Gewicht der Flüssigkeit bestimmt. Dies geschieht aber am einfachsten mittels des Araeometers. Hat man nun aber oft die gleichen Flüssigkeiten zu untersuchen, so wird man zweckmäßiger Weise, anstatt jedesmal mit dem Araeometer das spezifische Gewicht zu bestimmen und aus der Tabelle den entsprechenden Prozentgehalt zu entnehmen, sich ein Araeometer anfertigen lassen, dessen Skala statt der Zahlen des spezifischen Gewichtes die entsprechenden Gehaltszahlen angibt. Natürlich können ebensoviele verschiedene derartige Instrumente hergestellt werden, wie Gehaltstabellen existieren. So entstehen die angewandten Araeometer oder Prozentaraeometer. In Wasser zeigen sie alle 0, das Araeometer dagegen 1. Das wichtigste angewandte Araeometer ist das Sacharometer, auch Sacharimeter genannt, auf deutsch Zuckermesser (Sacharum = Zucker). Dasselbe ist eigentlich nur für Zuckerlösungen bestimmt, wird jedoch in der Brauereitechnik allgemein auch zur Gehaltsbestimmung von Extraktlösungen, von Würzen verwendet. Weiter werden in der Brauerei benutzt Alkoholometer zur Bestimmung des Alkoholgehaltes von Bierdestillaten, sowie Araeometer, welche den Prozentgehalt von Kochsalzlösungen und von Chlorcalciumlösungen (für die Salzwasserkühlung) anzeigen. Die sogenannten Baumégrade, welche noch vielfach in der chemischen Technik vorkommen, bedeuten eigentlich überhaupt nichts bestimmtes. Das neue Baumésche Araeometer zeigt in Wasser 0 und in konzentrierter Schwefelsäure (Spez. Gew. 1,842) 66°. Der Abstand zwischen diesen beiden Punkten ist in 66 gleiche Teile geteilt, während bei einem richtig konstruierten Araeometer, wie aus Figur 19 S. 31 deutlich ersichtlich, die Skalenteile nach unten kleiner werden müssen. Aus den Baumégraden (B) erhält man das spez. Gewicht (D) nach der Formel von Balling

$$\text{Oechsle-Grade} = (D - 1) \times 1000$$

$$D = \frac{144,3}{144,3-B} \text{ ferner ist } B = 144,3 \times \frac{D-1}{D}.$$

Natürlich ist jedes Prozentaraeometer nur für Lösungen der betreffenden Substanz, für welche es eingestellt ist, anwendbar. Unter Benützung der zwei betreffenden Tabellen kann man jedoch auch durch ein Prozentaraeometer den Gehalt einer Lösung einer andern Substanz annähernd feststellen. Zeigt z. B. ein Sacharometer in einer Sodalösung 11 % Balling, so beträgt nach Plato-Tabelle (Seite 34) das spezifische Gewicht 1,0442; nach der Tabelle Seite 34 entspricht das spezifische Gewicht 1,0416 11 %, 1,0455 dagegen 12 % kristallisierter Soda, 1,0442 entspricht demnach rund 11.7 % Soda.

Das Sacharometer.*)

Den ältesten bekannten Vorläufer unseres heutigen Sacharometers bilden die aus Bernstein verfertigten, Araeometer ähnlichen, Danziger Bierprober, welche schon vor Jahrhunderten in Verwendung waren und in Bier von genügender Stärke nur bis zu einem gewissen Punkte einsinken durften. Im Jahre 1763 konstruierte Faggot in Stockholm im Auftrage der schwedischen Akademie der Wissenschaften ein Araeometer, dessen Skala das Gewicht von einem Kubikzoll Wasser, sowie von Bier in vier verschiedenen Stärken angab.

---

*) Amtlich heißt es Saccharimeter.

Diese Instrumente gingen von der falschen Voraussetzung aus, daß das spezifische Gewicht eines Bieres um so höher sei, je stärker es eingebraut sei — eine Annahme, der man auch jetzt noch häufig begegnet. In Wirklichkeit kann natürlich ein höher vergorenes Bier spezifisch leichter sein als ein viel schwächer eingebrautes, aber niederer vergorenes.

Im Jahre 1784 stellte der Engländer John Richardson an Verdünnungen einer starken Würze fest, daß mit der Konzentration einer Würze das spezifische Gewicht entsprechend abnimmt und konstruierte ein Araeometer für Bierwürze mit einer Skala, welche auch heute noch bei dem in England gebräuchlichen Longschen Sacarometer angewandt wird.

Anfang des neunzehnten Jahrhunderts wurden in Deutschland Sacarometer zur Prüfung von Zuckerlösungen konstruiert von Hermbstädt, Prechtl, Dr. Gräter u. a., welche jedoch in der Brauerei wenig Beachtung fanden. Im Jahre 1834 brachten Gabriel Sedlmayr und Anton Dreher als interessante brautechnische Neuerung ein Sacarometer (nach Long) mit aus England, welches dort schon allgemein von den Brauern benutzt wurde. Kurze Zeit darauf stellte von Fuchs den Extraktgehalt von Würzen in der Weise fest, daß er ermittelte, wieviel Kochsalz sich in 100 g Würze löst und daraus den Wassergehalt, welcher allein für die Lösung des Kochsalzes in Betracht kommt, berechnete (halymetrische Methode). Im Jahre 1842 konstruierte Professor Kaiser in München ein Sacarometer, welches in Würzen den Prozentgehalt an Extrakt angab, den er auf halymetrischem Wege ermittelt hatte. Diese sogenannte Kaisersche Bierwage war in Bayern vielfach eingeführt. Im Jahre 1843 konstruierte Professor Balling in Prag sein Sacarometer nach seiner Zuckertabelle und empfahl dessen Anwendung für Würze. Ballings und Kaisers Sacarometer geben beide die reinen Gewichtsprozente an, jedoch zeigt Kaiser bei 10—16 % 0,6—1,0 weniger als Balling, während das in England gebräuchliche Sacarometer von Long angibt, wieviel englische Pfund ein Barrel Würze mehr wiegt als ein Barrel Wasser (= 360 Pfund). Man findet daher aus der Longschen Sacarometeranzeige das spezifische Gewicht und damit die Gew.-Prozente, indem man die Longschen Pfund + 360 durch 360 dividiert.

Zum Beispiel: Longsche Sacarometeranzeige = 22 Pfund.

$$\text{Spez. Gewicht} = \frac{360 + 22}{360} = 1,0611,$$

dies entspricht nach den Tabellen S. 34 14.93 % Balling oder 14.98 % Plato Die amtlichen deutschen Sacarometer sind auf die Platotabelle eingestellt.

Bei der Konstruktion des Sacarometers durch Balling hat dieser wohl nicht geahnt, daß das Instrument 50 Jahre später in keinem Brauereibetriebe fehlen würde, auch war es zu Ballings Zeiten noch nicht üblich, die Ausbeute an Extrakt aus dem Malze in den Brauereibetrieben zu berechnen, andernfalls hätte Balling seinem Instrumente wohl eine andere Skala gegeben, nämlich die der Volumprozente. Bei allen mit der Sacarometeranzeige zusammenhängenden Berechnungen im Betriebe kennt der Brauer die Menge des Bieres oder der Würze immer nur in Hektoliter. Es ist ohne weiteres klar, daß die reinen Gewichtsprozente für derartige Berech-

nungen nicht verwendbar sind, wohl aber die Volumprozente. Wenn ein
Brauer bei einem Sud 80 hl Würze gewonnen hat und das Sacharometer
zeigte ihm 12 Vol. %, d. h. daß in 1 hl 12 kg Extrakt enthalten sind, so weiß er
sofort, daß er 12 × 80 Kg Extrakt gewonnen hat. Kann er dagegen nur die
Gewichtsprozente, d. h. wie viel Kg Extrakt in 1 q Würze enthalten sind, am
Sacharometer ablesen, so muß er zunächst entweder die hl Würze auf g
oder die Gewichtsprozent auf Volumprozent umrechnen. Im Jahre 1895 wurde
daher von Dr. Doemens empfohlen, die Sacharometer mit zwei Skalen zu
versehen, einer schwarzen mit den Gewichtsprozenten und einer roten mit
den Volumprozenten. Derartige doppelskalige Saccharometer sind vielfach
in Gebrauch. Man merke genau:

12 an der schwarzen Skala = 12 g Extrakt in 100 g Würze oder
12 Kg Extrakt in 1 q Würze.

12 an der roten Skala = 12 g Extrakt in 100 cm³ Würze oder 12 Kg
Extrakt in 1 hl Würze.

Die Ballingschen Sacharometer waren ursprünglich eingestellt für
17.5 ⁰ C, während für die neuen amtlichen deutschen Instrumente die Temperatur von 20 ⁰ C vorgeschrieben ist, in Bayern sind jedoch auch Instrumente
für 17.5 ⁰ zulässig.

Die meisten Sacharometer enthalten unten im Körper auch ein Thermometer (Thermo-Sacharometer) und neben diesem eine Korrektionsskala,
welche angibt, wieviel von der abgelesenen Sacharometeranzeige bei den
verschiedenen Würze-Konzentrationen abzuziehen bzw. zuzuzählen ist, wenn
die Temperatur weniger bzw. mehr als die vorgeschriebene beträgt.

Bei Untersuchung von Bier ist die Normaltemperatur möglichst genau
einzuhalten. Nach den Ausführungsbestimmungen zum deutschen Biersteuer-
gesetz ist bei der Untersuchung von Bier (durch die Steuerbeamten) unter
Anwendung eines bei 20 ⁰ eingestellten Sacharometers eine Temperatur von
15 bis 20 ⁰ einzuhalten, für jeden Grad unter 20 ⁰ ist von der abgelesenen
Sacharometeranzeige 0,05 abzuziehen, für jeden Grad über 20 ⁰ ebensoviel
zuzuzählen. Als sehr genau kann diese Korrektur für Temperaturabweichun-
gen aber nicht gelten

Ein fehlerloses für 20 ⁰ eingestelltes Sacharometer zeigt natürlich in
der gleichen Würze dasselbe an wie ein für 17.5 ⁰ eingestelltes.

Zur Umrechnung der bei einer von der vorgeschriebenen Normaltemperatur abweichenden Temperatur erhobenen Sacharometeranzeige kann
nachstehende Formel dienen, die ebenso für Araeometer und sonstige Prozentaraeometer anwendbar ist. Um die aus der Formel sich ergebende
Korrektur ist die Ablesung an der Skala nach unten zu korrigieren. Ergibt
also die Formel einen positiven Wert, so sind Araeometer- und Sacharometeranzeige um diesen zu erhöhen, Alkoholmeteranzeige dagegen zu erniedrigen. Die Formel lautet:

$$\text{Korrektur} = \frac{l \cdot p \cdot (D - D_1 \cdot (1 + 0{,}000023 \cdot [t_1 - t]))}{D_1 \cdot D} \text{ Skalenteile}$$

l = Anzahl der Skalenteile auf 1 cm³ Spindel

p = Gewicht des Instrumentes in g

D = Dichte $\frac{t^0}{4^0}$ der Flüssigkeit

$D_1 =$ Dichte $\frac{t_1{}^0}{4^0}$ der Flüssigkeit

$t_1 =$ Temperatur der Flüssigkeit

$t =$ Normaltemperatur

$0,000023 =$ Ausdehnungskoeffizient des Normalglases 16^{III}

Beispiel: Berechnung der Korrektur für eine 12prozentige Würze und ein bei 17,5° C eingestelltes Sacharometer, wenn die Erhebung der Sacharometeranzeige statt bei 17,5° und 10° erfolgt. Gewicht des Sacharometers $= 59.25$ g $=$ p. Spindeldicke $= 5,06$ mm. Durchschnittlicher Abstand zwischen zwei Skalenstrichen bei ca. 12 % $= 1.133$ mm.

Dann hat 1 cm³ Spindelvolumen eine Länge von 49.757 mm, daher ist $l = 49,757 : 1,133 = 43,91$. Nach Platotafel II ist D $= 1.04797_5$ 0,999126 $=$ 1,04706 und $D_1 = 1,04951 \cdot 0,999126 = 1,04859$. Daher ist

$$\text{Korrektur} = \frac{43,91 \cdot 59,25 \; (1,04706 - 1,04859 \; (1 + 0,000023 \; [10 - 17,5]))}{1,04859 \cdot 1,04706}$$

$$= - 3,2 \text{ Skalenteile} = - 0,32.$$

Zeigt also das Sacharometer bei 10° C 12.32 %, so würde es bei der Normaltemperatur von 17,5° C nur 12,32−0,32 $=$ 12 % zeigen. Die amtliche bayerische Reduktionstafel ergibt eine Korrektur von − 0,31.

Die Genauigkeit der Sacharometeranzeigeerhebung ist nur bei sorgfältigster Anwendung eine genügende, d. h. nur mit einem Fehler von wenigen Hundertstel behaftet. Bei Würzen muß man sogar mit einem Fehler von 0,1 rechnen. Bei der gewöhnlichen Art der Sacharometeranwendung im Betriebe kommen sogar Fehler bis 0,2 und noch mehr vor. Man hat versucht, die Empfindlichkeit des Sacharometers bedeutend zu steigern, indem man Instrumente für einen kleinen Bereich mit recht großem Körper und sehr dünner Spindel anfertigte. Für Zuckerlösungen und andere Flüssigkeiten von genau bekannter, einfacher chemischer Zusammensetzung läßt sich allerdings auf diese Weise die Empfindlichkeit der araeometrischen Methode überhaupt auf eine sehr hohe Stufe bringen, aber bei Würze liegen die Verhältnisse viel schwieriger, da die Verschiedenheit der Würzezusammensetzungen einen wesentlichen Einfluß ausübt. So kann es vorkommen, daß ein Sacharometer in einer Würze einen Prozentgehalt anzeigt, der genau dem nach den genauesten Methoden ermittelten spez. Gewicht entspricht, während in einer anderen Würze vom gleichen spez. Gewicht dasselbe Sacharometer um mehrere Hundertstel mehr oder weniger zeigt.

Gute Instrumente sind immer nur aus Jenaer Normalglas 16 III gefertigt, erkenntlich an einem dünnen rotvioletten Längsstreifen im Glas.

Bei der Anwendung des Sacharometers ist folgendes zu beachten:

Als Einsenkzylinder eignet sich ein genügend hoher, nicht zu enger Glaszylinder oder auch Metallzylinder, der vollkommen senkrecht aufzustellen ist. Leicht und vollkommen erreicht man die senkrechte Lage durch Aufhängen an einer Cardanischen Aufhängevorrichtung, an welcher der Zylinder nach allen Seiten beweglich hängt (Fig. 21). Am besten stellt man den Einsenkzylinder vor ein Fenster mit freiem Licht. Wenn möglich soll auch die Luft annähernd die für das Sacharometer vorgeschriebene Normaltemperatur besitzen. Die auf die Normaltemperatur gebrachte Flüssigkeit gieße man so in den Zylinder, am besten indem man den Zylinder geneigt hält, daß möglichst wenig Schaum entsteht. Das Sacharometer muß beim Einsenken natürlich tadellos sauber sein, die Reinigung erfolgt aber am besten nach dem Gebrauch, nicht unmittelbar vor demselben, durch Abwaschen mit reichlich Wasser und nachherigem gründlichem Abreiben mit einem weichen Tuch. Nach der Reinigung schiebt man das Instrument in ein sauberes Futteral, nimmt es zum Gebrauch aus diesem mit Daumen und Zeigefinger, die natürlich vollkommen trocken und sauber sein müssen, sorgfältig heraus und senkt es in die Flüssigkeit bis 1 oder 2 Skalenstriche über die voraussichtliche Würzekonzentration. Bekanntlich zieht sich die Würze an der Spindel etwas empor (Wulstbildung, Figur 24, a—b). Die Ausbildung dieses Wulstes ist auf die Sacharometeranzeige von wesentlichem Einfluß, je höher der Wulst, desto tiefer sinkt das Sacharometer ein. Die Höhe des Wulstes ist hauptsächlich abhängig von der Sauberkeit der Spindel, sowie von der Zusammensetzung der Flüssigkeit und der Flüssigkeitsoberfläche. Bei chemisch genau definierten Flüssigkeiten kann die Höhe und das Gewicht des Wulstes genau berechnet werden aus der sogenannten Kapillaritätskonstanten. Diese ist jedoch bei Würzen eine sehr schwankende Größe. Jedenfalls soll man aber auch bei Würzeuntersuchungen eine möglichst starke Wulstausbildung anstreben. Zu diesem Zwecke empfiehlt es sich, bei sehr genauen Messungen die Sacharometerspindel an der Stelle, bis zu welcher sie ungefähr untertaucht, mit einem mit Alkohol befeuchteten Leinwandläppchen abzureiben und ohne abzutrocknen einzusenken. Ergibt sich bei wiederholter Einsenkung eine andere (gewöhnlich niedrigere) Sacharometeranzeige so kann man, wenn sich sonst nichts geändert hat, annehmen, daß die niedrigere Angabe die richtigere ist, da diese der höheren Wulstbildung entspricht. Eventuell vorhandenen Schaum durch Aetherdämpfe od. dgl. beseitigen zu wollen, ist gänzlich unstatthaft, da die Wulstbildung auch durch die Zusammensetzung der Luft beeinflußt wird. Am einfachsten beseitigt man den Schaum und reinigt damit zugleich die Oberfläche der Flüssigkeit, indem man den Zylinder so weit mit Flüssigkeit füllt, daß er bei Einsenken des Sacharometers überläuft.

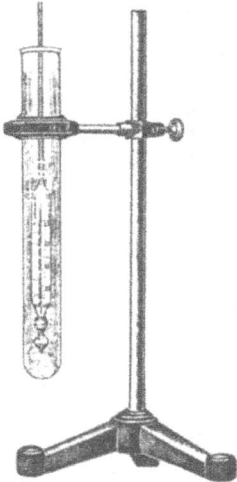

Figur 21

Einen weiteren sehr wesentlichen Einfluß übt die Temperatur aus, wobei wohl zu beachten ist, daß nicht nur die Flüssigkeit, sondern auch das Sacharometer selbst die vorgeschriebene Normaltemperatur besitzen muß, und daß es eine gewisse Zeit dauert, bis das Sacharometer sich mit der Flüssigkeit in der Temperatur vollkommen ausgeglichen hat, bis das im Sacharometer angebrachte Thermometer die richtige Temperatur anzeigt.

Bei der Ablesung der Sacharometerspindel sollen sich die Augen genau in der Höhe der Flüssigkeitsoberfläche befinden (s. Fig. 22 und 23). Die in Figur 22 dargestellte Ablesung ist die bei klaren Flüssigkeiten für Araeometer allgemein übliche, die Ablesung an der wahren Flüssigkeitsoberfläche, dabei liest man die Skala von unten herauf ab. Bei richtiger Höhe des Auges, wobei sich der vordere und hintere Rand der Flüssigkeitsoberfläche decken, kann man auf diese Weise leicht bis auf ein oder zwei Zehntel Skalenteil genau ablesen. Ist aber die Flüssigkeit trüb, wie z. B. Betriebswürze, so ist die Ablesung von unten herauf nicht möglich, da die durch die Flüssigkeitsoberfläche gebildete, die Skala schneidende Linie nicht sichtbar ist. In diesem Falle muß man den Zylinder ganz voll füllen, wie in Figur 24 dargestellt, und bei b ablesen. Die amtlichen Sacharometer sind so eingestellt, daß sie in Würze an dem Punkt abgelesen werden müssen, bis zu welchem sich der Flüssigkeitswulst an der Spindel emporzieht (Fig. 23 und Fig. 24 bei b). Diese Ablesung bildet nur einen Notbehelf mit Rücksicht auf die trübe Beschaffenheit der Würze.

Man merke also genau:

Die meisten in Gebrauch befindlichen Sacharometer sind aus Zweckmäßigkeitsgründen so eingestellt, daß die Ablesung nach Figur 24 bei b zu erfolgen hat.

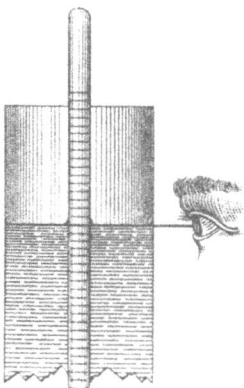

Figur 22

Figur 23

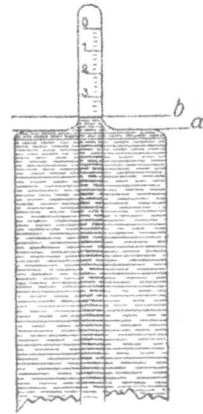

Figur 24

Sacharometerprüfung.

Die genaue Prüfung eines Sacharometers erfolgt in Deutschland gegen eine sehr mäßige Prüfungsgebühr durch die amtliche Normal-Eichungs-Aemter. Am besten kauft der Brauer nur amtlich geprüfte Instrumente aus Normalglas. Die Prüfung erfolgt von Seiten der Aemter in der Weise, daß man die Angaben des Instrumentes in einer Mischung von Schwefel-säure und Spiritus (Sulfosprit) mit einem Normalinstrument vergleicht. Der Sulfosprit gibt eine immer vollkommen gleiche Ausbildung des Wulstes an der Spindel und eignet sich daher besonders gut zu der Prüfung. Die so geprüften und als richtig befundenen Instrumente zeigen bei vollkommener Wulstausbildung in Zuckerlösung den richtigen Zuckergehalt an. In Würze können die Angaben immerhin aus den oben schon dargelegten Gründen mehr oder weniger differieren, zulässige Fehler an jeder Stelle ein Skalenteil. Bei der Prüfung wird auch immer das genaue Gewicht des Sacharometers fest-gestellt.

Will der Brauer im Betrieb etwa die Angaben eines neu bezogenen Sacharometers mit einem schon in Betrieb befindlichen vergleichen, so hat natürlich diese Prüfung mit größter Sorgfalt zu erfolgen. Am besten nimmt man zu diesem Zwecke eine reine Trubsackwürze und vergleicht die Angaben der beiden Instrumente in dieser Würze bei Normaltemperatur. Die Prüfung nimmt man am besten in einem Zimmer vor, dessen Lufttemperatur möglichst nahe bei der für das Sacharometer vorgeschriebenen Normal-temperatur liegt. Jedesmal läßt man das Instrument etwa 5 Minuten in der Flüssigkeit stehen, bis die Temperatur sich sicher vollkommen ausgeglichen hat. Eventuell kann man sich durch Verdünnen der Trubsackwürze mit reinem Wasser Würzen verschiedener Konzentration herstellen, in denen man dann ebenfalls die Instrumente vergleicht. Die Instrumente in Wasser zu vergleichen ist nicht empfehlenswert, da gerade die Angaben in Wasser sehr schwankende sind. Aeltere Instrumente, besonders wenn sie noch aus ge-wöhnlichem Glas gefertigt sind, soll man von Zeit zu Zeit in obiger Weise mit einem geprüftem aus Normalglas vergleichen. Am besten wird in jeder Brauerei ein amtlich geprüftes Sacharometer als Normalinstrument vom Brauereileiter aufgehoben, das nur zu Prüfung der Betriebsinstrumente Ver-wendung findet. Zu beachten ist, daß auch ein Sacharometer aus Glas beim Gebrauch so beschädigt werden kann, daß es nicht mehr richtig an-zeigt, trotzdem man ihm die Veränderung nicht ohne weiteres ansieht. So hat Vogel einen Fall beschrieben, in dem sich das Sacharometer total ver-ändert hatte, weil man es zum Spindeln von Fluorammoniumlösungen benutzt hatte, wobei natürlich das Glas verätzt worden war. Absplittern von Glas-stückchen an den Enden des Instrumentes wird man leicht durch Befühlen fest-stellen können.

Die Angabe des Sacharometers im Betrieb soll möglichst überein-stimmen mit der Zahl, die man in der gleichen Würze durch Bestimmung des spezifischen Gewichtes mittels Pyknometer oder auf eine andere exakte Weise im Laboratorium findet. Aus den oben dargelegten Gründen kann es aber leicht vorkommen, daß ein Sacharometer z. B. in der einen ungehopften Würze vollkommen mit der pyknometrischen Bestimmung übereinstimmt, in der gehopften dagegen um mehrere Hundertstel differiert. Die genauere Zahl ist natürlich immer die durch das Pypnometer gefundene.

Bezüglich der Sacharometerprüfung ist schließlich noch zu beachten, daß neu angefertigte Instrumente, besonders aus ungeeignetem Glas, sich beim Lagern etwas ändern können, so daß eine später wiederholte Prüfung ganz andere Resultate ergeben kann als die erste.

Bestimmung des Prozentgehaltes von Lösungen mittels Schwebekörper.

Hat man eine Reihe von Glaskörpern, deren spezifischen Gewichte genau bestimmt und etwa 1.00, 1.01, 1.02, 1.03 usw. bis 1.20 betragen, so ist man in der Lage, das spezifische Gewicht einer Flüssigkeit mit größter Leichtigkeit zu bestimmen. Würde z. B. der Körper mit dem spez. Gew. 1.02 auf der Flüssigkeit schwimmen, der mit 1,03 dagegen in derselben untersinken, so kann man das spez. Gew. der Flüssigkeit mit einer Genauigkeit von 0.005 zu 1.025 annehmen. Indem man die Unterschiede zwischen den einzelnen Körpern weiter verringert, läßt sich diese Methode auf einen hohen Grad der Empfindlichkeit bringen. Die Methode hat Nansen auf seiner Nordpolfahrt zur Untersuchung des Meerwassers angewendet. Dr. Doemens hat dieselbe speziell für die Untersuchung von Würze ausgearbeitet.[*) Verwendet wird nur ein Glaskörper (Schwebekörper) aus Normalglas 16^{III}, innen hohl mit etwas Quecksilber beschwert (Figur 25). Das spezifische Gewicht dieses Schwebekörpers ist nach den genausten Methoden ermittelt mit einer Genauigkeit von ± 0,00002, und muß etwas geringer sein als das der zu untersuchenden Würze. Gibt man nun diesen Schwebekörper in ein bestimmtes Quantum Würze, so wird er auf derselben schwimmen. Setzt man hierauf aus einer Bürette Wasser zu, bis der Körper schwebt, bezw. eben untersinkt, so kann aus der Menge des dazu erforderlichen Wassers der Prozentgehalt leicht errechnet werden.

Betrüge z. B. das spez. Gewicht $\frac{17,5^0}{17,5^0}$ des Körpers etwa 1,03142 und würde der Körper bei Verwendung von 200 g Würze nach Zusatz von 20 cm³ Wasser noch schwimmen, von 20,4 cm³ dagegen untersinken, so kann man annehmen, daß der Körper bei 20,2 cm³ Wasser gerade schweben würde, daß also eine Mischung von 200 g Würze und 20.2 cm³ oder g Wasser genau das spez. Gewicht des Körpers, nämlich 1.03142, besitzt. Dies entspricht aber nach der Platotabelle (Doemens-Tabelle II) einem Extraktgehalt von

Figur 25

*) Wochenschrift für Brauerei 1923, Nr. 17 und 18.

7,902 Gew.-%. Daher hat die unverdünnte Würze $\dfrac{7,902 \cdot (200 + 20,2)}{200} =$
8,200 Gew.-%.

Wäre bei der Titration am Schluß auf einmal zu viel Wasser zugesetzt worden, so kann man dies durch Zusatz von verdünnter Schwefelsäure korrigieren, deren spez. Gewicht 1 doppelt so viel übertrifft als der Schwebekörper, im vorliegenden Falle als $1 + 2 \times 0,03142 = 1,06284$ beträgt. Die zugesetzten cm³ Schwefelsäure sind dann einfach vom Wasser abzuziehen.

Da die Ausdehnung von Würze (Plato-Tafel II) und ebenso des Glases 16 III beim Erwärmen bekannt ist, so läßt sich die Bestimmung bei jeder beliebigen Temperatur ausführen. Da jedoch die Plato-Tafel II sich nicht auf Würze, sondern auf Zuckerlösungen bezieht, so geht man am besten nicht unter 12 und nicht über 25, höchstens 30 ° hinaus. Für dieses Temperaturintervall ist nach Untersuchungen von Dr. Doemens die Ausdehnung von Würze derjenigen einer Zuckerlösung von gleichem Gehalt praktisch vollkommen gleich. Sehr zweckdienlich ist es die der jeweiligen Temperatur und der verbrauchten Wassermenge entsprechenden Extraktprozentzählen in einer Tabelle zusammenzustellen. Die Methode muß, richtige Bestimmung des spez. Gewichtes des Schwebekörpers vorausgesetzt, als die genaueste von allen bezeichnet werden, dabei ist die Ausführung derselben außerordentlich einfach und sicher bei sehr geringem Zeitaufwand.

Selbstverständlich kann das Verfahren auch angewandt werden für reine Zuckerlösungen, Alkohollösungen und überhaupt für alle Lösungen, deren thermische Ausdehnung bekannt ist und für welche Tabellen existieren, die das Verhältnis zwischen spez. Gewicht und Gehalt angeben. Für Alkohollösungen muß der Körper natürlich schwerer sein als die Lösung, in diesem Falle wird Wasser zugesetzt, bis der Körper emporsteigt.

Die drei Aggregatzustände.

Den festen (starren), flüssigen und gasförmigen Zustand der Körper nennt man die drei Aggregatzustände. Die festen Körper besitzen ein konstantes Volumen und eine konstante Form, die flüssigen besitzen ein konstantes Volumen, jedoch ist ihre Form gänzlich abhängig von der Form des Gefäßes, in dem sie sich befinden, die gasförmigen Körper besitzen weder konstantes Volumen noch konstante Form, sie füllen jeden ihnen gebotenen Raum vollständig aus und sind daher in farblosem Zustande nicht sichtbar. Bringt man z. B. 1 l gewöhnliche Außenluft in einen abgeschlossenen leeren Raum von 1 hl Inhalt, so hat man sofort 1 hl Luft, allerdings von 100mal geringerer Dichte. Um den vollständigen Ruhezustand herzustellen, genügt es bei den starren Körpern, sie nur von unten zu unterstützen, bei den flüssigen Körpern ist auch seitliche Unterstützung erforderlich, während die gasförmigen Körper vollständig eingeschlossen werden müssen. Allgemein bekannt sind die drei Aggregatzustände des Wassers: Eis, Wasser und Dampf. Als Dampf bezeichnet man gewöhnlich den gasförmigen Zustand derjenigen

Körper, welche bei gewöhnlicher Temperatur flüssig sind, eigentlich besteht aber zwischen Gas und Dampf kein wesentlicher Unterschied. Der Uebergang von dem einen in den andern Zustand ist bei Wasser ebenso wie bei den meisten andern chemisch einheitlichen Körpern ein plötzlicher ohne Auftreten von Zwischenzuständen. Eine Ausnahme bildet z. B. Eisen, welches vor dem Schmelzen weich wird. Es gibt jedoch auch Stoffe, welche bei gewöhnlicher Temperatur ihrer Konsistenz nach zwischen starr und flüssig stehen. So ändern Asphalt und die meisten Sorten Brauerpech ihre Form bei längerem Stehen, sie fließen zusammen, ebenso wie alle Körper von Teig- und Extraktkonsistenz, z. B. Fleischextrakt. Bei dem flüssigen Zustand spricht man auch von dickflüssiger, syrupförmiger, öliger und dünnflüssiger Konsistenz. Zwischen flüssigem und gasförmigem Zustand gibts eigentliche Zwischenstufen auch bei gemischten Substanzen nicht.

Von den starren Körpern.

Zu den technisch wichtigsten mechanischen Eigenschaften gehört die Festigkeit der starren Körper den verschiedenen Beanspruchungen gegenüber.

Man unterscheidet zwischen Zug-, Biegungs-, Druck-, Drehungs- und Schubfestigkeit. Selbstverständlich dürfen Baumaterialien, Maschinenteile usw. im Gebrauch niemals bis zur Festigkeitsgrenze beansprucht werden. Durch Inanspruchnahme bis nur auf einen gewissen Bruchteil der Festigkeit kommt die unbedingt erforderliche Sicherheit zustande.

Unter Zugfestigkeit versteht man den Widerstand, den ein Draht, eine Schnur, eine Kette usw. dem Zerreißen bei Belastung entgegensetzt. Sie ist proportional dem Querschnitt des Drahtes, aber bei nicht ganz gleich starkem Draht und gleichem Material bedingt durch die Stelle mit kleinstem Querschnitt. Von der Länge des Drahtes ist die Zugfestigkeit unabhängig. Ein gleichmäßiger Draht trägt bei einer Länge von 1 m genau so viel wie bei 5 m Länge, abgesehen von dem Eigengewicht des Drahtes. Die Zugfestigkeit drückt man aus in der Zahl, welche angibt, wieviel kg notwendig sind, um den Körper von 1 cm² Querschnitt (bei beliebiger Länge) zu zerreissen.

Zugfestigkeitstabelle.

Flußeisen	4000—9000
Flußstahl	5000—25000
Gußeisen	900—3200
Kupfer, gezogen	3000—5000
Messing	3000—5000
Platindraht	3400
Aluminium	1000—4000
Zink	1300—1900
Silber	2900
Zinn	250

Blei	210
Hartblei	300
Holz (lufttrocken, parallel der Faser)	
Fichte und Kiefer, Kern .	200—400
„ „ „ , Umfang	600—1200
Eiche	500—1700
Buche	800—1400
Ziegel	6—20
Beton	10—25
Gips	6—12
Glas	100—300
Lederriemen	300—500
Manila- u. Schleißhanfseil .	600—1200
Hanfseile, verschiedene . .	400—800

Die Bruch- oder Biegungsfestigkeit oder relative Festigkeit ist abhängig von der Länge des Balkens, von der Größe und Gestalt des Querschnitts, von der Art der Einwirkung und der Art der Unterstützung. Ein schmaler, hoher Balken (Hochkant) zeigte eine viel höhere Bruchfestigkeit als ein flacher, breiter Balken. Bei einem an beiden Enden aufliegenden Balken ist die Bruchfestigkeit viermal so groß als bei einem nur an einem Ende befestigten.

Rückwirkende Festigkeit oder Druckfestigkeit ist der Widerstand gegen das Zerdrücken, ausgedrückt in Kg, die pro cm² erforderlich sind, um den Körper zu zerdrücken, beträgt' die Druckfertigkeit ungefähr für Laubholz, senkrecht zur Faser, 120 Kg, für Nadelholz 60 Kg, für Beton 150 bis 200 Kg, für Ziegelsteine 150 Kg.

Torsions- oder Drehungsfestigkei ist der Widerstand gegen das Zerdrehen oder Drillen. Sie steigt mit der Größe des Querschnitts und ist um so kleiner, je länger der Stab. Bei hohlen Zylindern ist sie zirka dreimal so groß als bei massiven.

Unter Scher- oder Schubfestigkeit versteht man den Widerstand gegen die Trennung der Teilchen in seitlicher Richtung. Uebt man z. B. an zwei aneinander genieteten Metallblechen ein Zug aus, so hängt es bei genügend starken Blechen von der Scherfestigkeit der Nieten ab, wann die Bleche auseinander gerissen werden.

Mit der Druckfestigkeit darf nicht verwechselt werden die Härte eines Körpers. Mit einem harten Körper kann man einen weniger harten ritzen. Der härteste von allen Körper ist der Diamant, das Schleifen des Diamants ist daher sehr schwierig, aber der Schliff sehr haltbar. Um den Härtegrad eines Körpers ziffermäßig auszudrücken, bedient man sich der folgenden Härteskala, in welcher die Körper nach ihrer Härte ansteigend geordnet sind: 1. Talk, 2. Steinsalz, 3. Kalkspat, 4. Flußspat, 5. Apatit, 6. Orthoklas, 7. Quarz, 8. Topas, 9. Korund, 10. Diamant. Widia (Krupp) hat seinen Namen von „wie Diamant", ist ein Wolframkarbid mit Kobaltzusatz und dient zur Bearbeitung von Glas. Wird nun z. B. ein Körper von Topas noch geritzt, ritzt er dagegen selbst den Quarz, so beträgt seine Härte 7—8. Harte Körper sind vielfach auch sehr spröde, d. h. sie zerbrechen bei geringer Gestaltsveränderung, sie lassen sich nicht verbiegen wie zähe Körper. Gußeisen ist spröde, Schmiedeeisen dagegen zähe. Besonders spröde ist das Glas.

Eine sehr wichtige Eigenschaft aller Körper (auch der flüssigen und gasförmigen) ist die Elastizität. Man versteht darunter das Bestreben der Körper, durch äußere Einwirkungen hervorgerufenen Gestaltsveränderungen (Formelastizität) oder Volumenveränderungen (Volumenelastizität) nach Aufhören der äußeren Einwirkung wieder aufzuheben, also ihre frühere Form und Größe wieder anzunehmen. Die festen Körper zeigen Form- und Volumenelastizität, die flüssigen und gasförmigen dagegen nur Volumenelastizität. Hängt man an einen Silberdraht von 1 m Länge und 1 mm² Querschnitt 1 Kg Gewicht, so verlängert sich der Draht um 0,135 mm, ein 2 m langer Draht um 2 × 0,135 mm. 2 Kg Gewicht bewirken bei dem 1 m langen Draht ebenfalls eine Verlängerung von 2 × 0,135 mm, wogegen ein Draht von 2 mm² Querschnitt durch 1 kg eine Verlängerung von nur $\dfrac{0,135}{2}$ mm erfährt. Hebt man in allen diesen Fällen die Belastung auf, so nimmt der Draht wieder seine ursprüngliche Länge an. Belastet man jedoch stärker, bei 1 m Länge mit mehr als 10 Kg (für Silber), so überschreitet man die Elastizitätsgrenze, kommt in die Fließzone und der Draht zieht sich nach Wegnahme der Belastung nicht wieder zusammen, die Deformation bleibt. Schließlich bei noch weiterer Steigerung der Belastung reißt der Draht.

Nach obigem ist die durch die Belastung hervorgerufene Dehnung proportional der Länge und dem angehängten Gewicht, dagegen umgekehrt proportional dem Querschnitt. Diese Proportionalität hört aber auf mit Ueberschreitung der Elastizitätsgrenze, die man daher auch Proportionalitätsgrenze nennt. Minimale dauernde Formveränderungen treten auch innerhalb der Elastizitätsgrenze auf. Durch Druck erleidet ein Körper ungefähr die gleiche Verkürzung wie durch Zug des gleichen Gewichtes Verlängerung.

Dehnungszahl nennt man die Zahl, welche angibt, um wieviel m sich ein Draht von 1 m Länge und 1 cm² Querschnitt bei 1 kg Belastung verlängert. Sie beträgt für

Silber	. . . .	0,00000135	Blei	0,0000055
Kupfer	. . . .	0,0000008	Messing	0,0000011
Gußeisen	. .	0,00000086	Eis	0,000036
Flußeisen	. .	0,00000041	Glas	0,0000015
Stahl	. . . .	0,00000052	Reiner Kautschuk	0,2
Aluminium	. .	0,0000014		

Elastizitätsmodul ist der reziproke Wert der Dehnungszahl; also für Silber $\dfrac{1}{0,00000135} = 740\,000$. Diese Zahl gibt demnach an, wieviel Kg Belastung bei 1 cm² Querschnitt erforderlich ist, um den Stab auf die doppelte Länge zu bringen. Durchführbar wäre diese Verlängerung bis auf das Doppelte natürlich nur bei solchen Materialien, bei welchen durch die erforderliche Belastung die Proportionalitätsgrenze nicht überschritten würde. Praktisch anwendbar sind daher in der Regel nur kleine Bruchteile des Elastizitätsmoduls, z. B. 740 kg dehnen einen 1 m langen Silberstab von 1 cm²

Querschnitt $\dfrac{1 \times 740}{740\,000} = 0,001$ m oder 1 mm.

Die Elastizitäts- oder Proportionalitätsgrenze, bei deren Ueber-schreitung die Ausdehnung eine dauernde und nicht mehr proportional der Belastung ist, beträgt für nachstehende Körper in kg pro 1 cm² Querschnitt

Schweißeisendraht . . . .   1500—1600
Flußeisendraht . . . . . .   2100—2300
Flußstahldraht . . . . . .   2200—5000
Kupferdraht   1200
Messingdraht   1300
Aluminiumdraht . . . . .   1000—2000
Blei   105

Auf Elastizität beruht die Einrichtung der Federwage und des Dynamo-meters, sowie die Wirkung der Spiralfeder einer Taschenuhr.

Von den flüssigen Körpern.

Von einem festen Körper lösen sich seitlich herausragende Teile nicht ab, die einzelnen Teile eines starren Körpers zeigen einen festen Zusammen-halt, der der Schwerkraft widersteht. Bei den flüssigen Körpern ist das nicht oder nur in sehr geringem Maße der Fall. Alle Teile der Flüssigkeit sind un-abhängig von der übrigen Flüssigkeitsmaße der Schwerkraft unterworfen und werden von dieser nach unten gezogen, so daß die Flüssigkeit sich unten und seitlich den Gefäßwandungen eng anlegt und oben eine wagerechte Ober-fläche bildet. Die Flüssigkeiten üben daher nicht nur auf den Boden, sondern auch auf die Seitenwandungen einen durch die Schwerkraft hervorgerufenen Druck aus. Diesen auf Boden und Seitenwandungen ruhenden Druck nennt man den hydrostatischen Druck. Man denke sich einen kleinen Bottich mit 1 m² als Bodenfläche und parallelen Wänden. 1 m³ Wasser steht in diesem genau 1 m hoch. Dieses Wasser übt auf die Bodenfläche einen Druck aus von 1000 kg (= Gewicht des Wassers), daher auf jeden dm² Boden $\dfrac{1000}{100} = 10$ **kg**, oder auf 1 cm² $\dfrac{10\,000}{100} = 100$ g, d. i. das Gewicht der über dem cm² stehenden 100 cm hohen Wassersäule. Wird nun die Bodenfläche auf 2 m verlängert, so ruht auf dem gesamten Boden bei 1 m Flüssig-keitshöhe die doppelte Last, nämlich 2000 **kg**, der Druck pro dm² oder cm² bleibt aber der gleiche, weil ja die Flüssigkeitshöhe sich nicht geändert hat. Auch der auf einem einzelnen Bodenstück lastende Druck hat sich nicht ge-ändert, wenn die einzelnen Bodenstücke sich in der Länge nicht ändern, d. h. wenn sie quer liegen. Würden dagegen die Bodenstücke der Länge nach liegen, also mit der Verlängerung des Bottichs verlängert worden sein, so müßten sie verstärkt werden, da sie nun die doppelte Last zu tragen hätten und die Bruch- und Biegefestigkeit mit der Länge abnimmt. Denken wir uns die Seitenwände des 1 m³ Wasser fassenden Bottichs aus 10 cm breiten Dauben gebildet, so fragt es sich, welcher Druck ruht auf einer Daube? Der auf jeder Flächeneinheit der Seitenwand ruhende Druck ist gleich dem

Gewicht der Flüssigkeitssaule vom gleichen Querschnitt und mittlerer Höhe. Auf einem an den Boden anstoßenden cm² ruht also der Druck einer Wassersäule von 1 cm² Querschnitt und $\frac{100 + 99}{2} = 99{,}5$ cm Höhe $= 99{,}5$ g. Eine Daube hat aber eine Fläche von 10 dm² und die Höhe der auf die Daube drückenden Flüssigkeitssäule ist das Mittel von 0 und 10, also 5 dm, daher beträgt der Druck $5 \times 10 = 50$ kg. Wird nun wieder die Bodenfläche des Bottichs vergrößert, so brauchen die Dauben nicht stärker genommen zu werden, denn der Druck auf jede einzelne Daube bleibt der gleiche, so lange die Flüssigkeitshöhe sich nicht ändert. Dagegen sind die lediglich auf Zug beanspruchten Umfassungsreifen beim vergrößerten Bottich doppelt so stark beansprucht als vorher. Nach dem oben Gesagten würde auf einer 1 dm über dem Boden horizontal liegenden, an der Wandung leicht befestigten Platte von 1 dm² Größe ein Druck von 9 kg ruhen, diesem Drucke könnte aber die Platte nicht standhalten, sie müßte abgebogen werden. Warum ist dies aber nicht der Fall? Weil auf der Unterseite der Platte (die Dicke der Platte gleich o angenommen) der gleiche Druck herrscht, wie er sich von oben auf die Platte geltend macht. Nach dem hydrostatischen Gesetz pflanzt sich der Druck in einer Flüssigkeit nach allen Seiten hin (also auch nach oben) gleichmäßig fort. Durch dieses Gesetz findet auch das Archimedische Prinzip (s. S. 17) seine einfache Erklärung. Taucht man einen 1 dm³ darstellenden Körper von genau 1 kg Gewicht 1 dm tief in Wasser, so ruht auf dem oberen dm², der Deckfläche, offenbar ein hydrostatischer Druck von 1 kg, auf dem unteren dm², der Bodenfläche, dagegen ein solcher von 2 kg, der jedoch nach oben gerichtet ist. Dem letzteren wirkt aber das 1 kg betragende Gewicht des Würfels entgegen und somit beträgt der resultierende nach oben wirkende Druck auch nur 1 kg. Die beiden auf Deck- und Bodenfläche ruhenden Drucke sind also gleich aber entgegengesetzt wirkend, heben sich daher gegenseitig auf und daher schwebt der Körper in Wasser. Eine seitliche Verschiebung kann natürlich auch nicht stattfinden, da die auf je zwei gegenüberliegenden Seiten ruhenden Drucke sich ebenfalls gegenseitig aufheben.

In dem obigen, 1 m³ fassenden Bottich ruht also auf einer Seitenwand (= 1 m²), da die Durchschnittshöhe = 0,5 m, ein Flüssigkeitsdruck von 500 kg. Würde man in der gegenüberliegenden Wand etwa in halber Höhe (Druck pro dm² 5 kg) eine Oeffnung von 1 dm² anbringen und durch diese bei Konstanthaltung des Wasserniveaus Wasser ausfließen lassen, so wird natürlich der hydrostatische Druck auf diese Wandfläche um 5 kg kleiner werden und es entsteht also ein Ueberdruck (Reaktion) in gleicher Stärke auf die gegenüberliegenden Seite. Auf diese Weise kann man ein mit Wasser gefülltes, kleines, möglichst reibungslos auf vollkommen ebenen Schienen laufendes Wägelchen in Bewegung setzen, wenn man durch eine Oeffnung der hinteren Wand Wasser ausfließen läßt. Auf dieser Erscheinung beruht auch die Einrichtung der schottischen Turbine und des gewöhnlichen Anschwänzapparates.

Das hydrostatische Gesetz gilt auch für die Fälle, in welchen auf eine Flüssigkeit ein Druck von außen ausgeübt wird. Nimmt man einen bis in den Hals hinein mit Wasser gefüllten Glaskolben und übt dann mittels eines gut in den Hals passenden Gummistopfens auf die Wasseroberfläche, die genau 1 cm² betragen soll, einen Druck von 1 kg (= 1 Atmosphäre) aus, so wird sich auf jeden cm² der Innenfläche des Kolbens der gleiche Druck von je 1 kg bemerkbar machen. Auf diese Art ist man imstande, durch einen Druck mit der Hand ein gefülltes Lagerfaß zu zersprengen.

In Figur 26 ist die Flüssigkeitsoberfläche in II viermal so groß als die in I. Belastet man nun die Oberfläche in I mit 1 kg, so sind in II 4 kg nötig zur Herstellung des Gleichgewichts. Man kann also auch mit 1 kg in I 4 kg in II emporheben, jedoch steigt die Flüssigkeit in II nur um ¹/₄ m, wenn sie in I um 1 m sinkt (Prinzip der hydraulischen Presse).

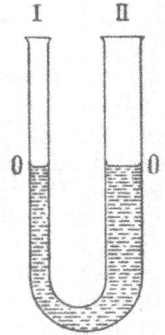

Figur 26

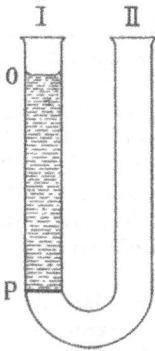 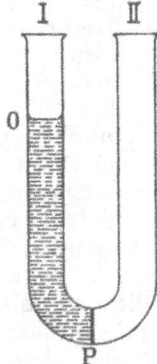 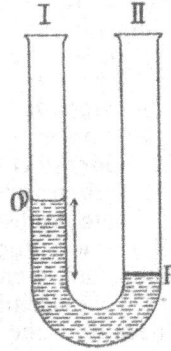 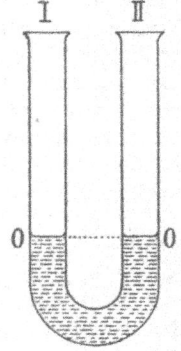

Figur 27   Figur 28   Figur 29   Figur 30

In Figur 27 bis Figur 30 enthält dasselbe zweischenkelige Glasrohr immer die gleiche Flüssigkeitsmenge. In Figur 27 ruht der ganze Flüssigkeitsdruck auf der Platte P, ebenso in Figur 28 (Spundapparate). In Fig. 29 dagegen übt der in Schenkel II befindliche Flüssigkeitsanteil einen Gegendruck aus, und auf P lastet nur der Druck der Flüssigkeitssäule OP. Wird der Höhenunterschied = 0 (Fig. 30), so halten sich die Flüssigkeitssäulen in beiden Schenkeln das Gleichgewicht, die Flüssigkeit steht in beiden Schenkeln gleich hoch (kommunizierende Röhren). Letzteres ist auch der Fall, wenn der eine Schenkel bedeutend weiter ist als der andere (Flüssigkeitsstandrohre an Dampfkesseln, Braupfannen usw.), jedoch darf letzterer nicht zu eng sein, da sonst Kapillaritätswirkung eintritt.

Auch ist die Form der beiden Sckenkel ganz gleichgültig: Wo Flüssig-keitsmassen miteinander in Verbindung stehen, streben sie gleiches Niveau an. Würde man bei Figur 29 die Platte P durchbohren, so wird das Wasser durch die Bohröffnung herausspringen bis zur Höhe O (Springbrunnen). In einer von einer hochstehenden Reserve gespeisten Wasserleitung herrscht an einer Entnahmestelle (Auslaufwechsel) in der Leitung immer derjenige Druck, welcher der Höhe von der Entnahmestelle bis zum Wasserniveau in der Reserve entspricht, dabei macht es nichts aus, ob die Leitung stellen-weise weit unter die Entnahmestelle herunter oder über die Reserve hinaus-geführt ist. Die Ausflußgeschwindigkeit ist um so größer, je größer der Druck in der Leitung. Nach dem Satz von Torricelli ist die Ausflußgeschwindigkeit in m pro Sekunde $= \sqrt{2gh}$, wobei g die Fallbeschleunigung (mittlerer Wert 9.81 m), h den Höhenunterschied zwischen Entnahmestelle und Niveau in m bedeutet. Zur Berechnung der Ausflußmenge kommt aber noch in Betracht, daß die Ausflußgeschwindigkeit auch durch die Reibung und Richtungs-änderung der Leitung beeinflußt wird.

Kehrt man das Rohr Figur 29 um, so verwandelt sich der Druck bei P in eine Saugwirkung. Macht man den Schenkel II kürzer als I und taucht ihn, nachdem das ganze Rohr mit Flüssigkeit angefüllt ist in ein größeres Gefäß mit der glei-chen Flüssigkeit, so kann man durch die entstehende Saug-wirkung die Flüssigkeit zum Ablaufen bringen (Saugheber, Figur 31).

Taucht man das freie Ende des Rohres in ein zweites Gefäß mit Flüssigkeit, so wird die Flüssigkeit mit abnehmen-der Geschwindigkeit von dem oberen Gefäß in das untere fließen, bis sie in beiden Gefäßen gleich hoch steht.

Figur 31

Flüssigkeiten sind nur wenig zusammenpreßbar (kompressibel), sie be-sitzen daher nach der exakt wissenschaftlichen Ausdrucksweise eine sehr hohe Elastizität (Volumenelastizität). Belastet man die obere Fläche von 1 dm³ (= 1 l) nachstehender Flüssigkeiten mit 100 kg Gewicht (entsprechend einer Atmosphäre Ueberdruck) so vermindert sich das Volumen der Flüssigkeit bei Wasser um 0,05, Quecksilber 0,004, Alkohol 0,12, Aether 0,18 cm³. Dieser Belastung ist das Wasser in einem See ausgesetzt bei einer Tiefe von 100 dm oder 10 m, die Dichte des Wassers ist also bei einer Tiefe von 10 m und auch von 100 m keine wesentlich größere als an der Oberfläche.

Von den gasförmigen Körpern.

Die Gase sind äußerst bewegliche Körper von so geringer Dichte und Widerstandsfähigkeit, daß ihre Anwesenheit durch das Gefühl kaum wahrnehmbar ist. So bedarf es schon einer gewissen Ueberlegung, um die Gegenwart der uns stets umgebenden Luft zu erkennen. Auch scheinen die Gase bei oberflächlicher Betrachtung der Schwerkraft nicht zu folgen, in Wirklichkeit besitzen sie jedoch auch ein Gewicht. Als Beweis für das Gewicht der Luft wird vielfach angeführt, daß ein Glaskolben von 1 l Inhalt nach dem Auspumpen der Luft um 1,3 g weniger wiegt. In Wirklichkeit hat aber 1 l Luft, in Luft gewogen, überhaupt kein Gewicht, da dasselbe durch die Auftriebkraft der umgebenden Luft aufgehoben ist und der Kolben wiegt nach dem Auspumpen der Luft tatsächlich 1,3 g weniger, als sein wirkliches Gewicht in der Luft beträgt, da die auf den leeren Kolben wirkende Auftriebkraft der umgebenden Luft um den leeren Raum im Kolben vermehrt wurde. Wägt man dagegen einen luftleeren Kolben zu 1 l Inhalt im luftleeren Raum, füllt ihn alsdann mit Luft und wägt den verschlossenen Kolben wieder im luftleeren Raum, so wiegt er im zweiten Falle 1,3 g (das Gewicht von 1 l Luft) mehr. Ebenso wie jedoch in Figur 14, I. S. 18 der 2 g schwere Körper, in das Wasser geworfen, das Gewicht des Gefäßes mit Wasser trotz der Auftriebkraft um volle 2 g vermehrt, muß auch die ganze Atmosphäre mit ihrem vollen Gewicht auf die Erdoberfläche und jeden auf der Erde befindlichen Körper

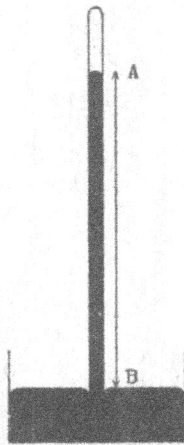 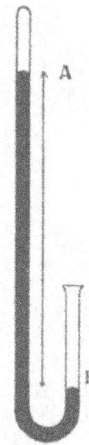

Figur 32   Figur 33

drücken. Dieser Druck macht sich jedoch erst bemerkbar, wenn man ein Gefäß luftleer pumpt. Oder wenn man z. B. einen mit Wasserdampf vollständig gefüllten Kolben aus Kupferblech od. dergl. verschließt und dann erkalten läßt; durch den ungeheuren Druck der Atmosphäre auf die Gefäßwandungen werden diese alsbald eingedrückt.

Füllt man eine an einem Ende offene Glasröhre vollständig mit Quecksilber, schließt die Oeffnung mit dem Finger, steckt das offene Ende in Quecksilber und zieht den Finger erst unter Quecksilber von der Oeffnung weg, so wird das Quecksilber aus der Röhre nicht ausfließen, weil der auf der Oberfläche des Quecksilbers in der Schüssel lastende Atmosphärendruck dies verhindert (Fig. 32). Ueber dem Quecksilber in der Röhre hat sich jedoch ein luftleerer Raum (Torricellische Leere), ein Vacuum gebildet, da die ganze

Quecksilbersäule einen stärkeren Druck ausüben würde als die Atmosphäre. Die Quecksilbersäule AB hält der Atmosphäre eben das Gleichgewicht (s. auch Fig. 33). Am Meeresspiegel bei normalem Luftdruck ist AB = 760 mm. An hoch gelegenen Orten ist der Luftdruck entsprechend geringer. In niedereren Höhen nimmt der Luftdruck für je 10 m Steigung rund 1 mm ab. Die in Fig. 32 und 33 dargestellten Apparate dienen als Barometer zur Bestimmung der Luftdruckschwankungen je nach Witterung und Höhenlage.

Das Aneroid-Barometer (Figur 34) besteht aus einer luftleeren Metalldose mit wellenförmigem, federndem Deckel. Wird der Luftdruck stärker, so biegt sich der Deckel hinein und diese Verbiegung wird durch Zahnrad und Hebel auf eine Skala übertragen.

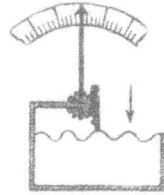

Figur 34

Ein weiteres Aneroidbarometer ist das Metallbarometer nach Bourdon (Figur 35). Die ringförmig gebogene Metallröhre ist luftleer. Da der jeweilige Luftdruck am gleichen Orte pro cm³ der gleiche ist, so muß eine Luftdrucksteigerung auf die äußere, größere Fläche des Ringes eine größere Gesamtwirkung ausüben als auf die innere Ringfläche, infolgedessen wird bei Drucksteigerung der Ring stärker gekrümmt. Wenn nun das eine Ende des Ringes festgelegt ist, so läßt sich die Krümmung des Ringes durch das andere Ende leicht auf eine Skala übertragen.

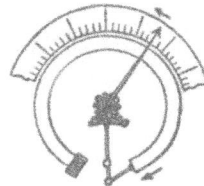

Figur 35

Auf dem Luftdruck beruht die Wirkung des Saugens. Saugt man durch ein Röhrchen eine Flüssigkeit in den Mund, so wird dies tatsächlich nur dadurch bewirkt, daß man im Mund durch Muskelbewegungen einen luftverdünnten Raum schafft, der äußere Luftdruck drückt alsdann die Flüssigkeit durch das Röhrchen in den Mund hinein.

In Figur 36 ist im Rohr A der eng anliegende Kolben B verschiebbar. Zieht man nun den Kolben B aufwärts, so wird das Wasser durch den Atmosphärendruck ebenfalls im Glasrohr aufwärts gedrückt, aber nur bis zu einer Höhe von 10,3 m (Prinzip der Saugpumpe).

Die Gasmoleküle befinden sich nicht nur in rotierender, sondern auch in geradlinig fortschreitender Bewegung (kinetische Gastheorie). Dabei stoßen die Gasmoleküle natürlich vielfach aneinander und, soweit es sich um eingeschlossene Gase handelt, auf die Gefäßwandungen auf, prallen wie Gummibälle ab und setzen ihren Weg in anderer Richtung fort. Durch diesen fortwährenden Anprall unzähliger Gasmoleküle wird natürlich ein Druck auf die Gefäßwandung ausgeübt (Tension oder Spannkraft des Gases).

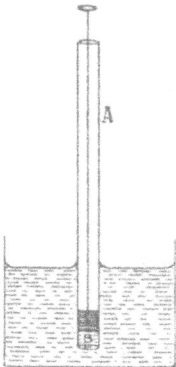

Figur 36

Jedes eingeschlossene Gas übt, also einen nach allen Seiten gleich-starken Druck auf die Gefäßwandungen aus, der aber natürlich nur dann in die Erscheinung tritt, wenn der äußere Atmosphärendruck schwächer ist als die Spannkraft des Gases. In einem Kinderluftballon befindet sich ein be-stimmtes Quantum Luft, das einen gewissen Druck auf die Kautschuk-hülle ausübt und diese spannt bis Innen- und Außendruck gleich sind. Läßt man den Ballon in die Höhe steigen, so wird der äußere Druck immer ge-ringer, die Membran daher immer mehr ausgedehnt, bis sie schließlich platzt.

Den Druck eingeschlossener Gase und Dämpfe drückt man aus in Atmosphären (ata). Nach obigem drückt aber die Atmosphäre auf die Erdober-fläche mit der gleichen Kraft wie eine 760 mm hohe Quecksilberschicht, also auf jeden cm² mit einer Kraft von 76×13.56 g $= 1.03$ kg, oder einer $\frac{1,03}{0,001}$ cm $= 10,3$ m hohen Wassersäule. In der Technik gilt 1 kg Druck pro cm² $= 1$ Atmosphäre. Vielfach ist es üblich, den Druck zusammen-gepreßter Gase auszudrücken in der Zahl, die angibt, wie viel der Druck über dem gewöhnlichen Atmosphärendruck beträgt, besser bezeichnet man diese Zahl als „Ueberdruck" (atü), denn in Wirklichkeit steht jedes Gas, an dem man keinen Druck wahrnehmen kann, unter 1 At. Druck. Bei schwächeren Drucken gibt man vielfach an die Höhe der Quecksilbersäule, welcher der Gasdruck das Gleichgewicht hält. Wird ein Lagerfaß mittels Quecksilber-spundapparat gespundet bis auf 19 cm Quecksilbersäule ($= \frac{19}{760} = 0,25$ atü), so steht das Bier, wenn das Barometer 760 mm zeigt, unter einem wirklichen Druck (absolutem Druck) von $76 + 19 = 95$ cm Quecksilber. An höher gelegenen Orten, z. B. München, wo der normale Barometerstand nur 716 mm beträgt, würde bei diesem das Bier unter einem Gesamtdruck von $71,6 + 19 = 90,6$ cm Quecksilber stehen. Auch bei Drucken unter dem gewöhnlichen Atmosphären-druck (teilweises Vacuum) gibt man gewöhnlich an, um wie viel der Druck unter dem jeweiligen Barometerstand liegt (Unterdruck). Der Ausdruck „100 mm Vakuum" bedeutet also, daß das eingeschlossene Gas einen um 100 mm Quecksilber geringeren Druck ausübt als die freie Außenluft, bei einem Barometerstand von 755 mm beträgt in diesem Fall der absolute Druck $755—100 = 655$ mm.

Zwischen den einzelnen Gasmolekülen befinden sich sehr große Zwischenräume, daher lassen sich alle Gase leicht auf einen kleineren Raum zusammendrücken (hohe Kompressibilität). Von dieser Eigenschaft macht man Anwendung bei Luftkissen, den Pneumatiks der Fahrräder und Automobile, den Windkesseln der Pumpen usw. Preßt man 1 l Luft zusammen auf ½ l, so sind offenbar in dem halben l ebensoviele Moleküle enthalten als vorher in dem ganzen l, also doppelt so viele als vorher in ½ l; da aber die Spann-kraft eine Folge der Angriffe der Gasmoleküle auf die Gefäßwandungen bildet, so muß die doppelte Anzahl Moleküle auch den doppelten Druck er-zeugen. Tatsächlich ist zum Zusammenpressen von 1 l Luft auf ½ l ein Druck von 2 Atm., auf ⅓ l 3 Atm. usw. erforderlich bei gleichbleibender Temperatur. „Druck und Volumen der Gase stehen im umgekehrten Verhältnis" (Boyle-Mariottesches Gesetz).

Betrüge z. B. das Volumen eines Gases, das unter einem Druck von 765 mm (Barometerstand) steht, 300 cm³, so würde dasselbe bei 775 mm Druck einen Raum von $\dfrac{300 \times 765}{775} = 296{,}1$ cm³ einnehmen.

Zum Messen von Gas- und Dampfdrucken dienen Manometer. Für niedere Drucke (Ueber- oder Unterdrucke) dienen U-förmig gebogene Glasröhren, teilweise mit Quecksilber (oder auch Wasser) gefüllt, s. Figur 30, S. 52 Wird der eine der beiden Schenkel (I) mit dem zu messenden Gasraum verbunden, während der andere (II) in Verbindung mit der Außenluft bleibt, so wird die Flüssigkeit in II steigen, wenn der Druck des Gases höher, dagegen fallen, wenn der Gasdruck geringer als der Druck der Atmosphäre wird. Der Unterschied des Flüssigkeitsniveaus gibt die Stärke des Druckes bezw. Unterdruckes an. Für starke Unterdrucke wendet man ein Barometer (Fig. 33) mit stark verkürztem Schenkel A an, so daß schon ein weitgehendes Vacuum erforderlich ist, bis das Quecksilberniveau in A sichtbar wird. Dann ist in A 0 Druck, würde nun B an ein absolutes Vakuum angeschlossen sein, so müßte das Quecksilber in A und B gleich hoch stehen. Ist aber B nur mit einem luftverdünnten Raum, einem teilweisen Vakuum, verbunden, so ruht auf dem Quecksilber in B noch etwas Druck, welcher gleich ist der Niveaudifferenz des Quecksilbers in A und B. Betrüge dieselbe 20 mm, so ist bei einem Barometerstand von 750 mm der Unterdruck 750—20 = 730 mm.

Nach dem Mariotteschen Gesetz kann man in einer Flüssigkeit den Druck leicht messen, indem man ein abgeschlossenes Quantum Luft mit der Flüssigkeit in direkte Verbindung bringt, beim Steigen des Druckes in der Flüssigkeit wird die Luft entsprechend zusammengedrückt, die Temperatur darf sich dabei allerdings nicht wesentlich ändern, da sie auch Einfluß auf das Luftvolumen hat.

Als Manometer sowohl für Unter- wie für Ueberdruck können ferner die in Figur 34 und 35 (S. 55) abgebildeten Barometer dienen, indem man das Innere der bei der Verwendung als Barometer evakuierten Gefäße mit dem zu messenden Gas oder Dampf in Verbindung bringt. Bei Dampfkesseln werden gewöhnlich Manometer nach Fig. 35 benutzt.

Kohaesion und Adhaesion.

Die kleinsten für sich existierenden Teilchen eines Körpers bilden bekanntlich die Moleküle, welche wieder aus Atomen zusammengesetzt sind. Atome sowohl wie Moleküle sind nicht lückenlos aneinander gelagert, nicht miteinander verbunden oder verkittet. Daß sie nun trotzdem nicht auseinander fallen, erklärt man sich durch das Vorhandensein von anziehend wirkenden Kräften. Die zwischen den Atomen wirkende und den Zerfall des Moleküls verhindernde Anziehungskraft nennt man Affinität oder chemische Verwandtschaft, ihre nähere Besprechung gehört in das Gebiet der Chemie. Die Anziehungskraft zwischen den Molekülen eines Körpers dagegen, welche das Zusammenhalten, die Festigkeit der Körper bedingt, heißt Kohaesionskraft.

Bei den starren Körpern ist die Kohaesionskraft am stärksten, sie verhindert, daß die einzelnen Teile eines festen Körpers der Schwerkraft folgen, daß der feste Körper auseinanderfällt. Jedoch ist die Kohaesionskraft nicht bei allen festen Körpern gleich, und nur diese Verschiedenheit der Kohaesionskraft ist der Grund für die verschiedene Festigkeit der Körper. Bei den flüssigen Körpern vermag die Kohaesionskraft die einzelnen Flüssigkeitsteilchen nicht mehr zusammenzuhalten und sie der Einwirkung der Schwerkraft zu entziehen oder wenigstens nur in sehr geringem Maße. Daß auch zwischen den Molekülen einer Flüssigkeit noch etwas Kohaesionskraft wirksam ist, erkennt man schon an der Tropfenbildung. Läßt man Wasser aus einer engen Röhre ausfließen, so fallen nicht einzelne Wassermoleküle herunter, wie es bei gänzlichem Fehlen von Kohaesionskraft der Fall sein müßte, sondern es sammelt sich das aus dem Röhrchen austretende Wasser zunächst zu einem Tropfen an, bis dieser ein Gewicht erreicht hat, das stärker ist als die Kohaesionskraft.

Bei den gasförmigen Körpern ist gar keine Kohaesionswirkung mehr zu beobachten, im Gegenteil scheinen die Gasmoleküle sich gegenseitig abzustoßen.

Es sind aber auch zwischen den Molekülen verschiedener Körper anziehend wirkende Kräfte zu beobachten. Legt man z. B. zwei glatt geschliffene Glasplatten aufeinander und sucht sie in entgegengesetzter, zu den Flächen senkrechter Richtung auseinanderzuziehen, so wird man einen nicht unbedeutenden Widerstand zu überwinden haben. Die Platten müssen aber vollkommen eben sein, da die Moleküle sich nur bei innigster Berührung gegenseitig anziehen und die Anzahl der sich berührenden Moleküle eine genügend große sein muß, um das Aneinanderhaften der beiden Platten wahrnehmbar zu machen.

Diese zwischen den Molekülen verschiedener Körper wirkende Anziehungskraft nennt man Adhaesionskraft. Sie bedingt auch das Haften der Tinte und des Graphits am Papier, der Kreide an der Tafel, der Wassertröpfchen an der Fensterscheibe, das Ansetzen der Hefe an die Spähne, ebenso wie das Leimen und Kitten usw. Bringt man ein Wassertröpfchen auf eine reine Glasplatte, so zerfließt es, es benetzt die Platte, weil zwischen Wasser und Glasteilchen eine starke Adhaesionskraft besteht. Keine Benetzung dagegen findet statt, wenn man die Glasplatte vorher einfettet oder Quecksilber auf eine Glasplatte bringt, weil die Kohaesion des Wassers und Quecksilbers, die Adhaesion zwischen Wasser und Fett bezw. zwischen Quecksilber und Glas übertrifft.

Durch Kohaesion und Adhaesion erklären sich auch noch viele andere wichtige Erscheinungen, auf die etwas näher eingegangen werden muß.

An der Spindel eines Saccharometers zieht sich infolge Adhaesionswirkung die Flüssigkeit etwas empor, ebenso Wasser in einem Glase an der Glaswandung. In einem engen Röhrchen, wie in einem Reagierzylinder wird die Wasseroberfläche infolgedessen ausgehöhlt, konkav (Fig. 37). Da aber bei Quecksilber die Kohaesion größer ist als die Adhaesion zwischen Quecksilber und Glas, so zeigt das Quecksilber ein umgekehrtes Bild, seine Oberfläche ist konvex (Fig. 37).

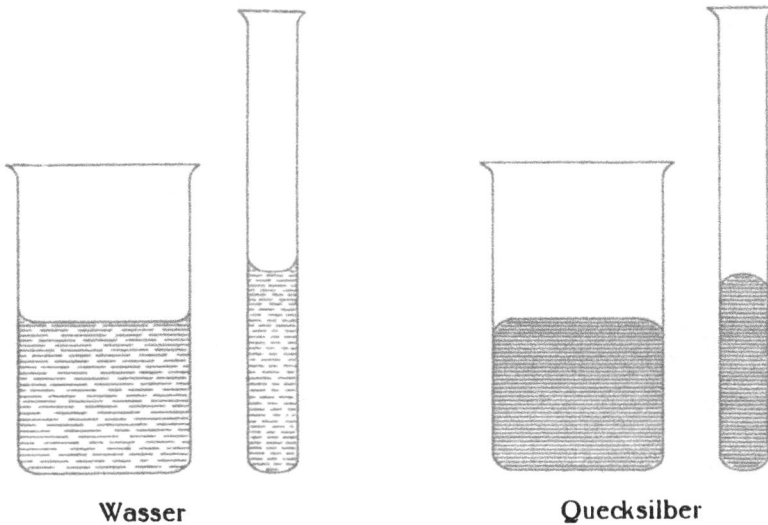

Wasser   Quecksilber

Figur 37

Auch in Büretten und andern Laboratoriums-Meßgeräten bilden Wasser und wässerige Flüssigkeiten eine konkave Oberfläche, man bezeichnet diese Erscheinung vielfach auch als Meniskus (= Möndchen)-Bildung. Blickt man von der Seite gegen die Oberfläche einer wässerigen Flüssigkeit in einer engen Röhre, so beobachtet man infolge der Meniskusbildung eine dunkle Zone, den obern und untern Rand derselben nennt man auch wohl den obern bezw. untern Meniskus.

Die Moleküle einer Flüssigkeit ziehen sich infolge der Kohaesionskraft gegenseitig an, diese Anziehungskraft reicht bis auf eine gewisse Entfernung, die Wirkungssphäre des Moleküls. Die in einer größeren Entfernung von der Oberfläche in der Flüssigkeit gelegenen Moleküle werden von allen Seiten gleich stark angezogen. Dagegen werden die Moleküle an der Oberfläche, da sie nach oben von gar keinen oder nur wenigen andern Flüssigkeits-Molekülen beeinflußt sind, stärker nach abwärts gezogen und üben so einen nach abwärts gerichteten Druck aus.

Die durch diesen Druck entstehende Spannung nennt man Oberflächenspannnung. Sie verursacht an der Oberfläche von Flüssigkeiten eine dünne Schicht, die etwas größere Dichte besitzt als die übrige Flüssigkeit, das Oberflächenhäutchen. Die Oberflächenspannung muß ferner bedingen, daß jede zusammenhängende Flüssigkeitsmenge das Bestreben zeigt, die kleinste Oberfläche anzunehmen. Dieses Bestreben macht sich sogar noch bemerkbar, wenn eine Flüssigkeit in mehrere Anteile zerlegt, diese aber nur durch eine andere, sich nicht mit ihr vermischende Flüssigkeit voneinander getrennt sind. Bringt man etwas Oel in verdünnten Alkohol, der das gleiche spezifische Gewicht besitzt wie das Oel, so wird das Oel nach einiger Zeit die Form einer im Alkohol frei schwebenden Kugel angenommen haben, da die Kugel von allen Körperformen die kleinste Oberfläche besitzt. Eine Seifenblase oder ein Bläschen von Bierschaum zeigen das Bestreben sich zusammenzuziehen, bis sich die Flüssigkeit zu einem Tröpfchen vereinigt hat.

Da der Sitz der Oberflächenspannung in der Oberfläche zu suchen ist, so ist die Oberflächenspannung auch beeinflußt von der Art der an die Flüssigkeit grenzenden Substanz. Als Oberfläche einer Flüssigkeit hat aber nicht nur die an die Luft, sondern auch die an das Glas und an fremde in der Flüssigkeit schwimmende Körper grenzende Schicht zu gelten, man spricht daher besser von Grenzflächen der Flüssigkeit. Verdrängt man nun in dem Gefäße mit Wasser (Fig. 37) die Luft durch eine andere Gasart, z. B. Aetherdampf, so wird man auch eine geringe Aenderung der Meniskushöhe beobachten können. Die Anziehungskraft der Luft- bezw. Aethermoleküle auf die Wassermoleküle wirkt der Kohaesionskraft entgegen. In viel stärkerem Maße ist dies der Fall von Seiten der Glasmoleküle und dadurch wird eben die Meniskusbildung bewirkt. Taucht man ein beiderseits offenes, enges Glasröhrchen (Kapillarröhrchen) in Wasser, so beobachtet man, daß das Wasser infolge der starken Adhaesion des Wassers zum Glas in dem Röhrchen emporsteigt und zwar um so höher, je enger das Röhrchen ist (Fig. 38). Bei Quecksilber dagegen, mit seiner sehr starken Kohaesionskraft ergibt sich das umgekehrte Bild (Fig. 39).

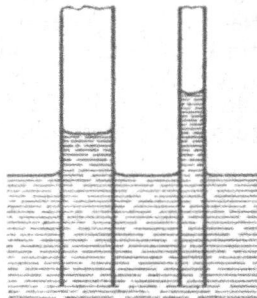

Figur 38.   Kapillarattraktion.   Figur 39.   Kapillardepression.

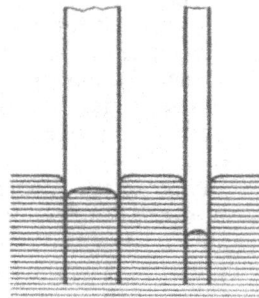

Diese Erscheinung nennt man Kapillarität oder Haarröhrchenanziehung. Bei Wasser spricht man von Kapillar-Attraktion oder -Elevation, bei Quecksilber von Kapillardepression. Kapillarität macht sich auch bemerkbar bei kommunizierenden Röhren, wenn der eine Schenkel sehr eng ist, in diesem stehen dann wässerige Flüssigkeiten bedeutend höher als im weiteren Schenkel. Auf Kapillarität beruhen eine Menge alltäglicher Erscheinungen, wie das Emporsteigen von Flüssigkeiten in Fließpapier oder einem Stück Zucker, das Feuchtwerden von Mauerwerk durch Bodenfeuchtigkeit, das Eindringen des Wassers in die Gerste beim Weichen, der Transport der Nährstofflösungen im Pflanzenkörper usw.

Zur Bestimmung der Oberflächenspannung einer Flüssigkeit kann der in Figur 40 abgebildete Apparat dienen. Der Rahmen ABCD besteht aus

dünnem Eisendraht, ebenso der Draht CD, der leicht
auf und ab beweglich ist. Schiebt man CD nahe an
AB heran und gibt etwas Flüssigkeit zwischen beide,
so bildet sich zwischen AB und CD eine dünne Flüssig-
keitshaut, die erst reißt, wenn das Gewicht P eine gewisse Höhe erreicht hat. Dieses Gewicht in g dividiert
durch die doppelte (weil auf beiden Seiten der Flüssig-
keitshaut ein Oberflächenhäutchen wirkt) Länge CD in cm
bezeichnet man als die Oberflächenspannungs- oder Kapillaritäts-Konstante.
Sie gibt also an, wieviel g pro cm der Oberflächenspannung das Gleichgewicht halten und beträgt für

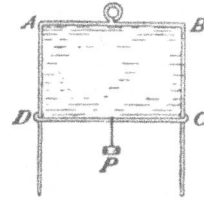

Figur 40

Wasser	0,074	Benzol		0,030
Quecksilber	0,45	Glyzerin		0,066
Olivenoel	0,038	$10^0/_0$ige Schwefelsäure		0,077
Alkohol	0,026	$50^0/_0$ige „		0,083
Essigsäure	0,024	$10^0/_0$ige Zuckerlösung		0,072
Aether	0,017	$12^0/_0$ige Würze	0,047—0,039	

Außer auf obige Weise läßt sich die Oberflächenspannungs-Konstante
auch aus der Steighöhe der Flüssigkeit in einem Kapillarröhrchen berechnen.
Ferner kann man sich zu dem gleichen Zwecke des Stalagmometers bedienen,
bei welchem von einem bestimmten Volumen der Flüssigkeit die Anzahl der
aus einer Kapillare austretenden und abfallenden Tropfen gezählt wird. Die
Tropfen werden umso größer, ihre Anzahl daher um so kleiner, je größer die
Oberflächenspannung ist. Umgekehrt kann man aus der Oberflächen-
spannungs-Konstanten die Höhe des Flüssigkeits-Wulstes an einer Araeo-
meter- (also auch Saccharometer-) Spindel berechnen.

Lösliche Stoffe, deren Oberflächenspannung niedriger oder höher ist
als die des Wassers und daher in Wasser gelöst, dessen Oberflächenspannung
verändern, nennt man kapillaraktiv. Nach dem Theorem von Gibbs sammeln
sich gelöste Stoffe, die die Oberflächenspannung der Lösung erniedrigen,
an der Oberfläche an, während die, welche die Oberflächenspannung erhöhen, sich mehr im Innern der Lösung ansammeln. Daher kommt es, daß
die meisten Stoffe, zu denen auch die Hopfenbittersäure gehört, die Oberflächenspannung erniedrigen und schon in außerordentlich geringen Mengen
einen wesentlichen Einfluß ausüben.

Adhaesion und Kohaesion bedingen auch die innere Reibung oder
die Viskosität von Flüssigkeiten und Gasen. Bewegt man einen festen
Gegenstand, etwa einen Holzstab durch eine Flüssigkeit, so kann dies nie
geschehen ohne daß Flüssigkeitsteile mit in Bewegung gesetzt werden und
so die Bewegung des festen Gegenstandes aufhalten (Reibungswiderstand).
In der gleichen Weise wird auch die Bewegung einer bestimmten Flüssigkeits-
schicht durch die angrenzenden Schichten, die mit in die Bewegung hinein-
gezogen werden, aufgehalten. Diese Erscheinung bezeichnet man als innere
Reibung oder Viskosität. Man bestimmt dieselbe mittels eines Viskosimeters
durch Ermittlung der Zeit, welche ein bestimmtes Quantum Flüssigkeit benötigt, um unter geringem Druck durch ein Kapillarrohr zu fließen.

Es beträgt die Viskosität, wenn man die des Wassers = 100 setzt, für

Wasser	100
Methylalkohol	60
Aethylalkohol	123
Amylalkohol	472

Oberflächenspannung und Viskosität sind von besonderer Bedeutung für die Schaumbildung. Körper, die gleichzeitig die Oberflächenspannung vermindern und die Viskosität erhöhen, begünstigen die Schaumbildung und sind in Würze und Bier in mehr oder weniger großer Menge enthalten.

Adhaesion und Kohaesion haben auch eine große Bedeutung für die Lösungs- und Mischungsverhältnisse. Schüttelt man einen flüssigen oder einen zerriebenen festen Körper mit einer Flüssigkeit und läßt dann ruhig stehen, so wird der Körper, je nachdem er spezifisch genau ebenso schwer (was natürlich nur selten der Fall ist), schwerer oder leichter ist als die Flüssigkeit, entweder in der Flüssigkeit schwebend, suspendiert, bleiben, oder sich entweder nach unten oder nach oben aus der Flüssigkeit auszuscheiden suchen. Bei dem Bestreben, sich aus der Flüssigkeit auszuscheiden, hat der Körper zwei Widerstände zu überwinden, einmal den Reibungswiderstand der Flüssigkeitsteilchen und dann die Adhaesionskraft zu den Flüssigkeitsteilchen. Diese beiden widerstrebenden Kräfte machen sich umsomehr bemerkbar, je feiner der Körper verteilt ist, weil damit seine Oberfläche, die Berührungsfläche mit der Flüssigkeit, zunimmt. Es hat nämlich eine Kugel von 1 μ Durchmesser eine im Verhältnis zur Masse tausendmal größere Oberfläche als eine Kugel von 1 mm Durchmesser.

$D = 0,001$ mm	$D = 1$ mm
$O = D^2 \times \pi = 0,00000314$ mm^2	$O = 3,14$ mm^2
$I = D^3 \times \dfrac{\pi}{6} = 0,000000000523$ mm^3	$I = 0,523$ mm^3
$\dfrac{O}{I} = 6004$	$\dfrac{O}{I} = 6,004$

Sehr fein verriebene Stoffe setzen sich daher nur sehr langsam aus einer Flüssigkeit ab, auch wenn sie spezifisch bedeutend schwerer sind (Prinzip des Schlämmens). Es gibt nun aber auch Mischungen von Flüssigkeiten mit spezifisch schwereren oder leichteren, festen (und flüssigen) Körpern, welche sich beim Stehen nicht auseinandersetzen, dies sind die Lösungen. In den eigentlichen Lösungen sind die gelösten Körper in die einzelnen Moleküle oder noch kleinere Bestandteile (Ionen) zerlegt und Kräfte tätig, welche die Schwer- und Auftriebkraft überwinden, so daß der Körper nicht mehr das Bestreben zeigt, sich aus der Flüssigkeit auszuscheiden. Unter dem Mikroskop erscheint eine Lösung, z. B. eine Zuckerlösung, vollkommen homogen, da man die einzelnen Moleküle nicht sehen kann; man kann daher in einer Lösung, also auch in einem blanken Bier, unter dem Mikroskop überhaupt nichts unterscheiden. Eine reine Lösung ist immer vollkommen klar und durchsichtig, während suspendierte Stoffe, wenn sie in genügender Menge vorhanden sind, die Flüssigkeit trüb, undurchsichtig machen. Manchmal ist der Körper zwar nicht molekular, aber doch so fein verteilt

(D ungefähr 1—100 $\mu\mu$), daß man unter einem gewöhnlichen Mikroskop nichts wahrnehmen kann und keine Ausscheidung erfolgt, man spricht dann von kolloiden Lösungen. Die in diesen verteilten Substanzpartikelchen können nur durch das Ultramikroskop sichtbar gemacht werden.

Ist ein Körper nicht in einer Flüssigkeit löslich oder sind zwei Flüssigkeiten nicht mischbar, so erklärt sich dies durch den Mangel an Adhaesion oder durch Ueberwiegen der Kohaesionskraft. Schüttelt man z. B. Oel mit Wasser noch so heftig, so daß eine äußerst feine Verteilung des Oeles stattfindet, so werden doch nach kurzem Stehen beide Flüssigkeiten sich wieder vollständig voneinander getrennt haben, die Kohaesion der Oelteilchen untereinander überwiegt eben weit die Adhaesion zwischen Oel- und Wasserteilchen. Verrührt man jedoch Oel mit Gummi und setzt dann Wasser zu, so hält das Gummi die Oelteilchen, welche es umhüllt, infolge seiner großen Adhaesionskraft zu Wasser in der Schwebe und man erhält eine trübe, weiße Mischung, eine Emulsion (Milch der Tiere und Milchsaft der Pflanzen).

Füllt man ein Becherglas ungefähr halb voll Kupfersulfatlösung, die eine blaue Farbe besitzt und schichtet vorsichtig darüber destilliertes Wasser, so bleibt dieses zunächst, da es spezifisch leichter ist, über der Kupfersulfatlösung stehen. Vermeidet man auch jede Bewegung und Erschütterung der Flüssigkeit von außen, so wird man trotzdem nach längerer Zeit beobachten können, daß die Farbe der Flüssigkeit von unten bis oben vollkommen gleich geworden ist, Kupferlösung und Wasser haben sich von selbst vollkommen miteinander vermischt. Man nennt diesen Vorgang Diffusion. Dieses Bestreben, sich von selbst miteinander zu vermischen, zeigen nicht nur alle mischbaren Flüssigkeiten, sondern es besteht auch zwischen Flüssigkeiten und festen Körpern, sowie zwischen Flüssigkeiten und Gasen, ja sogar zwischen festen Körpern untereinander, besonders stark ist aber das Diffusionsbestreben bei den Gasarten untereinander. Legt man einen Kochsalzkrystall in Wasser, so bewirkt das Diffusionsbestreben ein fortwährendes Ablösen von Kochsalzmolekülen, bis schließlich eine vollkommen gleichmäßige (homogene) Kochsalzlösung entstanden ist. Das Bestreben zum Uebertritt der festen Substanzteilchen in die Flüssigkeit wird um so geringer, je konzentrierter die Lösung wird und hört schließlich ganz auf, wenn die Lösung gesättigt ist. Schichtet man in einem Glaszylinder ein leichteres Gas, z. B. Luft, über ein schwereres, z. B. Kohlensäure, so wird man schon nach einigen Minuten konstatieren können, daß Kohlensäure und Luft sich vollkommen vermischt haben. Diese energische Diffusion der Gase ist von großer Wichtigkeit für den Ausgleich der Luftzusammensetzung und die Entfernung von Gasen, besonders Kohlensäure aus bewohnten Räumen und besonders aus den Betriebsräumen der Brauerei. — Auf Diffusion beruht auch die Absorption von Gasen durch Flüssigkeiten. Wie aber nicht alle wasserlöslichen festen Körper in gleichem Grade in Wasser löslich sind, so nimmt das Wasser auch von den gasförmigen Stoffen verschiedene Mengen auf. 1 l Wasser von 15° kann nachstehende Mengen (l) Gas von 15° aufnehmen.

| Stickstoff | . | . | 0,0177 | Kohlensäure | 1,076 |
| Sauerstoff | | | 0,036 | Ammoniak . | 846 |

Bei geringerer Temperatur ist die Absorptionsfähigkeit eine bedeutend größere, so absorbiert 1 l Wasser von 0⁰ 1,8 l Kohlensäure von 0⁰.

Die absorbierten Gasmengen bleiben bei jedem Druck die gleichen, somit wird nach dem Mariotteschen Gesetz bei 2 Atmosphären Druck an Gewicht die doppelte Menge Gas absorbiert als bei 1 Atmosphäre.

Von einem Gasgemisch wird nach dem Henry-Daltonschen Gesetz durch eine Flüssigkeit jeder Bestandteil im Verhältnis zu seiner Menge, ausgedrückt in Volumenprozent des Gasgemisches, oder im Verhältnis seines Partialdruckes absorbiert. Von einer Luft, die 21 Vol. % Sauerstoff und 79 Vol. % Stickstoff enthält, absorbiert demnach 1 l Wasser von 15⁰

$$0,036 \times \frac{21}{100} = 0,00756 \text{ l Sauerstoff und } 0,0177 \times \frac{79}{100} = 0,013983 \text{ l Stickstoff.}$$

Die vom Wasser absorbierte Luft enthält also ca. 65% Stickstoff und 35% Sauerstoff.

Die Diffusion kann auch stattfinden, wenn die Gase und Flüssigkeiten durch poröse Scheidewände voneinander getrennt sind. So mischen sich Gase durch Tonzylinder und Kautschukmembranen, auch Kautschukschläuche hindurch, und zwar geht ein Gas im allgemeinen um so leichter durch die Wand, die es von einem andern Gas trennt, hindurch, je geringer sein spezifisches Gewicht, d. h. sein Molekulargewicht ist.

Gibt man in ein mit Schweinsblase oder Pergamentpapier überbundenes Glas eine Salzlösung, z. B. blaue Kupfersulfatlösung und hängt das Glas in ein Glas mit Wasser, so daß Wasser und Kupfersulfatlösung nur durch die Membran getrennt sind (Fig. 41), so wird man bald wahrnehmen können, daß blaue Kupfersulfatlösung in das Wasser übergetreten ist, zugleich ist aber auch Wasser in die Kupfersulfatlösung eingedrungen, nach genügend langer Zeit sind die Flüssigkeiten im innern und äußern Gefäß vollkommen gleich geworden und dann hat natürlich das Ausgleichsbestreben, der Diffusionsstrom, aufgehört.

Diesen Vorgang nennt man Osmose (auch Diosmose). Dieselbe ermöglicht das Eindringen der Nährstoffe in die Pflanzenzelle durch die Zellmembran hindurch.

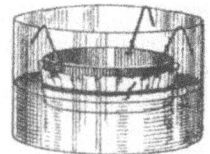

Figur 41

Bestreut man abgepreßte Hefe oder einen in Scheiben geschnittenen Rettich mit feinem Kochsalz, so entsteht außen zunächst eine hochkonzentrierte Kochsalzlösung, alsdann beginnt der Diffusionsstrom zwischen dem dünnen Zellsaft und der konzentrierten Salzlösung durch die Zellmembranen hindurch, wobei das Wasser als der leichter diosmierbare Körper schneller aus der Zelle herausgeht als das Salz hinein, so daß sich außen immer mehr Flüssigkeit ansammelt.

Nicht alle gelösten Stoffe sind der Diosmose in gleichem Maße fähig, je größer die in der Flüssigkeit verteilten Substanzteilchen (Moleküle) sind, desto schwieriger gehen sie im allgemeinen durch die Membran. Stoffe, deren Lösungen der Diosmose nicht (oder kaum) fähig sind, bezeichnete man früher als Kolloide (Kolla = Leim) wie Eiweiß, Stärke, Leim usw., die der Diosmose fähigen Stoffe, die meisten Salze, Zucker, Alkohol usw., nannte man Kristalloide. Jedoch kann man auch die Kristalloide in den Kolloiden-Zustand überführen. Man kann nun auch Membranen oder Scheidewände herstellen, deren Poren so klein sind, daß die Wassermoleküle zwar noch durchgehen, die Moleküle mancher löslicher Stoffe dagegen nicht mehr. Man spricht dann von einer halbdurchlässigen oder semipermeabeln Membran. Eine solche erhält man, wenn man in einer Tonzelle durch Behandlung mit Kupfer-sulfat- und Ferrozyankalium-Lösung einen Niederschlag von Ferrozyankupfer erzeugt. Bringt man eine solche mit Rohrzuckerlösung gefüllte Zelle in ein Gefäß mit Wasser (Fig. 42), so dringt immer mehr Wasser in die Zelle ein, bezw. steigt in einem mit der Zelle verbundenen Glasrohr immer höher. Dies geht so fort, bis die Wassersäule eine gewisse Höhe erreicht hat und der so entstandene Druck, welcher der os-motische Druck genannt wird, dem Diffusions-bestreben des Wassers das Gleichgewicht hält. Die Anordnung in Figur 42 gestattet den osmoti-schen Druck in mm Quecksilbersäule (h) zu messen. Nach vant' Hoff zeigen isomolekulare Lösungen verschiedener Stoffe, die also in 1 cm³ die gleiche Anzahl Moleküle enthalten, den gleichen osmoti-schen Druck und ferner ist der osmotische Druck einer wässerigen Lösung gleich dem Druck, den der gelöste Körper in gasförmigem Zustande aus-üben würde, wenn in 1 cm³ ebensoviele Moleküle wären wie in 1 cm³ Lösung. Die Messung des osmotischen Druckes kann daher auch zur Be-stimmung der Molekulargröße dienen.

Der in Figur 41 abgebildete Apparat dient vielfach dazu um schwer diosmierbarer Lösungen (kolloider) Stoffe von leicht diosmierbaren (Salzen, Aschebestandteilen) zu befreien. Man nennt die-

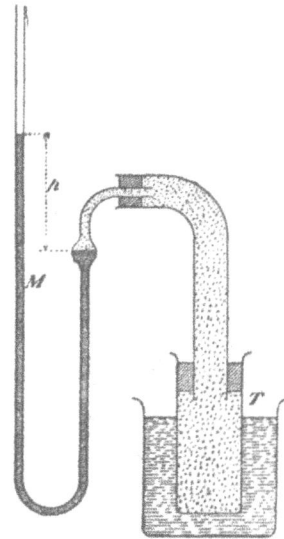

Figur 42

ses Verfahren Dialyse und den dazu verwendeten Apparat Dialysator.

Wärmelehre.

Wärmetheorie.

Durch geeignete Mittel kann jeder Körper erwärmt, auf einen höheren Wärmegrad gebracht werden, es kann ihm Wärme zugeführt werden. Früher nahm man an, daß die Wärme eine besondere Materie (Wärmestoff) bilde, welche in die Körper eindringe und so die Steigerung der Temperatur ver-ursache. Durch diese Wärmestofftheorie fanden jedoch die durch die Wärme verursachten Erscheinungen keine genügende Erklärung, während dies bei der gegenwärtig herrschenden mechanischen Wärmetheorie in zwanglosester

Weise der Fall ist. Nach der mechanischen Wärmetheorie besteht die Wärme in einer Bewegung der kleinsten Teilchen der Körper, der Moleküle, welche nach der Molekulartheorie nicht lückenlos aneinanderschließen und durch kein Bindemittel miteinander verbunden sind, sondern frei im Raume schweben. Einen Körper erwärmen heißt nichts anders als die Bewegung seiner Moleküle beschleunigen. Diese Bewegung kann selbstverständlich immer noch mehr beschleunigt werden, der Erwärmung ist also nach oben gar keine Grenze gesetzt, wenn wir auch mit den uns zu Gebote stehenden Mitteln bisheran nicht über einige Tausend Grad hinausgekommen sind. Auf elektrischem Wege können Temperaturen von ca. 8000 ⁰ C und mehr erzielt werden. Wie verhält sichs nun aber mit der Verlangsamung der Molekularbewegung? Kann auch diese, also die Wärmeentziehung, die Abkühlung bis ins Unendliche gesteigert werden? Offenbar nicht. Wenn man die Bewegung immer mehr verlangsamt, so wird sie schließlich vollständig aufhören, die Moleküle werden sich in absoluter Ruhe befinden. Eine noch weitere Verlangsamung ist natürlich nicht denkbar. Dieser Zustand der absoluten Ruhe ist erreicht bei — 273 ⁰ C, man nennt diese Temperatur daher den absoluten Nullpunkt. Bis jetzt ist nur eine Abkühlung bis auf ca. — 272 ⁰ C gelungen, weiter als auf — 273 ⁰ C wird man jedoch auch in Zukunft niemals kommen. — 273 ⁰ C ist der Nullpunkt der Wärme, einen Gegensatz von Wärme gibt es nicht; jeder noch so kalte, besser gesagt über — 273 ⁰ C warme, Körper kann noch Wärme abgeben. Bringt man z. B. einen Körper von — 100 ⁰ mit einem andern Körper von — 150 ⁰ in Berührung, so gibt der erstere Wärme an den letzeren ab, der erstere kühlt sich ab, der letztere erwärmt sich, bis schließlich beide eine zwischen — 100 und 150 ⁰ liegende Temperatur angenommen haben. Im gewöhnlichen Leben nennt man vielfach Kältegrade die Minusgrade am R- und C-Thermometer. Der Nullpunkt dieser Thermometer ist jedoch eine ganz willkürlich gewählte Temperatur und sollte eigentlich mit 273 ⁰ (bei einem C-Thermometer) bezeichnet werden. Man spricht auch von Kälteerzeugung, wenn es sich in Wirklichkeit um Wegnahme von Wärme handelt.

Ausdehnung durch Erwärmen.

Wird ein Körper erwärmt, so werden seine Moleküle in lebhaftere Schwingungen versetzt, die Schwingungsbahnen vergrößert. Infolgedessen müssen die Moleküle etwas weiter auseinanderrücken: die Wärme dehnt alle Körper aus. Die einzige Ausnahme von dieser Regel bildet das flüssige Wasser, welches bei + 4 ⁰ C und 1 Atmosphäre Druck seine größte Dichte zeigt. 1 cm³ Wasser von + 4 ⁰ C nimmt bei 0 ⁰ einen Raum ein von 1,0001 cm³, beim Erwärmen über + 4 ⁰ dehnt es sich ebenfalls aus und hat bei + 8 ⁰ C wieder 1,0001 cm³ erreicht. Alle flüssigen und besonders festen Körper entwickeln bei der Ausdehnung durch Erwärmen infolge ihrer geringen Zusammendrückbarkeit eine sehr große Kraft, so daß z. B. bei Eisenbahnschienen, wenn nicht zwischen den einzelnen Stücken etwas Spielraum gelassen ist, Verbiegungen vorkommen können. Beim Pasteurisieren des

Bieres werden vollständig gefüllte Flaschen, wenn der Verschluß nicht nachgibt, immer gesprengt werden. Die Ausdehnung, welche die einzelnen Körper für jeden Grad der Erwärmung erleiden, ist sehr verschieden. Bei festen Körpern macht dies zwar weniger aus. So dehnt sich z. B. ein Silberstab von 1 m Länge für jeden Grad der Erwärmung im Mittel aus bei Temperaturen von 16 bis 41 ^{0} C um 0,00002054 m, bei Temperaturen von 20 bis 80 ^{0} C dagegen um 0,00001862 m. Bei Flüssigkeiten dagegen ist die Ausdehnung bei höheren Temperaturen meist wesentlich größer als bei niedrigeren.

Bei festen Körpern muß man unterscheiden zwischen linearer, quadratischer und kubischer Ausdehnung. Unter Ausdehnungs-Koeffizient versteht man die Zahl, welche angibt, um wieviel die Längen- bezw. Flächen- oder Körpereinheit des betreffenden Körpers bei 0 ^{0} gemessen, für jeden Grad der Erwärmung zunimmt. Der Flächenausdehnungskoeffizient oder quadratische Ausdehnungskoeffizient ist annähernd das Doppelte, der Körperausdehnungskoeffizient oder kubische Ausdehnungskoeffizient das Dreifache des Längenausdehnungskoeffizienten oder linearen Ausdehnungskoeffizienten, wie sich aus folgendem Beispiel ergibt. Angenommen ein Stab von 1 m Länge dehne sich aus für die Erwärmung von 0 auf 1 ^{0} um 1 mm, so ist der lineare Ausdehnungskoeffizient = 0,001. Ein Quadrat des gleichen Materials von 1 m Seitenlänge = 1 m^2 Flächeninhalt bei 0 ^{0} würde alsdann bei + 1 ^{0} eine Seitenlänge von 1,001 m und einen Flächeninhalt von 1,001^2 = 1,002001 m^2 besitzen, der quadratische Ausdehnungskoeffizient beträgt demnach 0,002001. Ein Würfel aber von 1 m Kantenlänge bei 0 ^{0} würde bei + 1 ^{0} einen Kubikinhalt von 1,001^3 = 1,003003001 m^3 zeigen, kubischer Ausdehnungskoeffizient ist demnach = 0,003003001. Bei Flüssigkeiten kommt meist nur der kubische Ausdehnungskoeffizient in Betracht. Will man diesen zur Berechnung der Ausdehnung eines in einem Gefäße befindlichen Flüssigkeitsquantums anwenden, so ist zu berücksichtigen, daß sich beim Erwärmen das Gefäß selbst ebenfalls ausdehnt. Der Rauminhalt (Hohlraum) eines Gefäßes steigt beim Erwärmen der Gefäßwandungen ebenso, wie wenn der ganze Hohlraum mit dem Material der Gefäßwandung ausgefüllt wäre. Eine Glasflasche von 1 l Inhalt bei 4 ^{0} C enthält demnach, wenn der kubische Ausdehnungskoeffizient des Glases 0,000024 beträgt, bei 100 ^{0} C 1 + 96 $\times$ 0,000024 = 1,0023 l = 1002,3 cm^3. Gibt man aber bei 4 ^{0} C in diese Flasche Wasser und erwärmt hierauf auf 100 ^{0}, so werden nicht 43 cm^3 ausfließen, trotzdem sich 1 l Wasser von 4 ^{0} beim Erwärmen auf 100 ^{0} um 43 cm^0 ausdehnt, sondern nur 43 — 2,3 = 40,7 cm^3, da die Flasche ja nunmehr bei 100 ^{0} infolge der Ausdehnung des Glases 1002,3 cm^3 faßt, die „scheinbare" Ausdehnung beträgt also nur 40,7 cm^3. Man spricht in diesem Sinne auch von einem scheinbaren Ausdehnungskoeffizienten. Bei gleichbleibender Höhe jedoch steigt der Inhalt eines Gefäßes bei parallelen Seitenwandungen nur im Verhältnis des quadratischen Ausdehnungskoeffizienten. Würde z. B. eine kupferne Braupfanne von annähernd parallelen Seitenwänden bei 130 cm Flüssigkeitshöhe bei 20 ^{0} C genau 40 hl fassen, so wird sie bei der gleichen Höhe bei einer Temperatur von 100 ^{0} C, da der quadratische Ausdehnungskoeffizient des Kupfers 0,000034 beträgt, 40 + 80 $\times$ 40 $\times$ 0,000034 = 40,1088 hl fassen.

Lineare Ausdehnungskoeffizienten für Temperaturen von 0—100°.

Die Zahlen geben an, um wieviel m sich 1 m
für jeden Grad der Erwärmung ausdehnt.

Metalle:		Andere Materialien:	
Platin	0,000009	Quarzglas	0,0000005
Stahl	0,000010	Eichenholz, längs	0,000005
Gußeisen	0,000011	„ quer	0,00005
Schmiedeeisen	0,000012	Fichtenholz, längs	0,000005
Kupfer	0,000017	„ quer	0,00003
Messing	0,000022	Ziegel	0,000005
Aluminium	0,000023	Glas 0,000007 —	0,000009
Klempnerlot	0,000025	Marmor	0,000008
Zinn	0,000027	Kalkstein, grauer	0,000008
Zink	0,000029	„ weißer	0,000025
Blei	0,000029	Granit	0,000009
		Sandstein	0,000012
		Zement	0,000014

Ein l nachstehender Flüssigkeiten dehnt sich aus beim Erwärmen um
die nachstehende Anzahl cm³:

Quecksilber von 0 auf 100° C		18 cm³
Wasser „ „ „ „ „		43 „
Olivenöl „ „ „ „ „		72 „
Petroleum „ „ „ „ „		96 „
Alkohol „ „ „ 80° „		97 „
Aether „ „ „ 30° „		48 „

Bei den meisten Flüssigkeiten ist die Ausdehnung in den verschiedenen
Temperaturlagen eine sehr verschiedene. So beträgt der Ausdehnungskoeffizient des Wassers für 4 auf 5° 0,000008, für 20 auf 21° 0,000212, für 50
auf 51° 0,00048, für 99 auf 100° 0,00078. Nur das Quecksilber dehnt sich fast
vollkommen gleichmäßig aus, sein kubischer Ausdehnungskoeffizient beträgt
bei allen Temperaturen von 0—100° 0.00018.

Dichte und spezifisches Volumen von Wasser bei Temperaturen von
0 bis 100°.

Temperatur	Dichte	Spez. Volumen	Temperatur	Dichte	Spez. Volumen
0° und 8,125°	0,999868	1,000132	50°	0,98807	1,01207
4°	1,000000	1,000000	60°	0,98324	1.01705
10°	0,999728	1,000272	70°	0,97781	1,02270
20°	0,998232	1,001771	80°	0,97183	1,02899
30°	0,995676	1,004343	90°	0,96534	1;03590
40°	0,99224	1,00782	100°	0,95838	1,04343

Dichte von Zuckerlösungen bei Temperaturen von 0—35⁰*).
(Auch für Würzen anwendbar.)

Temperatur:

Prozent-Gehalt	0⁰	5⁰	10⁰	15⁰	20⁰	25⁰	30⁰	35⁰
0	0,999868	0,999992	0,999728	0,999126	0,998232	0,997074	0,995676	0,994061
5	1,020081	1,020007	1,019576	1,018828	1,017819	1,016553	1,015066	1,013354
10	1,041012	1,040739	1,040139	1,039254	1,038108	1,036734	1,035143	1,033342
15	1,062691	1,062220	1,061444	1,060410	1,059140	1,057649	1,055965	1,054088
20	1,085147	1,084467	1,083519	1,082338	1,080932	1,079331	1,077554	1,075595
25	1,108406	1,107525	1,106403	1,105072	1,103533	1,101816	1,099933	1,097880
30	1,132492	1,131409	1,130127	1,128638	1,126969	1,125135	1,123152	1,121025

Bei den Gasen ist im Gegensatz zu den festen und flüssigen Körpern die Ausdehnung eine fast vollständig gleichmäßige. Jedes Gas dehnt sich nach dem Gay-Lussacschen Gesetz für jeden Grad der Erwärmung aus um $\frac{1}{273}$ seines Volumens bei 0⁰ oder jede Volumeneinheit um 0,003663. Ganz genau entspricht das Gay-Lussacsche Gesetz allerdings nicht den Tatsachen, da die gewöhnlichen Gase vom vollkommenen Gaszustand mehr oder weniger abweichen. Der Ausdehnungskoeffizient, welcher auch vom Druck abhängig ist, schwankt bei 1 At. Druck für die verschiedenen Gase zwischen 0,00366 bis 0,0039. Befindet sich das Gas in einem geschlossenen Gefäß und ist so an der Ausdehnung gehindert, so steigt entsprechend der Druck. 1 l Luft von 0⁰ ist also bei + 1⁰ gleich $1\frac{1}{273}$ oder 1,003663 l, bei 100⁰ $1 + 100 \times \frac{1}{273}$ $= 1\frac{100}{273}$ oder $1 + 100 \times 0,003663 = 1,3663$ l, bei + 273⁰ $1 + 273 \times \frac{1}{273} = 2$ l.

Setzt man das Volumen bei 0⁰ = V_0, bei 1⁰ = V_t, so ist demnach

$$V_t = V_0 + \frac{t \times V_0}{273} = V_0 \left(1 + \frac{t}{273}\right) = V_0 \times \frac{t + 273}{273}$$

Daraus ergibt sich durch geeignete Umstellungen

$$V_0 = \frac{273 \, V_t}{273 + t}$$

300 cm³ Luft von 80⁰ C würden demnach bei 0⁰ einen Raum von $\frac{273 \times 300}{273 + 80} = 232,01$ cm³ einnehmen. Wäre die Messung bei 730 mm Barometerstand (B) erfolgt, so betrüge nach dem Boyle-Mariotteschen Gesetz (Seite 56) das Volumen bei 760 mm Barometerstand $\frac{232,01 \times 730}{760} = 222,85$ cm³. Zur Umrechnung von Gasen auf 0⁰ und 760 mm (Normal-) Barometerstand dient daher die allgemeine Formel $\frac{273 \times V_t \times B}{(273 + t) \, 760}$.

---

*) Nach Karl T. Fischer und Doemens. Landolt-Börnstein, Physik-Chem, Tabellen, 5. Auflage.

Temperaturmessung.

Allgemeines.

Unter Temperatur versteht man den Wärmezustand der Körper, welcher bedingt wird durch die Schnelligkeit der Bewegung der Moleküle. Den Wärmezustand zweier Körper aus gleicher Materie kann man durch das Gefühl beurteilen insofern, als man feststellen kann, welcher von beiden Körpern der wärmere ist oder ob sie beide die gleiche Temperatur haben. Sind aber die beiden Körper von verschiedener Zusammensetzung, so versagt der Gefühlssinn des menschlichen Körpers oft vollständig. Taucht man z. B. die Hand in Wasser von der gleichen Temperatur wie die umgebende Luft, so möchte man sicher glauben, das Wasser sei kälter als die Luft; eine Metallplatte von gewöhnlicher Temperatur fühlt sich viel kälter an als ein Holzbrett von der gleichen Temperatur, ebenso heißes Metall viel heißer als Holz und dergleichen (auf der Darre!).

Man war daher schon früh bestrebt, die Temperatur unabhängig vom Gefühl durch ein Instrument zu bestimmen. Schon im Jahre 1592 machte Galilei den Versuch, ein Instrument zur Bestimmung der Temperatur zu konstruieren, dessen Einrichtung auf der Ausdehnung eines eingeschlossenen Luftquantums beruhte. Ein wirklich brauchbares Thermometer (Luftthermometer) wurde jedoch erst im Jahre 1700 von Amontons konstruiert. An und für sich eignen sich Luft und gasförmige Körper zweifellos am besten als thermometrische Substanz, mit Rücksicht auf die Handlichkeit verfertigte jedoch schon Fahrenheit zu Anfang des 18. Jahrhunderts Thermometer mit Weingeist- und mit Quecksilberfüllung. Im Jahre 1730 konstruierte Réaumur, 1740 Celsius sein Quecksilberthermometer. Um zu einem zahlenmäßigen Ausdruck der Temperatur zu gelangen, geht man zweckmäßig aus von Temperaturkonstanten, wie sie die Natur bietet. Solche Temperaturkonstante bilden die Schmelzpunkte oder Gefrierpunkte und die Siedepunkte aller chemischen Körper, also auch die des reinen Wassers. Schmelzendes Eis und der Dampf des kochenden Wassers zeigen bei gleichen äußeren Umständen immer absolut genau die gleiche Temperatur und wurden daher schon von Réaumur und Celsius als Ausgangspunkte benutzt.

Die internationale Wasserstoffskala.

Die Vorteile der Luft- oder Gasthermometer, welche auf der starken und gleichmäßigen Ausdehnung der gasförmigen Körper beruhen, wurden erst im 19. Jahrhundert voll erkannt und dies führte zur Aufstellung des Gasthermometers als Grundlage unserer gesamten Thermometrie. Im Jahre 1887 empfahl das internationale Comité der Maße und Gewichte die durch Beobachtung der Drucksteigerung in einem Wasserstoffthermometer mit einem Anfangsdruck von 1 m Quecksilber beim Erwärmen vom Gefrierpunkt auf den Siedepunkt des Wassers und Teilung dieses Druckes in 100 gleiche Teile sich ergebende Skala für den internationalen Gebrauch. Wasserstoff wurde gewählt, weil dieser zu den vollkommensten Gasen gehört, noch besser wäre Helium. Beim vollkommenen (idealen) Gas, dem Helium und Wasserstoff sich am meisten nähern, beträgt die Ausdehnung für jeden Teil der hundertteiligen Skala $\frac{1}{273,1}$ des Volumens beim Gefrierpunkt des Wassers ($=$ Ausdehnungs-koeffizient), um die gleiche Zahl steigt der Druck, wenn die Ausdehnung nicht stattfinden kann ($=$ Spannungskoeffizient). Die Wasserstoffskala ist heute in der Wissenschaft allgemein angenommen und alle exakten Thermometer (auch Quecksilberthermometer) sind auf dieselbe eingestellt. In der modernen wissenschaftlichen Ausdrucksweise bedeutet z. B. 20 Grad C nicht 20 Grad nach Celsius, sondern 20 Skalenteile oder Grade der internationalen hundertteiligen Skala, der „Centesimalskala". Die Wasserstoffskala ist auch noch über den Siedepunkt und den Gefrierpunkt des Wassers hinaus fort-gesetzt worden. Da das Wasserstoffthermometer immerhin sehr schwer zu handhaben ist, so wurden von Chappuis nach dem Wasserstoffthermometer vier Quecksilberthermometer eingestellt, welche heute die internationale Grundlage der Thermometer bilden.

Für streng wissenschaftliche Zwecke kann aber nur die Ausdehnung des idealen Gases, das wir aber nicht besitzen, als Thermometergrundlage in Betracht kommen. Man gelangt zu dieser durch Beobachtung an ge-wöhnlichen Gasen verschiedener Verdünnung und Umrechnung auf unendlich kleinen Druck. Lord Kelvin hat aber noch gewisse andere physikalische Er-scheinungen durch rein theoretische, auf den Gesetzen der Thermodynamik beruhende Betrachtungen in Beziehung zur Temperaturskala des idealen Gases gebracht, man nennt letztere daher auch die thermodynamische Skala. Zwischen 0 und 100 Grad stimmen die Wasserstoffskala und die thermo-dynamische Skala vollkommen überein.

Flüssigkeitsthermometer.
(Quecksilberthermometer.)

Zu Temperaturbestimmungen in der Praxis dienen hauptsächlich Flüssigkeitsthermometer, besonders das Quecksilberthermometer. Das Quecksilber eignet sich als thermometrische Flüssigkeit am besten, weil es infolge seines metallischen Charakters und zugleich flüssigen Zustandes ein sehr guter Wärmeleiter ist, weil es die Gefäßwandung nicht benetzt und be-sonders, weil es sich außerordentlich gleichmäßig ausdehnt. Trotzdem ist man manchmal gezwungen, Thermometer mit anderer Füllung zu verwenden. So sollen in der Brauerei für Aluminiumgärgefäße niemals Quecksilber-thermometer, sondern Alkoholthermometer (mit gefärbtem Alkohol) verwendet werden, weil das Quecksilber, wenn es im Falle des Zerbrechens eines Thermometers mit dem Aluminium in Berührung kommt, sich mit dem letzteren amalgamiert und so Undichten des Gärgefäßes verursachen kann. Auch kann man Quecksilber nur verwenden bis zu $-39°$ C, weil bei dieser Temperatur das Quecksilber gefriert. Alkoholthermometer sind noch verwendbar bis $-100°$, mit Petrolaether gefüllte Thermometer sogar bis $-200°$. Die obere Grenze der Verwendungsmöglichkeit des Quecksilbers ist zunächst gegeben durch seine Siedetemperatur ($+357°$ C). Für höhere Temperaturen, schon für mehr als 300°, verwendet man Druckthermometer, bei denen der Raum

über dem Quecksilber bei 50 bis 75 At. mit Kohlensäure oder Stickstoff gefüllt ist. Derartige Thermometer aus Quarzglas gefertigt sind noch verwendbar bis 750 ^{0} C. Die in der Brauerei vielfach verwendeten, mit Anilinschwarz
gefüllten Thermometer sind besonders deutlich ablesbar.

Bei Anfertigung eines Flüssigkeitsthermometers, insbesondere eines
Quecksilberthermometers handelt es sich zunächst um die Auswahl der geeigneten Glassorte. Die Volumenveränderung beim Erwärmen und Abkühlen
erfolgt bei Glas durchaus nicht so schnell und glatt wie bei Quecksilber. So
geht namentlich die Zusammenziehung beim Abkühlen nur ganz allmählich
innerhalb vieler Stunden vor sich, während die Ausdehnung beim Erwärmen
genügend schnell verläuft. Daher kommt es auch, daß ein Thermometer aus
kochendem Wasser in schmelzendes Eis gebracht im Anfang wesentlich
tiefere Temperatur zeigt und sich erst allmählich auf die richtige Angabe einstellt. Diese „Depression des Nullpunktes" kann bei gewöhnlichem Thüringer
Glas über 0,5 Grad betragen. Nach dem Schmelzen zieht sich das Glas zwar
sehr langsam, aber schließlich bis unter das ursprüngliche Volumen zusammen, neu angefertigte Thermometer müssen daher vor der Einstellung
bezw. Prüfung der Skala immer erst längere Zeit, bis zu mehreren Monaten
lagern. Alle diese durch „thermische Nachwirkungen" verursachten
Störungen treten am wenigsten auf bei Verwendung des Jenaer Normalglases 16 III, in der Brauerei sollten andere Thermometer nicht verwendet
werden. Immerhin ist es auch bei Thermometern aus Normalglas empfehlenswert, nach längerer Zeit einmal den Eispunkt in der unten angegebenen Weise
zu kontrollieren. Findet man dabei z. B., daß das Thermometer nunmehr
$+$ 0,5 zeigt, während es früher 0,0 zeigte, so sind auch alle übrigen Angaben
der Skala hinaufgerückt und entsprechend ($-$ 0,5) zu korrigieren. Das zur
Anfertigung eines Thermometers dienende Glasrohr soll in seiner ganzen
Länge möglichst gleich weit sein. Zur Kontrolle gibt man ein Stückchen
Quecksilber hinein und verschiebt den Quecksilberfaden durch das ganze
Rohr, indem man immer wieder seine Länge ermittelt (Kalibrieren); bei einem
guten Rohr muß der Quecksilberfaden sich an allen Stellen des Rohres als
ziemlich gleich lang erweisen. Zum Füllen mit Quecksilber kann man in
folgender Weise verfahren. Zuerst wird das eine Ende des Rohres zugeschmolzen und zu einer Erweiterung aufgeblasen. Steckt man hierauf
sofort das offene Ende in Quecksilber, so wird letzteres beim Abkühlen durch
den Luftdruck in das Rohr hineingedrückt. Durch mehrmaliges Erhitzen und
Eintauchen kann so das ganze Gefäß mit Quecksilber gefüllt werden.
Schließlich wird zur vollständigen Vertreibung der Luft auf den Siedepunkt
des Quecksilbers erhitzt und in geeigneter Höhe zugeschmolzen. Bei jedem
Thermometer empfiehlt es sich aber, oben eine kleine Erweiterung anzubringen, da sonst bei gelegentlicher Erwärmung über die Skala hinaus der
Ausdehnung des Quecksilbers kein Raum zur Verfügung steht und daher
wegen der geringen Kompressibilität von Glas und Quecksilber das Glas
zersprengt wird. Nach genügender Lagerung erfolgt nun zunächst die Bestimmung der beiden Fundamentalpunkte, der Schmelz- oder Gefriertemperatur und der Siedetemperatur des Wassers. Der Stand des Quecksilbers bei diesen beiden Temperaturen wird an dem Glasrohr markiert.

Réaumur und Celsius teilten nun einfach den Abstand zwischen diesen beiden Fundamentalpunkten, den Fundamentalabstand in 80, bezw. 100 gleiche Teile, die sie als Temperaturgrade bezeichneten. Es ist klar, daß diese Grade untereinander nur dann vollständig gleich sein würden, wenn die Ausdehnung des Quecksilbers sowohl wie des Glases eine vollkommen gleichmäßige und das Rohr überall vollständig gleich sein würde. Beides ist aber nicht der Fall. Bei besseren Instrumenten werden daher immer noch mehrere Punkte des Fundamentalabstandes durch Vergleich mit einem an die Wasserstoffskala angeschlossenen Normalthermometer festgelegt und schließlich erst die Abstände zwischen den so gewonnenen zahlreichen (mindestens 5—6) Fixpunkten in Grade von gleichmäßigen Abständen eingeteilt. Bei gut kalibrierten Rohren kann die so gewonnene Skala noch eine Strecke über Gefrier- und Siedepunkt hinaus fortgesetzt werden. Für genauere Instrumente sind aber auch dazu weitere Fixpunkte erforderlich. Als solche werden benutzt für Quecksilber- und andere Flüssigkeitsthermometer die Erstarrungspunkte von Quecksilber (— 38.89 Grad), Chloroform (— 63,7 Grad), Schwefelkohlenstoff (— 112 Grad), ferner die Siedepunkte von Sauerstoff (— 182,98 Grad), Naphtalin (+ 217,95 Grad), Schwefel (+ 444,5 Grad) usw. Die gleichmäßge Einteilung des Fundamentsabstandes kann mit einiger Genauigkeit nur bei Thermometern mit Quecksilberfüllung erfolgen, während z. B. bei Alkoholfüllung eine ganz andere Einteilung erforderlich ist, da der Ausdehnungskoeffizient des Alkohols bei steigender Temperatur bedeutend zunimmt und daher auch der Abstand zwischen den einzelnen Graden. Bei einem mit Wasser gefüllten Thermometer dagegen würden + 5 und + 6 Grad vollkommen zusammenfallen, da zwischen 5 und 6 Grad die Ausdehnung des Glases gleich der des Wassers ist.

Am besten wird die Skalenteilung direkt auf dem (dickwandigen) Kapillarrohr angebracht (Stabthermometer). In der Brauerei sind jedoch meistens Einschlußthermometer in Gebrauch, bei denen sich die Skala auf einem eigenen Papier- oder Porzellanstreifen befindet, der mit dem Kapillarrohr fest verbunden in einem entsprechend weiten Glasrohr eingeschlossen ist.

Der Abstand zwischen Schmelz- und Siedepunkt, der Fundamentalabstand wird natürlich um so größer, je größer die Quecksilbermasse und je enger das Kapillarrohr ist. Theoretisch würde man also für jeden Grad oder auch $1/10$ oder $1/100$ Grad jede beliebige Länge herstellen und so die Empfindlichkeit des Thermometers beliebig steigern können. Da jedoch mit der Steigerung der Empfindlichkeit die Skala immer länger und dadurch unhandlicher bezw. bei gleicher Skalenlänge der Skalenbereich immer kleiner, ferner der Temperaturausgleich zwischen Thermometer und zu messende Umgebung mit steigender Quecksilbermasse immer schwieriger, d. h. die Trägheit des Instrumentes immer größer wird, so geht man im allgemeinen über eine Länge von etwa 1 cm pro Grad nicht hinaus. Ein Grad läßt sich dabei noch gut in 10 Teile teilen, so daß die zehntel Grad noch abgelesen und die hundertstel Grad noch abgeschätzt werden können.

Bei empfindlichen Thermometern verwendet man Kapillarrohre, die auf dem Querschnitt dreieckig sind, wodurch eine starke Vergrößerung des dünnen Quecksilberfadens erzielt wird.

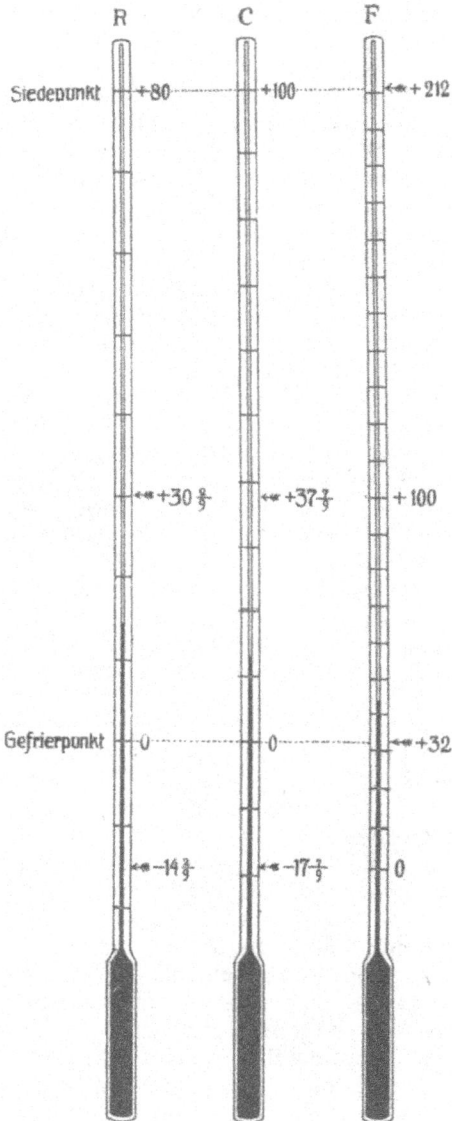

R C F

Siedepunkt +80 ---------- +100 --------- ←+212

Die Beziehungen der drei Skalen von Réaumur (R), Celsius (C) und Fahrenheit (F) zueinander sind aus Figur 43 ersichtlich.

Den Gefrierpunkt des Wassers bezeichnen R und C mit 0, F dagegen mit + 32. Natürlich soll mit der Angabe von R und C nicht gesagt sein, daß bei dieser Temperatur keine Wärme mehr vorhanden sei, der wirkliche absolute Nullpunkt liegt ja, wie oben angegeben, noch 273 Celsius'sche Grade tiefer, der Gefrierpunkt müßte also eigentlich mit 273 Grad bezeichnet werden. In der Wissenschaft ist dies auch allgemein üblich, die so erhaltenen Temperaturangaben bezeichnet man als die absolute Temperatur (T), während man die gewöhnlichen Temperaturangaben ausgedrückt in Graden über dem Gefrierpunkt des Wassers allgemein mit t bezeichnet. Es ist also $T = t +$ 273 und die gewöhnliche Lufttemperatur von ca. 17,5 Grad $C = 17,5 + 273 =$ 290,5 Grad absolut. In der absoluten Ausdrucksweise haben also die Temperaturangaben kein Vorzeichen, während man in der Praxis die Temperaturen unter 0 als — Grade oder Kältegrade bezeichnet. Den Siedepunkt des Wassers bezeichnet R mit + 80, C mit + 100 und F mit + 212 Grad. Daher zerfällt der Fundamentalabstand in 80 R-Grade, in 100 C-Grade und in 180 F-Grade.

←+30 $\frac{8}{9}$ ←+37 $\frac{7}{9}$ +100

Gefrierpunkt 0 ----------- 0 ---------- ←+32

←-14 $\frac{2}{9}$ ←-17 $\frac{7}{9}$ 0

Bei der Umrechnung der drei in der Praxis noch vielfach in Verwendung befindlichen Skalen ist wohl zu beachten, ob es sich um eine Anzahl Grade, um eine Skalenstrecke oder um eine Temperaturangabe, also um einen bestimmten Punkt an der Skala handelt. Der erstere Fall ist gegeben, wenn z. B. die Maische innerhalb einer gewissen

Figur 43

Zeit um 20 Grad gesteigert werden soll, der zweite dagegen, wenn es heißt, es soll bei 75 Grad abgemaischt werden.

I. Skalenstrecken.

80 R-Grade oder 80 R ^{0} = 100 C ^{0} = 180 F ^{0}

$$4 \, R^0 = 5 \, C^0 = 9 \, F^0$$
$$1 \, R^0 = {}^5/_4 \text{ oder } 1\tfrac{1}{4} \, C^0 = {}^9/_4 \, F^0$$
$$1 \, C^0 = {}^4/_5 \text{ oder } 0{,}8 \, R^0 = {}^9/_5 \, F^0$$
$$1 \, F = {}^4/_9 \, R^0 = {}^5/_9 \, C^0$$

daher: 1. R^0 verwandelt man in C^0, indem man den vierten Teil zuzählt oder durch 0,8 dividiert.

a) $36 \, R^0 = 36 + {}^{36}/_4 = 45 \, C^0$

b) $59{.}28 \, R^0 = 592{.}8 : 8 = 74{.}1 \, C^0$

2. C^0 verwandelt man R^0, indem man den fünften Teil abzieht oder mit 0.8 multipliziert.

a) $75 \, C^0 = 75 - {}^{75}/_5 = 60 \, R^0$

b) $23{,}79 \, C^0 = 2{,}379 \times 8 = 19{,}032 \, R^0$

3) $F^0 = R^0 + C^0$ und $R^0 = F^0 \times {}^4/_9$ und $C^0 = F^0 \times {}^5/_9$

a) $36 \, R^0 = 45 \, C^0 = 36 + 45 = 81 \, F^0$

b) $72 \, F^0 = 72 \times {}^4/_9 = 32 \, R^0 = 72 \times {}^5/_9 = 40 \, C^0$.

II. Skalenpunkte, Temperaturangaben.

R in C und C in R wie unter I.

Bei Umwandlung von R und C in F und umgekehrt ist der bei F abweichende Nullpunkt zu korrigieren.

1. R und C verwandelt man in F, indem man die R^0 oder C^0 in F^0 umwandelt nach I und hierauf $+ 32$ addiert.

a) $+ 22^0 \, R = + 22 \times {}^9/_4 + 32 = + 81{,}5^0 \, F$

b) $- 10^0 \, C = - 10 \times {}^9/_5 + 32 = + 14^0 \, F$.

2. F verwandelt man in R und C, indem man $- 32$ addiert und dann die F^0 nach I in R^0 oder C^0 umwandelt.

a) $+ 80^0 \, F = (+ 80 - 32) \times {}^4/_9 = + 21\tfrac{1}{3}^0 \, R$

b) $- 20^0 \, F = (- 20 - 32) \times {}^5/_9 = - 28\tfrac{8}{9}^0 \, C$.

Uebungsbeispiele.

74. $28 \, R^0 = ? \, C^0 = ? \, F^0$.

75. $80 \, C^0 = ? \, R^0 = ? \, F^0$.

76. $45 \, F^0 = ? \, R^0 = ? \, C^0$.

77. $+ 42^0 \, R = ? \, C = ? \, F$.

78. $+ 70^0 \, C = ? \, R = ? \, F$.

79. $+ 120^0 \, F = ? \, R = ? \, C$.

80. $- 10^0 \, R = ? \, C = ? \, F$.

81. $- 20^0 \, C = ? \, R = ? \, F$.

82. $+ 14^0 \, F = ? \, R = ? \, C$.

83. $- 31^0 \, F = ? \, R = ? \, C$.

Handhabung des Thermometers.

Bei Temperaturbestimmungen durch ein gewöhnliches Thermometer ist wohl zu beachten, daß das Instrument direkt nur seine eigene Temperatur angibt. Diese Eigentemperatur des Thermometers kann nur dann gleich der das Thermometer umgebenden Materie gesetzt werden, wenn man sicher ist, daß das Instrument vollkommen die Temperatur der Umgebung angenommen hat, was immer nur unter ganz bestimmten Voraussetzungen der Fall sein wird.

Zunächst ist für den Ausgleich der Temperatur zwischen Thermometer und Umgebung eine gewisse Zeit erforderlich. Diese ist abhängig von der

Höhe der Temperaturdifferenz, von der Trägheit des Thermometers und von dem Wärmeleitungsvermögen der Umgebung. Man beobachte einmal sorgfältig das Steigen des Quecksilbers, wenn man ein Thermometer aus Eiswasser in Wasser von etwa 20⁰ bringt. Das Steigen wird immer langsamer, am Schluß ist die Bewegung wie bei einem Uhrzeiger nur noch in zeitlich von einander getrennten Ablesungen zu beobachten. Man lasse sich daher nicht durch anscheinenden Stillstand des Quecksilbers täuschen, sondern überzeuge sich durch mehrmaliges Ablesen von dem vollständigen Temperaturausgleich. Die Trägheit des Thermometers ist um so größer, je größer die Quecksilbermasse und je dicker das Thermometer im Glas gehalten ist. Das Wärmeleitungsvermögen und damit die Zeit der Uebertragung der Wärme auf das Thermometer ist für die beiden in der Brauerei hauptsächlich in Betracht kommenden Materien, wässerige Lösungen und Luft, sehr verschieden, in Flüssigkeiten erfolgt der Ausgleich bedeutend schneller als in Luft. Im allgemeinen kann man bei den in der Brauerei in Gebrauch befindlichen Thermometern in Flüssigkeiten mit einer Ausgleichszeit von einigen Minuten rechnen, bei Luft jedoch muß man mindestens 15 bis 20 annehmen. Daraus ergibt sich ohne weiteres, daß die Temperatur nur dann richtig bestimmt werden kann, wenn sie genügend konstant ist. Mit einem gewöhnlichen Quecksilberthermometer auf der unteren Horde während der Zeit des schnellsten Temperaturanstieges die Temperatur der Luft einigermaßen genau bestimmen zu wollen, ist vergebliches Bemühen. Wenn das Thermometer 60⁰ zeigt, kann die Luft schon wieder 61 und 62⁰ haben. Man beachte ferner, daß das Thermometer nur die Temperatur seiner unmittelbaren Umgebung anzeigen kann. Ein Flüssigkeits- oder Luftquantum kann aber nur dann in allen Teilen gleichmäßige Temperatur behalten, wenn es fortwährend bewegt, gemischt wird, im andern Fall treten alsbald, infolge Verdunstung an der Oberfläche, bezw. Wärme-Abgabe oder -Aufnahme von außen Temperaturverschiedenheiten auf. Bei kleineren Flüssigkeitsmengen genügt es für gewöhnlich mit dem Thermometer kräftig umzurühren, bei Luft das Thermometer mit dem Arme im Kreise herumzuschleudern.

Unter Umständen kann das Thermometer eine ganz andere Temperatur zeigen als die umgebende Luft. So kann es in der Sonne 40 und 50⁰ zeigen, während die Luft in Wirklichkeit etwa nur 20⁰ hat. Auch können zwei richtige Thermometer in der Sonne um 10 und 20⁰ verschieden anzeigen. Es hat daher auch gar keinen Sinn von einer Temperatur in der Sonne zu sprechen, die Lufttemperatur ist nur im Schatten feststellbar. Wie die Sonne bewirken aber auch in der Nähe befindliche heiße oder kalte Gegenstände falsche Angaben des Thermometers, indem sie Wärmestrahlen auf das Thermometer direkt übertragen, bezw. von ihm fortnehmen. Man beobachte ein liegendes Thermometer, am besten unter dem Mikroskop, und nähere ihm dann von unten ein Stück Eis, trotzdem also die Kälte von unten zugeführt wird, wird das Thermometer sofort fallen, dagegen wird es steigen, wenn man ihm einen warmen Gegenstand nähert, auch wenn dies von oben her geschieht. Bei einigem Verweilen vor einem Kellerthermometer kann man deutlich dessen Steigen beobachten, weil vom Körper, besonders vom Gesicht aus Wärmestrahlen auf das Thermometer einwirken.

Bei genauen Bestimmungen ist es notwendig, daß auch der ganze Quecksilberfaden sich in der zu messenden Flüssigkeit befindet. Der Fehler infolge des Herausragens des Quecksilberfadens ist um so größer, je größer die Temperatur-Differenz zwischen Flüssigkeit und Luft ist. Ist das vollständige Eintauchen nicht möglich, so ist bei genauen Messungen der Ablesung hinzuzufügen

$$0,00016 \times l \ (t - t_1),$$

wobei 0,00016 den scheinbaren Ausdehnungskoeffizienten des Quecksilbers in Glas, t die Ablesung, t_1 die mittlere Temperatur des herausragenden Quecksilberfadens und l dessen in Graden ausgedrückte Länge bedeutet.

Nicht ganz ohne Einfluß auf die Thermometerangabe sind auch die äußeren und inneren Druckverhältnisse. Von außen ruht auf dem Thermometer der Luftdruck und in einer Flüssigkeit der von der Höhe der Flüssigkeit über dem Quecksilbergefäß abhängige Flüssigkeitsdruck. Der durch die Schwankungen dieser Drucke verursachte Fehler ist jedoch so gering, daß er für gewöhnlich vernachlässigt werden kann. Ebenso ist es ohne wesentlichen Einfluß, ob man das Thermometer in liegender oder aufrechter Stellung anwendet. Der in aufrechter Stellung von dem Quecksilberfaden auf die Glaswandung ausgeübte innere Druck entspricht ungefähr für jeden cm Quecksilberfaden 0,001 Grad.

Die Ablesung der Skala kann mit annähernder Genauigkeit bis auf $1/10$ Teilstrich erfolgen. Um Unregelmäßigkeiten in der Ausbildung der Quecksilberkuppe zu beseitigen, die bei genauen Bestimmungen störend wirken können, empfiehlt es sich, vor der Ablesung mit einem geeigneten Gegenstand (Bleistift) an das Thermometer zu klopfen. Das Auge soll sich in gleicher Höhe mit der Quecksilberoberfläche befinden, da sonst leicht Parallaxenfehler eintreten können; diese werden um so größer, je größer der Abstand zwischen Skala und Quecksilberfaden ist. Bei Benutzung einer Lupe halte man diese so, daß der Skalenstrich an der Quecksilberoberfläche gerade erscheint, wobei die oberen Striche nach oben, die unteren nach unten gekrümmt erscheinen.

Selbstverständlich achte man darauf, daß das Thermometer nicht beschädigt ist und nicht etwa ein Stückchen Quecksilber oben im Glasröhrchen von dem übrigen Quecksilber getrennt sitzt.

Thermometerprüfung.

Der Raum über dem Quecksilber soll bei einem gewöhnlichen Thermometer vollständig luftfrei sein, kehrt man das Thermometer um, so muß daher das Quecksilber den leeren Raum vollständig ausfüllen. Dabei kann man im Quecksilbergefäß das Auftreten eines kleinen Hohlraumes beobachten, das leicht für ein Luftbläschen gehalten werden kann. Richtet man das Instrument wieder etwas auf, so verschwindet der Hohlraum im Quecksilbergefäß und erscheint wieder im Kapillarrohr.

Sehr empfindliche Thermometer mit sehr dünner Kapillare zeigen, wenn das Quecksilber nicht absolut sauber war, manchmal den Fehler, daß sie ruckweise steigen; bei einem guten Thermometer muß das Quecksilber vollkommen gleichmäßig ansteigen.

Die Kalibrierung des Kapillarröhrchens kann auch noch beim fertigen Thermometer erfolgen. Durch Abschleudern oder einen leichten Stoß gegen das umgekehrte Thermometer löse man einen Teil des Quecksilberfadens, etwa ein Fünftel der Gesamtlänge, ab und bestimmt die Länge des abgerissenen Stückes in Skalenstrichen an den verschiedenen Stellen. Bei einem guten Thermometer werden die gewonnenen Zahlen um nicht mehr als einige Zehntel Skalenstriche differieren.

Von den beiden Fundamentalpunkten kann in der Praxis leicht der Eispunkt kontrolliert werden. Besonders bei frisch bezogenen Kellerthermometern ist die Kontrolle des Eispunktes und die Wiederholung derselben nach einiger Zeit recht empfehlenswert. Zur Bestimmung des Eispunktes verwendet man am besten reines Natureis. Das Eis wird zunächst fein zerkleinert durch Zerschlagen, Zerstoßen in einer Reibschale oder am besten durch Schaben. Im Winter kann man statt Eis auch frischen Schnee verwenden. Mit dem geschabten Eis oder Schnee füllt man einen Topf von 1—2 l Inhalt und rührt denselben mit destilliertem Wasser zu einer gleichmäßigen Masse an. In das schmelzende Eis steckt man nun das Thermometer, bis das ganze Quecksilber, also auch der Quecksilberfaden, eben von Eis bedeckt ist. Nach etwa 5 Minuten wird im allgemeinen das Thermometer die Temperatur des schmelzenden Eises vollkommen angenommen haben, zur Vorsicht läßt man es aber besser ½—1 Stunde in Eis und liest wiederholt ab, besonders wenn die Möglichkeit besteht, daß das Eis stark unterkühlt war, d. h. wesentlich unter 0 Grad hatte. Selbstverständlich darf bei der Ablesung das Thermometer nur soweit als unbedingt nötig aus dem Eis herausgenommen werden. Das Thermometer soll in Eis 0 zeigen, Korrekturen der Ablesung sind nicht erforderlich.

Zur Kontrolle der Siedetemperatur verwendet man zweckmäßig das in Figur 44 abgebildete doppelwandige Gefäß, in welchem der von dem kochenden destilliertem Wasser entweichende Dampf zunächst aufwärts, hierauf durch den Zwischenraum zwischen den beiden Wandungen abwärts strömt und dann erst durch das Ausflußrohr unten rechts entweicht. An dem nach links gerichteten Ausflußrohr ist ein kleines Wassermanometer angebracht, welches den geringsten im Dampfraum herrschenden Ueberdruck anzeigen würde. Das zu prüfende Thermometer soll sich möglichst bis über dem Siedepunkt seiner Sklala im strömenden Wasserdampf befinden, im Deckel des Gefäßes wird es durch einen durchbohrten Kork gehalten. Eventuell wäre eine Korrektur für den herausragenden Quecksilberfaden nach der Formel S. 77 anzubringen. Nach etwa 10 Minuten liest man zum ersten Mal ab, indem man das Instrument vorsichtig durch den Kork soweit wie nötig herauszieht. Dem jeweiligen Barometerstand entsprechend, muß das Instrument genau 100 ⁰ C oder etwas mehr oder weniger anzeigen (siehe Tabelle S. 79).

Außer den beiden Fundamentalpunkten, sind bei genauer Prüfung eines Thermometers auch möglichst viele Punkte der Skala zu prüfen durch Vergleich mit einem an die Wasserstoffskala angeschlossenen Normalthermometer.

Barom.-Stand in mm	Siedetemp. nach C	Barom.-Stand in mm	Siedetemp nach C
700	97.7	745	99.4
705	97.9	750	99.6
710	98.1	755	99.8
715	98.3	760	100
720	98.5	765	100.2
725	98.7	770	100.4
730	98.9	775	100.55
735	99.1	780	100.7
740	99.25		

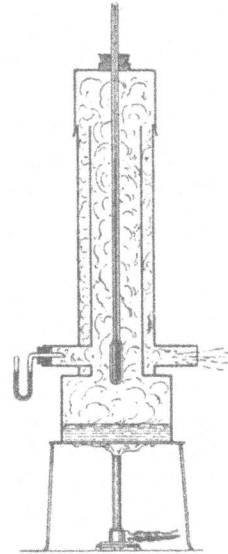

Figur 44

In der Brauereipraxis verwendet man am besten zur Kontrolle der Betriebsthermometer ein gutes Normalthermometer aus Normalglas von 0—100 ^{0} in $^{1}/_{10}$ Grade geteilt. Bei Bezug dieses Normalinstrumentes von einer renommierten Firma kann man sich in der Regel mit der Garantie, daß das Instrument an keiner Stelle der Skala um mehr als einen Skalenstrich Fehler aufweist, begnügen. Man versäume jedoch nicht, sich die Angabe in schmelzendem Eis angeben zu lassen und prüfe diese sofort nach Empfang und später wieder von Zeit zu Zeit nach. Sollte sich der Eispunkt ändern, so hat sich auch die ganze Skala im gleichen Sinne geändert und sind die Angaben alsdann entsprechend zu korrigieren. Beim Vergleich der Betriebsthermometer mit dem Normalthermometer beachte man das oben unter Thermometerhandhabung Gesagte. Gär- und Lagerkellerthermometer kann man recht gut im Gärbottich vergleichen. Dabei müssen sich die beiden Quecksilbergefäße in gleicher Höhe befinden und bei beiden Thermometern die Quecksilberfäden ganz eintauchen. Nach etwa zwei Minuten langem Hin- und Herbewegen lese man ab, ohne die Instrumente aus der Flüssigkeit herauszunehmen und wiederhole die Ablesung noch zwei- bis dreimal nach je zirka einer Minute, bis keine Aenderung mehr eintritt. Malztennenthermometer kann man auch in der Weise prüfen, daß man sie in einer gleichmäßig temperierten Malztenne neben das Normalinstrument hängt (immer Quecksilberkugeln in gleicher Höhe) und einige Tage beobachtet. Sudhaus- und Darrthermometer vergleicht man, wenn die Sudhausgefäße zur Ablesung nicht genügend zugänglich sind, am besten, indem man sich ein größeres Quantum Wasser, mindestens 1—2 hl, mittels Dampf auf ungefähr die meist benutzte Temperatur bringt und nach einiger Zeit, wenn die Gefäßwandungen sich mit der Flüssigkeitstemperatur einigermaßen ausgeglichen haben, unter kräftigem Umrühren des Wassers die Thermometer, wie oben für den Gärbottich angegeben, vergleicht.

Außerdem ist auch der Eispunkt besonders bei den Kellerthermometern zu kontrollieren.

Messung extrem niederer und hoher Temperaturen.

Wie schon oben S. 71 angeführt, können Quecksilberthermometer verwendet werden bis — 39 ⁰ C, Alkoholthermometer bis — 100 ⁰ C und Petrolaetherthermometer bis — 200 ⁰ C. Nach oben gehen Quecksilberthermometer bis 357⁰ C, Quecksilberthermometer aus Quarzglas mit Gasfüllung bis 750 ⁰ C.

Zur Bestimmung sehr hoher Temperaturen, z. B. von Feuerungstemperaturen, werden sehr verschiedene Methoden angewandt. Zunächst kann man schon aus der Farbe des von dem leuchtenden Heizmaterial ausgehenden Lichts einen annähernden Schluß auf die Temperatur ziehen. Den verschiedenen Glühfarben entsprechen ungefähr folgende Temperaturen:

Beginnende Rotglut .	. 525⁰	Gelbglut	. 1100⁰
Dunkle Rotglut .	. 700⁰	Weißglut	. 1300⁰
Kirsch- „ . .	. 850⁰	Blendende Weißglut .	1500⁰
Hell- „ . . .	. 950⁰		

Besser läßt sich schon die Temperatur bestimmen aus der Helligkeit einer einzelnen Farbe (Strahlen von gleicher Wellenlänge) des ausgestrahlten Lichtes. Bei dem Pyrometer von Holborn-Kurlbaum wird das aus dem Feuerungsraum kommende rote (durch ein rotes Glas geleitete) Licht in einem Fernrohr verglichen mit dem Licht einer Kohlenfadenlampe, die durch einen feinen Regulierwiderstand in verschieden starkes Glühen gebracht werden kann. Wenn beide Lichterscheinungen sich nicht mehr voneinander abheben, sind sie gleich. Weiß man nun die Lampentemperatur, die aus der Stromstärke berechenbar ist, so ist damit auch die Temperatur der Feuerung bekannt. Auch durch Vergleich des Spektrums des ausgestrahlten Lichtes mit dem Spektrum einer Lichtquelle von bekannter Temperatur in Bezug auf Helligkeit läßt sich die Temperatur bestimmen. Auf diesem Prinzip beruht das Pyrometer von Wanner, ebenso das Lummer-Pringsheimsche Spektral-Flickerphotometer. Auch durch Messung der Schallgeschwindigkeit, die mit der Temperatur steigt, kann die Temperatur bestimmt werden.

Auf kalorimetrischem (s. unten) Wege läßt sich die Temperatur in einer Feuerung bestimmen, indem man eine Metallkugel, am besten aus Platin, nachdem sie in dem Feuerungsraum dessen Temperatur angenommen hat, in Wasser bringt und die Temperaturzunahme des Wassers ermittelt, woraus sich alsdann die Temperatur der Metallkugel und damit des Feuerungsraumes berechnen läßt.

Eine sehr einfache und für die Praxis genügend genaue Methode zur Messung der Feuerungstemperaturen bildet die Anwendung der Segerkegel. Diese bilden ca. 6 cm hohe Pyramiden und werden hergestellt in verschiedenen Mischungsverhältnissen aus Quarz, Feldspat, Kreide, Kaolin

und dergleichen bis zu 60 verschiedenen Zusammensetzungen und Schmelztemperaturen und können verwendet werden zur Messung von Temperaturen
von 600—2000 °. Die Kegel werden einfach in den Ofen eingesetzt und beim
Glühen des Ofens wird beobachtet, welche Kegel zusammenschmelzen. Die
Schmelztemperaturen der einzelnen Kegelnummern sind bekannt. Segerkegel können bezogen werden von dem chemischen Laboratorium für Ton-
industrie, Berlin NW 5 und von der staatlichen Porzellanmanufaktur Berlin.

Flammen- und Feuerungstemperaturen in C-Graden.

Kerze	1450
Spiritusflamme	1450
Bunsenflamme	1700
Azetylenflamme	1850
Wasserstofflamme	1900
Leuchtgas-Sauerstoff-Gebläse	2200
Wasserstoff-Sauerstoff-Gebläse	2400
Steinkohlenfeuerung	1500
Braunkohlenfeuerung	1300
Temperatur im Hochofen bis zu	1600
Sonnentemperatur ca.	6000

Elektrische Temperatur-Meßmethoden.

Die elektrischen Methoden benutzen entweder die Messung der elektro-
motorischen Kraft eines Thermoelementes oder des von der Temperatur
abhängigen elektrischen Leitungswiderstandes eines Metalls zur Bestimmung
der Temperatur. Die Methoden zeichnen sich aus sowohl durch großen An-
wendungsbereich und außerordentliche Empfindlichkeit (bis zu einem
Millionstel Grad). Die Anwendung der Thermoelemente hat den großen Vorteil, daß sie die schnelle Messung der Temperatur sehr kleiner, fast punkt-
förmiger Räume gestattet. Das Prinzip der Methode ist folgendes: Verbindet man zwei verschiedene Metalldrähte durch eine Lötstelle und verbindet die beiden anderen Enden durch einen Draht, so erhält man beim
Erwärmen der Lötstelle über die Temperatur
der beiden anderen Enden einen Strom.
Bringt man die Lötstelle A des nebenstehen-
den aus Kupfer- und Silberdraht bestehen-
den Thermoelementes (Fig. 44a) in den Dampf
kochenden Wassers, die Lötstelle B, die den
obigen durch einen Draht verbundenen
Enden entspricht, in schmelzendes Eis und
verbindet die beiden Kupferdrahtenden mit
einem Galvanometer, so wird dieses einen
gewissen Ausschlag zeigen. Derselbe ist
ungefähr proportional der Temperaturdifferenz der beiden Lötstellen. Durch Hinter-
einanderschaltung zahlreicher Thermoele-

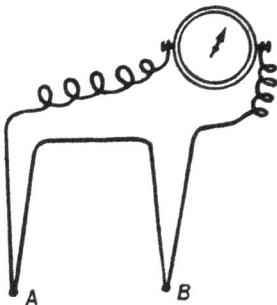

Figur 44a

mente (Thermosäule) erzielt man höchste Empfindlichkeit der Methode.

Für Brauereizwecke besonders geeignet und auch schon vielfach eingeführt sind die elektrischen Widerstandsthermometer. Der elektrische
Leitungswiderstand der Metalle wächst mit dem Steigen der Temperatur und
zwar nimmt er pro Grad Temperatursteigerung bei allen Metallen nahezu
gleichmäßig zu um 0,4 % des Widerstandes bei 0°. Diese Eigenschaft kann
natürlich leicht zum Messen der Temperatur benutzt werden. Was die Leitfähigkeit anbetrifft, eignet sich am besten ein Metall mit möglichst geringer
Leitfähigkeit oder hohem Widerstand, denn um so größer der Widerstand
an und für sich ist, desto höher wird nach obigem die Widerstandsverände-
rung pro Grad Temperaturänderung. Für die meisten Zwecke eignet sich am
besten eine dünne Platinspirale. Schaltet man nun diesen Draht, das eigentliche Thermometer, durch gut leitende (starke) Drähte in einem von einem
Element gespeisten Stromkreis, in dem sich auch ein empfindliches Galvanometer befindet, ein, so läßt sich leicht der den einzelnen konstanten Tempe-
raturpunkten (Schmelz- und Siedepunkt des Wassers usw.) entsprechende
Widerstand bestimmen. Für die Zwischentemperaturen können die entsprechenden Widerstände alsdann leicht berechnet werden. Selbstverständlich können auf der Skala des Galvanometers statt der elektrischen Wertan-
gaben direkt die entsprechenden Temperaturgrade aufgetragen werden. Die
Widerstandsthermometer eignen sich besonders als Fernthermometer, um von
einer Stelle (Büro oder Maschinenhaus) aus die Temperatur in den einzelnen
Betriebsräumen jederzeit schnell und leicht kontrollieren zu können.

Spezialthermometer.

Für die verschiedenen Zwecke der Brauerei, zur Bestimmung der
Temperatur der Luft, der Haufenluft, der gärenden Würze, der Maischen usw.
benutzt man Thermometer mit verschiedener Fassung und Einteilung. Die
wichtigsten Arten von Brauereithermometern sind unten in Figur 45 dargestellt.

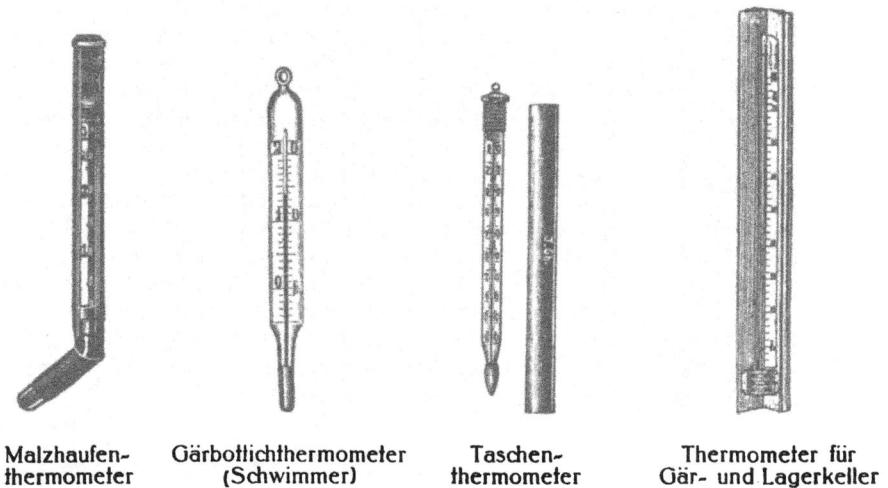

| Malzhaufen-
thermometer | Gärbottichthermometer
(Schwimmer) | Taschen-
thermometer | Thermometer für
Gär- und Lagerkeller |

Figur 45 a

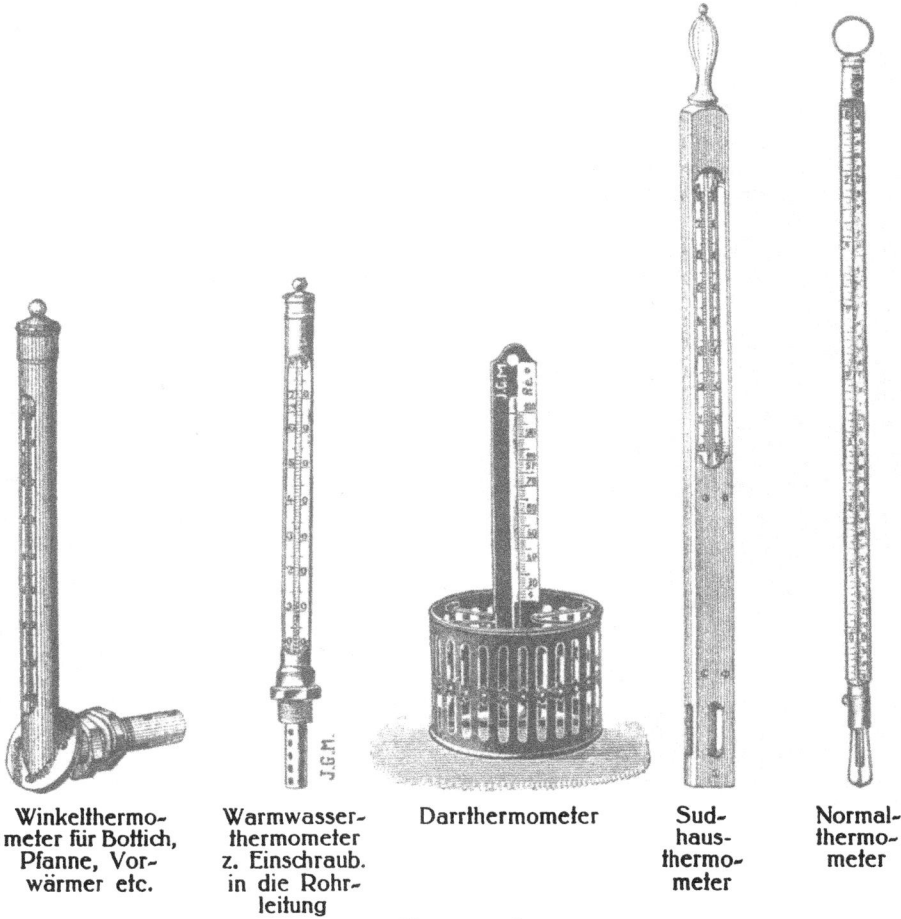

| Winkelthermo-
meter für Bottich,
Pfanne, Vor-
wärmer etc. | Warmwasser-
thermometer
z. Einschraub.
in die Rohr-
leitung | Darrthermometer | Sud-
haus-
thermo-
meter | Normal-
thermo-
meter |

Figur 45 b.

Maximum- und Minimumthermometer (Extremthermometer) dienen dazu, festzustellen, welche höchste, bezw. niedrigste Temperatur in einer gewissen Zeit, seit der letzten Einstellung des Instrumentes, erreicht worden ist.
Hat man z. B. den Auftrag gegeben, die Temperatur auf der Darre nicht
über etwa 90° C zu steigern, so kann man, auch wenn die Darre längst ab-
geräumt ist, am Maximumthermometer, das natürlich unter Verschluß auf
der Darre angebracht sein muß, ablesen wie hoch
die Temperatur während des Abdarrens gestiegen
war.

Das einfachste Maximum- und Minimumthermometer ist das von Rutherford, Figur 46.

Figur 46

Dasselbe besteht aus zwei liegend auf einer Unterlage befestigten Thermometern, a ist das Maximumthermometer, ein Quecksilberthermometer, in dessen Kapillarröhre vor dem Quecksilber ein Stahlstäbchen liegt, welches beim Steigen des Quecksilbers vorgeschoben wird, beim Fallen des Quecksilbers jedoch liegen bleibt und so anzeigt, bis zu welchem Punkte das Quecksilber gestiegen war. Durch einen Magneten kann man nach der Ablesung das Stahlstäbchen wieder bis an das Quecksilber zurückschieben. Das Minimumthermometer b ist mit Alkohol gefüllt, innerhalb des Alkohols liegt ein Glas- oder Porzellanstäbchen, welches beim Zurückweichen des Alkohols mit zurückgeschoben wird, beim Steigen des Alkohols dagegen liegen bleibt und so die niedrigste Temperatur anzeigt. Durch Neigen des

Figur 47

Thermometers und Klopfen kann das Stäbchen wieder an die Oberfläche des Alkohols gebracht werden.

Das Rutherford'sche Maximumthermometer ist unzuverlässig und daher wenig im Gebrauch. Viel benutzt dagegen wird das Maximumthermometer nach Phillipp und Walferdin und das nach Megretti und Zambra. Bei ersterem ist ein Stück des Quecksilberfadens durch ein Luftbläschen von dem übrigen Quecksilber getrennt, bei letzterem dagegen hat das Kapillarröhrchen unten eine Einschnürung, wodurch beim Sinken des Quecksilbers ein Reissen des Quecksilberfadens bewirkt wird. Figur 47 zeigt ein Maximumthermometer in verschließbarem Kasten für die Darre.

Für die Temperaturen, wie sie von der Außenluft erreicht werden, ist am meisten im Gebrauch das Maximum- und Minimumthermometer von Six, Figur 48. Dasselbe besteht aus einem zweimal U-förmig gebogenen Glasrohr, dessen rechtes Ende zu einer Kugel erweitert ist. Der untere U-förmig gebogene Teil ist mit Quecksilber gefüllt. Ueber dem Quecksilber links ist der ganze übrige Raum mit Alkohol gefüllt, im rechten Schenkel befindet sich ebenfalls Alkohol, über dem Alkohol jedoch in der Kugel ein luftleerer Raum Ueber dem Quecksilber liegt in jedem Schenkel im Alkohol ein Stahlstäbchen. Steigt nun die Temperatur, so übt der im linken Schenkel vollkommen eingeschlossene Alkohol auf das Quecksilber einen Druck aus, letzteres steigt daher im rechten Schenkel und schiebt das Stahlstäbchen in die Höhe, beim Abkühlen dagegen steigt das Quecksilber und mit ihm das Stäbchen am linken Schenkel, die Minus-Grade stehen daher in diesem Schenkel über 0.

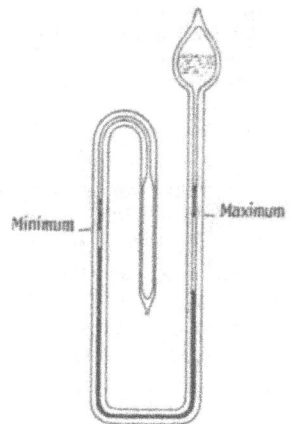

Figur 48

Alarmthermometer setzen, wenn die Temperatur eine gewisse Höhe erreicht hat, eine Glocke in Bewegung. Das einfachste Alarmthermometer besteht aus einem gewöhnlichen Quecksilberthermometer, welches einen Metalldraht in die Quecksilberkugel und einen zweiten bei der gewünschten Temperatur in das Kapillarröhrchen eingeschmolzen enthält, Figur 49. Die beiden Drähte werden mit den Leitungsdrähten einer elektrischen Glocke verbunden. Hängt man nun etwa das Thermometer in die Darre, so ist, sobald die Temperatur 90° erreicht hat, durch das Quecksilber der Kontakt zwischen den beiden Drähten hergestellt und das Läutewerk, das etwa im Kontor hängt, tritt in Tätigkeit. Man kann auch in die Kapillarröhre je einen Draht bei verschiedenen Temperaturen einschmelzen lassen und je nachdem, bei welcher Temperatur man alarmiert werden will, den einen oder anderen Draht mit dem Läutewerk verbinden. Noch einfacher ist es, in die Kapillarröhre ein durch einen Magneten verschiebbares Stückchen Draht zu geben, welches mit dem elektrischen Leitungsdraht in Verbindung steht. Figur 50 zeigt ein derartiges Alarmthermometer für Maximum- und Minimumtemperatur.

Als Alarmthermometer für Malzdarre und Kühlschiff werden vielfach auch die Metallkontaktthermometer (Figur 51) benutzt. In dem untern Teil befindet sich ein eingeschlossenes Flüssigkeitsquantum, dessen Ausdehnung sich auf den mittleren der drei in der Figur sichtbaren Zeiger überträgt. Die beiden äußeren an der Skala sichtbaren Zeiger kann man auf die gewünschte höchste und niedrigste Temperatur, bei welcher man alarmiert werden will, einstellen. Der mittlere Zeiger bewegt sich beim Steigen der Temperatur nach rechts, beim Fallen nach links; sobald er einen der beiden äußeren Zeiger berührt, ist Kontakt hergestellt und die Glocke, mit welcher das Instrument verbunden ist, ertönt.

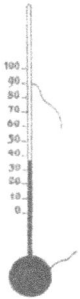

Figur 49

Figur 51

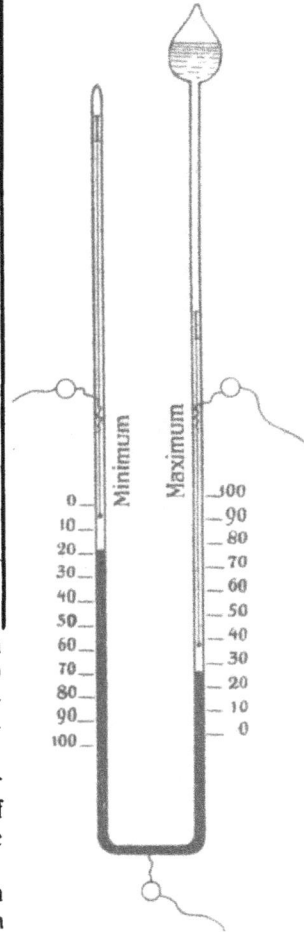

Figur 50

Vielfach in Gebrauch sind in Brauereien die Zeiger- oder Fernthermometer und die Registrierthermometer, wie solche von den Firmen Steinle und Hartung in Quedlinburg, M. Sendtner in München und anderen hergestellt

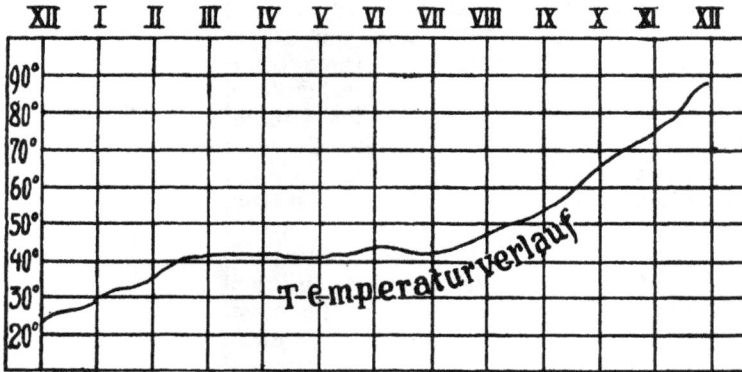

Figur 52

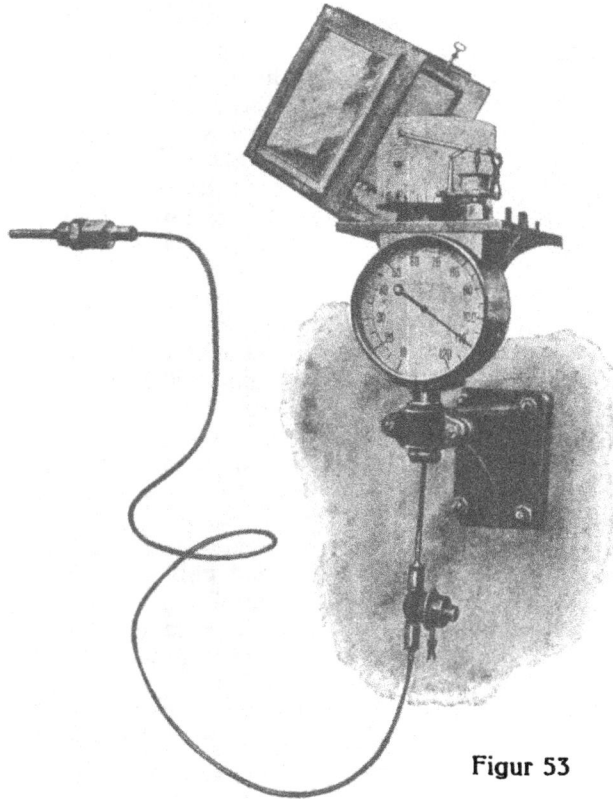

Figur 53

werden. Erstere zeigen auf einem Zifferblatt die Temperatur an, welche in einem beliebig weit entfernten Raume herrscht, letztere dagegen schreiben den Temperaturverlauf von vielen Stunden, z. B. während des ganzen Darr- prozesses als Kurve auf ein Diagramm (Fig. 52), welches die Temperatur als Ordinaten, die Zeit als Abszissen trägt.

Fernthermometer und Registriervorrichtung sind auch vielfach mit- einander verbunden. (s. Fig. 53.)

Die Fernthermometer bestehen aus einem stählernen Quecksilber- behälter, welcher in dem zu kontrollierenden Raum angebracht wird. Der Queck- silberbehälter steht durch eine Kapillarröhre, deren Länge viele Meter be- tragen kann, mit dem Zifferblatt in Verbindung. Steigt die Temperatur des Quecksilberbehälters, so entsteht infolge des Ausdehnungsbestrebens der eingeschlossenen Quecksilbermasse ein Druck, welcher sich durch die Ver- bindungsröhre auf eine nach Art der Manometerfedern wirkende Kapillar- feder, die sich in dem Gehäuse unter dem Zifferblatt befindet, überträgt. Die durch den Druck verursachte Durchbiegung der Kapillarfeder überträgt sich auf den Zeiger am Zifferblatt. Erwärmt sich das in dem Verbindungs- rohr befindliche Quecksilber, so übt dies natürlich auch einen Einfluß auf die Thermometeranzeige aus, bei großen Entfernungen und Temperatur- differenzen ist es daher nötig, das Verbindungsrohr zu isolieren. Statt dessen kann man aber bei niederen Temperaturen ähnliche Instrumente verwenden, welche im Thermometergefäß statt Quecksilber eine andere leicht siedende Flüssigkeit enthalten. Die Wirkung beruht bei diesen auf den nicht durch die Ausdehnung des flüssigen Quecksilbers, sondern gesättigter Dämpfe erzeugten Druck. Der Druck des Dampfes in dem Gefäß wird durch eine Flüssigkeit, welche sich in dem Verbindungsrohr und der Kapillar- feder befindet, auf den Zeiger übertragen. In Figur 54 ist die Manometer-

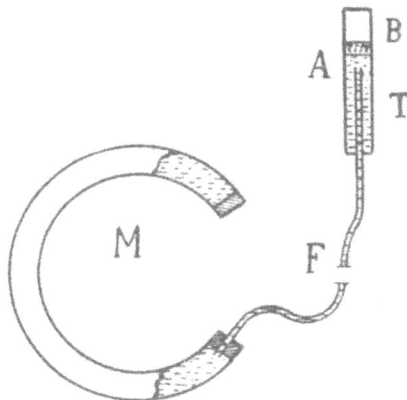

Figur 54

feder M durch eine leicht biegsame Röhre F mit dem Behälter T verbunden, in dessen Mittelpunkt die Röhre F mündet. Diese drei Röhren sind bis zum

Niveau A mit Glyzerin gefüllt. Ueber das Glyzerin wird bis zum Niveau B eine leicht siedende Flüssigkeit, etwa Benzin gebracht, der Raum über B

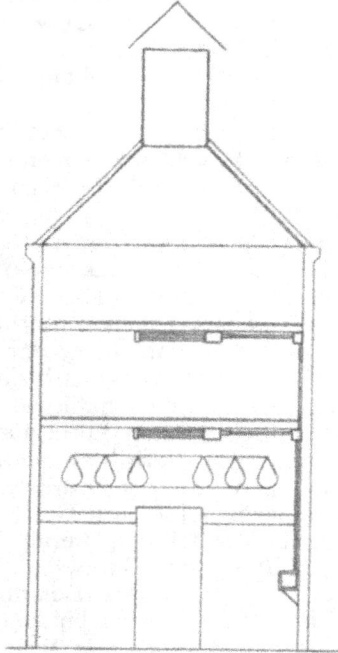

Figur 55
1 Thermometer in der Darre, 1 Thermometer in der Darr-Sau,
Doppel-Registrier-Apparat im Heizraum.

Figur 56
Doppel-
registrier-
Apparat.

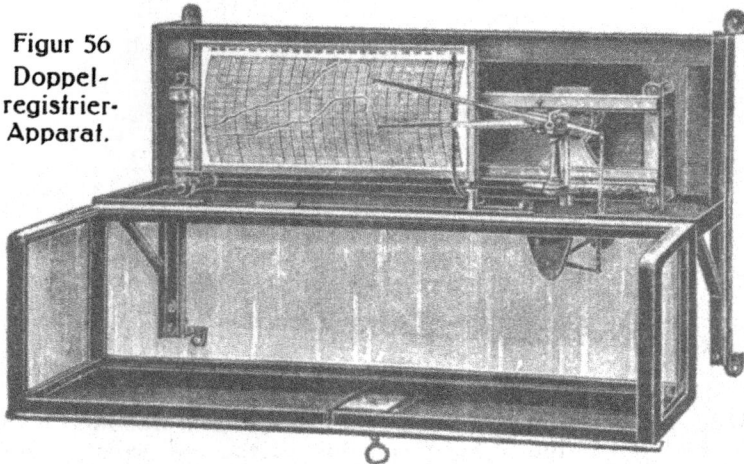

bleibt luftleer. Wird nun T erwärmt, so bildet die Flüssigkeit zwischen A und B, welche mit dem Glyzerin nicht mischbar ist, Dämpfe, deren Spannung durch das Glyzerin auf den Zeiger übertragen wird.

Bei dem Sendtnerschen Darrkontrollthermometer, ein Registrierthermometer, besteht die thermometrische Subsanz aus einem Metallrohr von nur 0,25 mm Wandstärke, also von sehr geringer Masse bei sehr großer Oberfläche, so daß der Temperaturausgleich sehr schnell erfolgen kann. Das Thermometer eignet sich daher besonders gut für Lufträume von schnell sich ändernder Temperatur wie auf der Darre, es folgt der Lufttemperatur sehr schnell und genau. Die Ausdehnung des Metallrohres wird auf einfachem mechanischem Wege auf die außerhalb des Darraumes hängende Registriervorrichtung übertragen (s. Figur 55 und 56). Auf ein und dasselbe Diagramm können zu gleicher Zeit zwei Temperaturkurven etwa von einem unter der oberen und einem unter der unteren Horde angebrachten Thermometer aufgetragen werden, wie in der Abbildung dargestellt.

Wärmemessung und Spezifische Wärme.

Die beiden Ausdrücke „Wärme" und „Temperatur" decken sich nicht. Die Temperatur, der Wärmezustand, ist von der Menge des Körpers unabhängig. 1 l kochendes Wasser besitzt die gleiche Temperatur, man sagt auch, es ist ebenso warm, wie 1 hl kochendes Wasser. Aber man benötigt zur Erwärmung von 0 auf 100° für 1 hl Wasser hundertmal so viel Wärme wie für 1 l Wasser und 1 hl Wasser gibt auch offenbar hundertmal so viel Wärme ab wie 1 l Wasser, wenn beide sich um die gleiche Anzahl Grade abkühlen. Die Temperaturgrade können also für sich allein nicht zum Ausdruck der Wärmemenge dienen. Als Wärmeeinheit (W. E.) dient diejenige Wärmemenge, welche erforderlich ist, um 1 Kg Wasser um 1° C (oder genauer von 14,5 auf 15,5° bei 760 mm Barometerstand) zu erwärmen, d. i. 1 Kalorie = 1 Cal (Calor = Wärme) (1 Gramm-Kalorie = 1 cal ist die Wärmemenge, die für 1 g Wasser und 1° erforderlich ist). Wärmemessung, Wärmebestimmung nennt man auch Kalorimetrie.

1 Kg Wasser erfordert für 1° — 1 Cal.
5 „ „ erfordern „ 1° — 5 „
5 „ „ „ „ 7° — 7 × 5 = 35 Cal.

Kühlen sich 5 Kg Wasser in einem Luftraume um 7° C, etwa von + 50° auf + 45° ab, so geben sie natürlich auch 7 × 5 = 35 Kalorien Wärme an die Luft ab.

Die Wärmemenge ist also abhängig von den Temperaturgraden und vom Gewicht des Körpers. Aber sie ist auch noch abhängig von der chemischen Natur des Körpers. Bestimmt man z. B. die Wärmemenge, die nötig ist, um je 1 Kg Zink und Blei um die gleiche Anzahl Grade zu erwärmen oder die Wärmemenge, welche diese beiden Körper bei der Abkühlung um die gleiche Anzahl Grade abgeben, so wird man finden, daß Zink 2.66 mal so viel Wärme erfordert bzw. abgibt als Blei.

Zur Bestimmung der Wärmemengen bedient man sich des Kalorimeters. Das einfachste Kalorimeter (von Black) besteht aus einem ausgehöhlten Stück

Eis, mit einem Eisdeckel verschlossen. Gibt man in die Höhlung dieses Kalorimeters einmal 1 Kg Zink, das andere Mal 1 Kg Blei von der gleichen Temperatur, so wird man finden, wenn das Metall die Temperatur des Eises (0⁰) angenommen hat, daß durch die Wärme, welche das Metall an das Eis abgegeben hat, bei Zink eine 2,66 mal so große Menge Eis zum Schmelzen gebracht worden ist als bei Blei.

Diejenige Wärmemenge, ausgedrückt in Kalorien, welche erforderlich ist um 1 Kg eines Körpers um 1⁰ C zu erwärmen, nennt man die spezifische Wärme oder auch Wärmekapazität des betreffenden Körpers. Sie ist nicht genau für jede Temperaturlage gleich. Die spezifische Wärme des Wassers ist natürlich = 1. Bei Körpern im gasförmigen Zustande ist die spezifische Wärme verschieden, je nachdem sich das Gas beim Erwärmen ausdehnen kann oder nicht; im ersteren Falle bleibt der Druck, im letzteren das Volumen konstant.

$$\text{Spezifische Wärme des Alkohols} = 0{,}61$$

1 Kg Alkohol erfordert für $1^0 - 0{,}61$ Cal.

6 Kg „ erfordern „ $1^0 - 6 \times 0{,}61$ Cal.

6 Kg „ „ „ $9^0 - 9 \times 6 \times 0{,}61 = 32{,}94$ Cal.

Allgemein: Cal. = Grade × Kg × Spez. Wärme

$$\text{Grade} = \frac{\text{Cal.}}{\text{Kg} \times \text{Spez. Wärme}}$$

$$\text{Kg} = \frac{\text{Cal.}}{\text{Grade} \times \text{Spez. Wärme}}$$

$$\text{Spez. Wärme} = \frac{\text{Cal.}}{\text{Grade} \times \text{Kg}}$$

Spezifische Wärme bei mittleren Temperaturen.

(Für die gasförmigen Körper bei konstantem Druck)

Wasserstoff	3,4	Luft . . . -	0,237
Wasser	1,00	„ bei konstant. Volumen	0,169
Wasserdampf . . .	0,48	Kohlensäure	0,22
Eis	0,50	Aluminium	0,21
Kochsalzlösung . 10⁰/₀	0,90	Marmor	0,21
„ . 15⁰/₀	0,85	Glas	0,20
„ . 20⁰/₀	0,81	Granit	0,20
„ . 25⁰/₀	0,79	Ziegelsteine . . . 0,19 — 0,24	
Chlorcalciumlösung . 10⁰/₀	0,88	Korksteine	0,25
„ . 15⁰/₀	0,82	Eisen	0,11
„ . 20ⁿ/₀	0,75	Kupfer	0,095
„ . 25⁰/₀	0,70	Zink	0,093
Alkohol	0,61	Messing . .	0,092
Aether	0,55	Zinn . .	0,055
Petroleum	0,51	Blei . . .	0,035
Malz- und Malzextrakt . .	0,42	Platin . .	0,033
Holz . . . . . 0,5 — 0,65		Quecksilber . . .	0,033

Übungsbeispiele.

84. Wie viel Wärme ist erforderlich um 7 hl Wasser von 7 auf 100° C zu bringen?

85. Wieviel Wärme ist erforderlich um eine Maische, welche aus 15 g Malz und 65 hl Wasser besteht von 35 auf 75° C zu bringen?

86. Wieviel Wärme ist erforderlich um 3 Kg Alkohol von 35 Gew. — % von 8 auf 20° C zu bringen?

87. Welche Temperatur erhält man, wenn man 5 hl Wasser von 90° und 8 hl Wasser von 70° C vermischt?

88. Wieviel Wasser von 90° C ist erforderlich um 40 hl Wasser von 10 auf 35° C zu bringen?

89. Wieviel Wasser von 9,6° R und wieviel von 100° C ist erforderlich zu 50 hl von 99° F?

90. 30 hl Wasser von 10° C und 12 hl heißes Wasser geben 35° C. Welche Temperatur hatte das heiße Wasser?

91. Welche Temperatur erhält man aus 10 g Malz von 41·0 F, 25 hl Wasser von 10° C und 11 hl Wasser von 78° R?

92. Wieviel Wärme ist erforderlich um 500 m³ Luft à 1,3 Kg um 3° C zu erwärmen bei konstantem Druck?

93. Um wieviel steigt die Temperatur eines Bieres (spez. Wärme = 0,95), wenn die zum Abfüllen verwendete Druckluft (1 l = 2 g) sich um 20° C abkühlt und 1 l Luft die gesamte überschüssige Wärme an 1 Kg Bier abgibt?

94. Wieviel Wärme ist erforderlich, um in einem Keller von 30 m Länge, 5 m Breite und 5 m Höhe, die Seitenmauer 10 cm tief, um 5° C zu erwärmen, wenn das spez. Gewicht des Mauerwerks 1,6, die spez. Wärme 0,2 beträgt?

95. Wie hoch ist die Temperatur in einem Feuerungsraum, wenn eine 2 Kg schwere eiserne Kugel, nachdem sie im Feuer die gleiche Temperatur angenommen hat, die Temperatur von 10 l Wasser von 12° auf 23° C steigert?

Wärmefortpflanzung.

Verschiedene Temperaturen suchen sich auszugleichen, wobei Wärme von der wärmeren Stelle auf die weniger warme, bzw. von dem Körper mit höherer Temperatur auf den weniger hoch erwärmten Körper übergeht. Diese Wärmefortpflanzung kann erfolgen:

1. durch Leitung,
2. durch Strömung oder Konvektion,
3. durch Strahlung.

Die Wärmefortpflanzung durch Leitung erfolgt durch direkte Ueber-tragung der Molekularbewegung auf angrenzende Moleküle, entweder ein und desselben Körpers (innere Leitung) oder auch eines anderen den wärmeren Körper berührenden Körpers (äußere Leitung). Taucht man das eine Ende eines Metallstabes in eine Flüssigkeit von höherer Temperatur, welche auf der gleichen Höhe erhalten wird, so würde, wenn der Metallstab keine Wärme an die umgebende Luft abgäbe, auch das andere Ende bald die Temperatur der Flüssigkeit angenommen haben. Da jedoch Wärme an die Luft abgegeben wird, so wird der Stab nach einiger Zeit eine zwar konstante, aber nach dem andere Ende zu fallende Temperatur angenommen haben.

Der Ausgleich der Temperaturen durch Wärmeleitung erfolgt um so intensiver, je größer die Temperatur-Differenz ist. Jedoch ist auch die chemische Natur der Körper von großem Einfluß auf die Schnelligkeit der Wärmefortpflanzung. Gute Wärmeleiter pflanzen im Gegensatz zu den schlechten Wärmeleitern die Wärme schnell durch ihre eigene Masse fort und geben sie auch leicht an andere angrenzende Körper ab.

Die innere Wärmeleitungsfähigkeit der Körper drückt man aus in der Zahl, welche angibt, wieviele große Kalorien durch 1 m² eines Stoffes auf 1 m² des gleichen Stoffes in 1 Stunde übergeben bei 1 m Abstand und einer Temperaturdifferenz zwischen den beiden Flächen von 1° C (= Wärmeleitungszahl).

Wärmeleitungszahlen einiger Körper.

(Die Zahlen bedeuten die großen Kalorien, welche durch 1 m² in 1 Stunde bei 1 m Schichtstärke und 1° Temperaturdifferenz hindurchgehen.)

Silber	360	Asbest	0,15 — 0,17
Kupfer	320	Holz	0,15 — 0,3
Aluminium	175	Kokes (gepulvert)	0,16
Zink	95	Kork	0,14 — 0,26
Messing	50 — 100	Wasserstoff	0,14
Eisen	56	Kieselgur	0,05 — 0,06
Zinn	54	Schnee	0,09
Blei	30	Holzkohlenpulver	0,079
Quecksilber	6,5	Bims	0,066
Marmor	2,5	Asphaltierter Korkstein	0,06
Kesselstein	2,0	Holzasche	0,06
Eis	1,5	Sägemehl	0,055
Sandstein	1,44	Torfmulle	0,05 — 0,07
Ziegel	0,45	Baumwolle	0,05
Glas	0,5 — 0,8	Schafwolle	0,042
Wasser	0,5	Korkmehl	0,03 — 0,040
Ziegelmauerwerk	0,6	Expansit-Korkstein	
Gipsplatten	0,3 — 0,45	(imprägniert)	0,041
Schiefer	0,29	Ruhende Luft	0,02
Hohlziegelmauerwerk	0,28	Papier	0,038
Rheinischer Bimskies	0,2	Filz	0,031

Unter Wärmeübergangszahl versteht man diejenige Wärmemenge, welche eine Flüssigkeit oder ein Gas durch 1 m² Wand bei 1° Temperaturdifferenz stündlich abgibt. Dieselbe ist außer von der Wärmeleitungszahl der Wand wesentlich von der Natur der Flüssigkeit und ihrem Bewegungszustand abhängig.

Die Wärmedurchgangszahl gibt an, wieviel Wärme durch 1 m² einer Wand stündlich hindurch geht, die die zwei Flüssigkeiten trennt bei einer Temperaturdifferenz der beiden Flüssigkeiten von 1 ⁰ C.

Die besten Wärmeleiter bilden nach obiger Tabelle die Metalle, die schlechtesten die gasförmigen Körper und solche feste Körper, welche viel Luft eingeschlossen enthalten, wie Kork, Holz, Filz, Wolle, Sägemehl, Stroh, Torf, Asche usw. Von den Gasen zeigt der Wasserstoff infolge seines metallischen Charakters das beste Leitungsvermögen. Durch den luftleeren Raum kann sich die Wärme durch Leitung überhaupt nicht fortpflanzen.

Die verschiedene Leitungsfähigkeit der Körper erklärt viele Erscheinungen des alltäglichen Lebens und findet vielfache Anwendung in der Technik. Ein Stück Metall von mittlerer Temperatur fühlt sich bedeutend kälter an als Holz, welches stundenlang im gleichen Zimmer gelegen ist und daher doch auch die gleiche Temperatur haben muß weil die Handwärme, die immer bedeutend höher ist als gewöhnliche Zimmertemperatur, von Metall viel schneller abgeleitet wird als von Holz. Umgekehrt verbrennt man sich an heißem Metall die Hand viel eher als an Holz von der gleichen Temperatur, weil das Metall seine höhere Temperatur schneller auf die Hand überträgt. Nur weil die Luft ein so schlechter Wärmeleiter ist, kann man die Darre während des Abdarrens betreten, in Wasser von gleicher Temperatur würde man natürlich verbrühen. Aus dem gleichen Grunde macht Wasser, welches den ganzen Tag im Zimmer gestanden hat, auf unser Gefühl den Eindruck, als wenn es bedeutend kälter wäre als die umgebende Luft. Das erwärmende Gefühl der Kleider, von Fußmatten, Korksohlen und dergleichen beruht nur darauf, daß die Ableitung der Körperwärme verhindert wird. Besonders wichtig ist die Verwendung von schlechten Wärmeleitern als Isoliermaterial. Um Dampfrohre u. dergl. gegen Wärmeverlust oder Keller gegen Wärmezufuhr zu schützen, umgibt man dieselben mit Kork, Flanell, Torf, Stroh und sonstigen schlechten Wärmeleitern. Am besten isolierend wirkt stagnierende Luft. Bei oberirdischen Kellerbauten hat man daher früher vielfach in die Umfassungsmauern Luftschichten eingebaut, dies hat sich jedoch nicht bewährt, einmal weil es unmöglich ist, die eingeschlossene Luft von der Außenluft vollständig abzusperren, da das Mauerwerk nichts weniger als luftundurchlässig ist, dann ist die eingemauerte Luft aber auch keineswegs stagnierend, sondern bewegt sich ständig sehr lebhaft und bildet so sogar einen sehr guten Vermittler des Wärmeaustausches. Die allerbeste Isolierung bietet natürlich der luftleere Raum, im Kleinen hat man davon Anwendung gemacht bei dem Pyknometer nach Boot (s S. 28), der Dewarschen Flasche und der unter dem Namen „Thermos" zum Aufbewahren von heißen oder kalten Getränken in den Handel gebrachten Flasche.

Für Lagerkeller, Eisräume usw. erscheint es nach Angaben und den Erfahrungen der Firma Grünzweig & Hartmann G. m. b. H. Korksteinfabrik in Ludwigshafen a. Rh. zweckmäßig, den absoluten Wärmedurchgang durch

Decken, Wände und Fußboden, je nach den in Frage stehenden wirtschaftlichen Verhältnissen auf 10—3 WE pro m² und Stunde zu beschränken. Mit Hilfe nachstehender Tabellen kann in jedem Einzelfall bei gegebener Temperaturdifferenz die erforderliche Stärke der Korksteinisolierung bestimmt werden.

Wärmedurchgang pro m², Stunde und 1 ⁰ C Temp.-Diff.

a) für Backsteinmauern.

Mauerstärke	Stärke der Korksteinisolierung in cm							
	0 WE	4 WE	6 WE	8 WE	10 WE	12 WE	14 WE	16 WE
0 cm	0	0,71	0,51	0,40	0,32	0.28	0,24	0,21
12 „	2,27	0,65	0,47	0,38	0,31	0,27	0,23	0,206
25 „	1,70	0,59	0,44	0,36	0,30	0,255	0,22	0,20
38 „	1,34	0,54	0,41	0,34	0,28	0,245	0,216	0,193
51 „	1,11	0,50	0,39	0,32	0,27	0,236	0,209	0,187
64 „	0,95	0,46	0,37	0,305	0,26	0,228	0,202	0,182
77 „	0,83	0,43	0,35	0,29	0,25	0,220	0.196	0,177

b) für Bruchsandstein- oder Betonmauern

	0 WE	4 WE	6 WE	8 WE	10 WE	12 WE	14 WE	16 WE
20 cm	2,07	0,63	0,465	0,37	0,307	0,262	0,23	0,203
30 „	1,75	0,59	0,446	0,358	0,300	0,256	0,224	0,199
40 „	1,51	0,56	0,43	0,347	0,290	0,250	0,220	0,196
50 „	1,32	0,536	0,413	0,336	0,283	0,244	0,215	0,192
60 „	1,18	0,511	0,400	0,326	0,276	0,239	0,211	0,189
70 „	1,07	0,488	0,384	0,316	0,270	0,234	0,207	0,186
80 „	0,97	0,468	0,371	0,308	0,263	0,229	0,203	0,182

c) für Fußböden und Deckenkonstruktionen können die entsprechenden Tabellenwerte unter a) und b) in Rechnung gezogen werden.

d) für Kühlraumtüren.

Stärke der Türen	Isolierstärke	Wärmedurchgang $\dfrac{WE}{m^2 \, St. \, {}^0C}$
Rahmenholz 140 mm mit	8 cm	0,33
Füllungen beiderseitig 20 mm aus Kiefernholz, dazwischen Isolierung	6 „	0,41

Im Bedarfsfall sind doppelte Türen vorzusehen, wodurch der Wärmedurchgang auf 0,18—0,2 WE/m² und ⁰ C reduziert wird.

e) bei verschiedenen Dacharten mit und ohne Korkstein

Dacharten	Stündl. Wärmedurchgang für 1 m² und 1° C Temperatur-Unterschied				
	o. Isol. WE	bei Korkstein-Isolierung			
		3 WE	4 WE	5 WE	6 cm WE
Teerpappdach, 25 mm stark . .	2,13	0,91	0,77	0,66	0,58
Zinkdach auf Schalung	2,17	0,92	0,78	0,67	0,58
Schieferdach oder Ziegeldach auf Schalung	2,10	0,91	0,76	0,66	0,58
Ziegeldach ohne Schalung . .	4,85	1,20	0,96	0,80	0,69
Holzcementdach	1,32	0,73	0,63	0,56	0,50
Wellblechdach	10,40	1,40	1,08	0,81	0,74

Bei Bemessung des zulässigen Wärmedurchgangs für Decken und Dächer kommen nicht nur wirtschaftliche Gesichtspunkte, sondern auch das Auftreten von Belästigung durch Niederschläge (Unterschreitung des Taupunkts) in Frage.

Will man Flüssigkeiten oder Luft erwärmen, so ist immer die Wärme von unten zuzuführen; auf diese Weise entsteht eine Strömung, indem die unteren, wärmeren und daher leichteren Partien fortwährend nach oben steigen, während die oberen, kälteren und schwereren untersinken. Diese Wärmefortpflanzung durch Strömung ist namentlich für die Brauereien von größter Wichtigkeit. Nur durch Erwärmung von unten ist es möglich ein größeres Quantum Flüssigkeit oder Luft gleichmäßig zu erwärmen. Würde man die Wärme etwa durch in den oberen Teilen der Würze liegende Dampfrohre der Würze zuführen, so würde sich, während die oberen Anteile kochen, unten in der Pfanne noch 60- oder 70-grädige Würze befinden können, da die Wärme sich durch Leitung nur sehr langsam in der Würze fortpflanzt. Erhitzt man z. Bsp. ein mit Wasser gefülltes Reagensglas, in dessen unterm Teil sich ein mit einem Kieselstein beschwertes Stückchen Eis befindet, indem man die Gasflamme gegen die obere Hälfte des Röhrchens richtet, so kommt das Wasser oben alsbald zum Kochen, während sich unten im Röhrchen noch das Stückchen Eis und daher auch 0-grädiges Wasser befindet. Bei freier Feuerung kann in der Praxis die Wärme selbstverständlich nur von unten zugeführt werden, bei Dampfkochung dagegen ist wohl darauf zu achten, daß die Dampfrohre am Boden aufliegen, am zweckmäßigsten ist daher immer die Dampfheizung mit doppeltem Boden. In den Würzezylindern der Hefereinzuchtapparate liegt das Dampfrohr auch vielfach zu hoch, so daß beim Kochen die unter dem Heizrohr liegenden Würzeanteile kalt bleiben und nicht sterilisiert werden. Eine Zimmerbeheizung muß ebenfalls immer vom tiefsten Punkt ausgehen.

Wie nun aber die Wärme von unten, so muß umgekehrt die Kälte von oben zugeführt werden. Ein Faß Bier, das man abkühlen will, muß man oben mit Eis bedecken. Eiswasser, d. h. Wasser mit zerschlagenem Eis kühlt natürlich bedeutend besser als trockenes Eis, denn die Berührung ist bei

ersterem eine viel innigere, und Wasser ist ein bedeutend besserer Wärmeleiter als Luft. Bei der Kühlung von Würze auf dem Kühlschiff oder im Bottich
muß das Kühlrohr, bezw. der Schwimmer sich immer im oberen Teile der
Flüssigkeit befinden. Soll aber Wasser unter + 4 ⁰ C abgekühlt werden, so
kann man nur Strömung erzeugen, indem man die Kälte von unten zuführt und
ebenso muß beim Erwärmen von 0 auf + 4⁰ die Wärme von oben zugeführt
werden. Die Abkühlung der Kellerluft durch Eis oder künstliche Kühlung hat
natürlich immer von oben zu erfolgen.

Durch Leitung kann ein Körper seine Wärme nur an einen ihn berührenden anderen Körper abgeben; durch eine andere Art von Wärmeübertragung, durch Wärmestrahlung, kann jedoch auch Wärme von einem Körper
auf einen ihn nicht berührenden, von ihm weit entfernten andern Körper übergehen, ohne daß die zwischen beiden Körpern befindliche Luft eine Erwärmung erfährt. Die lästige, übermäßige Hiße, die man verspürt, wenn man in
der Nähe eines glühenden Ofens sißt, kann unmöglich davon herrühren, daß
die Zimmerluft zu heiß geworden ist, denn sobald man einen Schirm vor den
Ofen stellt, hört die Belästigung auf. Es sind nur die vom glühenden Ofen
ausgehenden Wärmestrahlen, welche ohne die Luft zu erwärmen, eine Ueber-
hißung unserer dem Ofen zugewendeten Körperseite verursachen. Aber nicht
nur glühende, sondern jeder warme Körper gibt Wärmestrahlen ab. Diese
Wärmestrahlen können auch den luftleeren Raum durchdringen, ein Vacuum
hindert keineswegs die Wärmeübertragung durch Strahlung, sonst würde ja
auch die Sonnenwärme nicht zu uns gelangen können, da bekanntlich der
Weltraum nicht von Luft erfüllt ist. Die Wärmestrahlen sind dem Wesen nach
den Lichtstrahlen vollkommen gleich. Alle Lichtstrahlen sind zugleich auch
Wärmestrahlen. Man nimmt an, daß der ganze Weltraum, ebenso wie der
Zwischenraum zwischen den kleinsten Teilchen aller irdischen Körper von
einer äußerst feinen, unwägbaren Substanz, die man Aether, Weltaether,
nennt, ausgefüllt ist. Die Wärme- und Lichtstrahlen sind nichts anders als
eine geradlinig sich fortpflanzende, wellenförmige Bewegung dieses Aethers
(Undulationstheorie). Die geringste Wellenlänge besißen die violetten, bezw.
ultravioletten Strahlen, die größte dagegen die am andern Ende des Spektrums (Violett, Dunkelblau, Hellblau, Grün, Gelb, Orange, Rot) stehenden
roten Strahlen. Jedoch gibt es auch Strahlen von noch größerer Wellenlänge
(ultrarote), die wir nicht mehr mit dem Auge als Licht, sondern nur noch mit
dem Gefühl als Wärme wahrnehmen (dunkle Wärmestrahlen). Glühende
Körper, welche Lichtstrahlen aussenden, geben gewöhnlich auch am meisten
strahlende Wärme ab.

Die auf einen Körper auftreffenden Licht- und Wärmestrahlen gehen
entweder ungehindert durch den Körper durch, oder sie werden absorbiert,
verschlungen, indem sich die Aetherbewegung auf die Moleküle überträgt
und so eine Temperatursteigerung verursacht, oder sie werden zurückgeworfen, reflektiert. Strahlen verschiedener Wellenlänge, also auch Licht-
und Wärmestrahlen, verhalten sich in diesen Beziehungen nicht gleich. So
läßt eine Lösung von Jod in Schwefelkohlenstoff die Wärmestrahlen fast vollständig durch, während sie die Lichtstrahlen zurückhält. Dieses Verhalten
wurde benußt um festzustellen, wieviel leuchtende und wärmende Strahlen

in den zur Beleuchtung dienenden Lichtquellen enthalten ist. Von den erzeugten Strahlen trafen auf leuchtende Strahlen bei einer Oelflamme nur 3%,
bei einer Leuchtgasflamme 4 %, bei elektrischem Licht (Bogenlicht) 10 %.
Es gehen also auch beim elektrischen Licht noch 90 % dunkle Strahlen für die
Beleuchtung verloren.

Reine Luft läßt Licht- und Wärmestrahlen fast ungehindert durch, die
Luft wird daher von den Sonnenstrahlen direkt fast gar nicht erwärmt. Trotzdem Wasser in dünner Schicht und Glas für Licht fast vollständig durchlässig
und daher durchsichtig und farblos sind, halten sie einen großen Teil der
Wärmestrahlen zurück, bei Eis ist dies in noch viel stärkerem Maße der Fall.

Von Spiegeln, polierten Metallflächen, ruhiger Wasseroberfläche,
werden die Wärme- und Lichtstrahlen unter dem gleichen Winkel, wie sie
aufgefallen sind, zurückgeworfen, reflektiert. Undurchsichtige Körper mit
nicht spiegelnder rauher Oberfläche werfen die Strahlen unregelmäßig nach
allen möglichen Richtungen zurück (diffuse Zurückwerfung, Diffusion). Wirft
ein Körper sämtliche Strahlen des Spektrums diffus zurück, so erscheint er
im Tageslicht weiß. Die meisten Körper werfen jedoch nur einen Teil der im
farblosen Lichte vereinigten Lichtstrahlen zurück, während sie die andern aufnehmen, absorbieren. So erscheint z. Bsp. ein Körper blau gefärbt, welcher
alle Strahlen des Spektrums absorbiert mit Ausnahme der blauen, die
er zurückwirft, und welche so unser Auge treffen. Ueberhaupt werden die
meisten Gegenstände nur infolge der Zurückwerfung der auf sie fallenden
Lichtstrahlen unserm Auge sichtbar. Durchsichtige, farbige Gegenstände werden dadurch sichtbar, daß sie Strahlen von gewisser Farbe durchlassen, die
übrigen absorbieren.

Körper mit rauher, schwarzer Oberfläche absorbieren die auf sie
fallenden Lichtstrahlen, sie zeigen im allgemeinen auch die höchste Absorptionsfähigkeit für die Wärmestrahlen. Kienruß absorbiert fast vollkommen
sowohl die Lichtstrahlen wie auch die dunklen Wärmestrahlen. Das mehr
oder weniger starke Absorptionsvermögen erklärt manche Erscheinungen.
So kann ein Thermometer bei strengster Winterkälte in der Sonne, da es die
Sonnenstrahlen leicht absorbiert, mehrere Grade über 0 zeigen, während
der Schnee nicht die geringste Neigung zum Schmelzen zeigt. Streut man
jedoch etwas Kienruß auf den Schnee, so nimmt dieser die Sonnenstrahlen
auf, überträgt seine Wärme auf den Schnee und bringt ihn so zum Schmelzen. Dunkler Ackerboden nimmt die Sonnenwärme viel leichter auf als ein
heller Boden. Dunkle, rauhe Stoffe sind für Winterkleider geeigneter, helle,
glänzende für Sommerkleider, da erstere die Sonnenstrahlen viel leichter
absorbieren als letztere.

Alle Körper, auch die nicht leuchtenden, nehmen jedoch nicht nur fortwährend Wärmestrahlen auf, sondern geben auch, wie bereits oben erwähnt,
fortwährend Wärmestrahlen ab, strahlen Wärme aus (Wärmeemission). Im
allgemeinen gilt die Regel, daß diejenigen Körper, welche die Wärmestrahlen
leicht aufnehmen, sie auch leicht wieder abgeben. Unter gleichen Verhältnissen sind Absorptions- und Emissionsvermögen vollkommen gleich. Eine
berußte Fläche strahlt also viel mehr Wärme aus als eine helle und glatt
polierte. Eine Flüssigkeit kühlt sich daher schneller ab in einem Gefäß mit

berußter als in einem mit glänzender Oberfläche. Für das Emissionsvermögen wurden folgende Vergleichszahlen festgestellt:

Silber . . .	0,13	Poliertes Eisen .	0,45	Gips, Holz und	
Kupfer . . .	0,16	Verbleites Eisen	0,65	Mauerwerk . .	3,60
Zinn	0,21	Rauhes		Oelfarbe . . .	3,71
Zink	0,24	Schmiedeeisen	2,77	Oel . . .	7,24
		Gußeisen . . .	3,36		

Entsprechend diesen Zahlen wurde gefunden, daß, während in einem gußeisernen Dampfrohr pro Stunde und Quadratmeter Rohroberfläche sich 2,262 Kilo Dampf verdichteten, nach dem Verzinnen der Oberfläche sich nur noch 1,175 Kilo verdichteten. Fuhr man nun jedoch mit einem öligen Lappen über das Rohr, so überstieg die Kondensation bedeutend die der eisernen Oberfläche.

Wärmequellen.

Eine ungeheuer große Menge Wärme bezieht die Erde von der Sonne, pro cm² Erdoberfläche und Minute 1.93 g Kalorien (Solarkonstante). Dies macht im Jahr 500 000 mal mehr, als die gesamte jährliche Kohlenerzeugung zu liefern imstande ist. Der Sonnenwärme verdanken wir unsere Existenzmöglichkeit. Aber auch im Innern der Erde besißen wir einen ungeheueren Wärmevorrat. Die Temperatur der Erdoberfläche wird jedoch troß der hohen Temperatur im Erdinnern (Vulkan, heiße Quellen) nicht wesentlich durch die Erdwärme beeinflußt. In Kellern und besonders in tiefen Bergwerken kann die Erdwärme sich aber schon sehr bemerkbar machen. Im allgemeinen steigt die Temperatur im Erdboden für je 25—40 m Tiefe um 1 ° C.

Wie könen wir uns nun aber selbst Wärme erzeugen? Das Wesen der Wärme besteht, wie oben ausgeführt, in einer Bewegung der Moleküle. Zur Bewegung der Moleküle gehört, Kraft, Energie; die Wärme ist daher nichts anderes als eine bestimmte Energieform. Die Energie kann sich auch in anderer Form, als Licht, Schall, Bewegung von Massen, Elektrizität und chemische Verwandtschaft äußern. Im Weltall bleibt die Summe der Energie immer vollkommen gleich (Gesetz von der Erhaltung der Energie). Es kann keine neue Energie erzeugt werden und keine Energie verloren gehen, es kann nur Energie aus der einen in die andere Erscheinungsform umgewandelt werden. Wärmeerzeugung ist also nichts anders als vorhandene Energie in Wärmeenergie umzuwandeln. Die für uns wichtigsten Wärmequellen sind

1. Mechanische Kraft,
2. Chemische Prozesse,
3. Elektrizität (s. Kapitel „Elektrizität").

Die Umwandlung von mechanischer Kraft in Wärme besteht in der Uebertragung der Kraftwirkung von der Masse auf die Moleküle. Ein fallender Stein verdankt seine Bewegung der Schwerkraft, fällt der Stein jedoch auf, so hört die Schwerkraft auf als mechanische Kraft zu wirken und sie verwandelt sich in Wärme, die sich dem Steine und dem Felsen, auf den er auffällt, mitteilt. Durch fortgesetztes Hämmern kann ein Stück Eisen zum

Glühen gebracht werden, eine massive Kanonenkugel erwärmt sich gegen eine Panzerplatte geschossen bis zum Glühen. Entsteht infolge ungenügenden Oelens zwischen Rad und Achse eine Reibung, so entsteht ebenfalls Wärme, indem durch die Reibung die das Rad bewegende Kraft zum Teil gehindert wird als solche zu wirken, ebenso wenn man die Hände gegeneinander-reibt. Joule (engl. Bierbrauer und Physiker) hat das quantitative Verhältnis zwischen mechanischer Kraft und Wärme festgestellt und gefunden, daß 427 Meterkilogramm, also die Kraft, welche imstande ist 427 Kg 1 m hoch zu heben, 1 Kalorie Wärme gibt (Mechanisches Wärmeäquivalent) und um-gekehrt.

Für die Technik von größter Wichtigkeit ist die Umwandlung von Wärme in mechanische Kraft. Mit unglaublich geringen Wärmemengen kann ganz bedeutende mechanische Arbeit geleistet werden. So kann man mit der beim Verbrennen von einem gewöhnlichen Streichholz (0,1 g) entstehenden Wärme (0,3 Cal.) 128 Kg ein Meter hoch heben.

Es wurde schon auf S. 66 erwähnt, daß die Erwärmung eine Volumen-vergrößerung, eine Ausdehnung der Körper verursacht und daß, wenn der Körper eingeschlossen ist, die Ausdehnung also nicht stattfinden kann, ein entsprechender Druck, also mechanische Kraft, entsteht. Darauf beruht auch die Wirkung der Dampfmaschine, die Wärme des Feuerungsraumes unter dem Dampfkessel wird auf das Wasser übertragen und verwandelt dieses in Dampf, der eingeschlossene Dampf erhält durch die Wärme seine Spannkraft, durch welche er die Maschine in Bewegung setzt, und zwar liefert jede Kalorie Wärme 427 Meterkilogramm Kraft, abgesehen von den in der Technik un-vermeidlichen Verlusten. Ein großartiges Beispiel für die Umwandlung von Wärme in Kraft bietet uns die Natur im Kreislauf des Wassers, welches durch die Sonnenwärme verdampft als Niederschlagswasser auf Berge und Hoch-ebenen gelangt und von diesen zu Tal fließend gewaltige Kraft entwickelt, welche wir zu technischen Zwecken ausnutzen oder auch in Elektrizität und dann wieder in Wärme zurückverwandeln können.

Am meisten praktische Anwendung machen wir von der Möglichkeit, Wärme durch chemische Prozesse zu erzeugen. Bei der Verbrennung von Kohle, Holz usw. entsteht nur Wärme, weil sich die Bestandteile der Brenn-materialien, hauptsächlich Kohlenstoff und Wasserstoff, mit dem Sauerstoff der Luft chemisch verbinden. Der gleiche Vorgang findet statt bei der Atmung und Verwesung, welche nichts anders sind als eine langsame Ver-brennung bei einer weniger hohen Temperatur, jedoch unter Entwicklung der gleichen Menge Wärme. 1 Kg chemisch reiner Kohlenstoff, wie er in der Holzkohle enthalten ist, gibt beim vollständigen Verbrennen zu Kohlendioxyd 8080, 1 Kg Wasserstoff beim Verbrennen zu flüssigem Wasser von 100 ⁰ C 34 600, beim Verbrennen zu Wasserdampf von 100 ⁰ C 29 200, 1 Kg Schwefel beim Verbrennen zu Schwefeldioxyd 2220 Kalorien, dabei ist es ganz gleich-gültig, ob die Verbrennung im reinen Sauerstoffgas oder in gewöhnlicher Luft erfolgt, sie muß nur eine vollständige sein. Die bei der Atmung durch die langsame Verbrennung von Kohlenstoffverbindungen entstehende Wärme-menge beträgt bei einem erwachsenen Menschen ca. 64 Cal. die Stunde, d. h. in 24 Stunden gibt ein Mensch ungefähr so viel Wärme an seine Umgebung ab, wie bei der Verbrennung von 0,2 Kg Kohle entsteht. Bei der Verbrennung zu Kohlenoxyd (CO) entstehen aus 1 Kg Kohle nur 2440 Cal. Nicht bei allen chemischen Verbindungen entsteht Wärme, bei manchen wird auch Wärme gebunden. Entsteht bei einem chemischen Prozeß Wärme, so wird beim umgekehrten Verlauf des Prozesses ebensoviel Wärme gebunden. Chemische Prozesse, bei denen Wärme frei wird, nennt man exothermische, diejenigen, bei denen Wärme gebunden wird, endothermische.

Unter dem theoretischen Heizwert der Brennmaterialien versteht man die Zahl, welche angibt, wieviele Kalorien Wärme bei vollständiger Verbrennung von 1 Kg Substanz entstehen. Den wirklichen Nutzeffekt bei Verwendung des betreffenden Brennmaterials drückt man ebenfalls aus in Kalorien pro Kg oder in Prozent des Heizwertes. Beträgt z. B. der Heizwert einer Steinkohle 7800 Kalorien, und werden von diesen im Sudhaus nur 4600 wirklich ausgenutzt, d. h. auf Maische und Würze übertragen, so ist der Nutzeffekt 4600 oder besser $\frac{4600}{78} = 59^0/_0$.

Der Heizwert der Brennmaterialien läßt sich annähernd berechnen aus ihrer chemischen Zusammensetzung. Dieselbe bewegt sich auf wasser- und aschefreie Substanz und Prozent berechnet ungefähr um folgende Durchschnittszahlen.

	C	H	O	N
Holzfaser	50	6	43	0,1
Torf	59	6	33	2
Braunkohle	69	5,5	25	0,5
Steinkohle	82	5	12	1
Holzkohle	92,5	2,5	5	—
Koks	95	2	3	—
Petroleum	86	14	—	—
Leuchtgas	42,8	51,5	5,7	—

Da nun die Verbrennungswärme des Kohlenstoffs rund 8100, des Wasserstoffs 29 000 beträgt, und nimmt man ferner an, daß der gesamte Sauerstoff schon an Wasserstoff (8 Gew.-T. O an 1 Gew.-T. H) gebunden ist, so daß der auf Sauerstoff treffende Wasserstoffanteil für die Wärmebildung nicht in Betracht kommt, ferner daß zur Verdampfung des gesamten vorhandenen Wassers (W) pro Kg Wasser 600 Kalorien erforderlich sind, so ergibt sich

$$\text{Heizwert} = 81 \times C + 290 \times (H - \frac{O}{8}) - 6 \times W.$$

Schwefel ist gewöhnlich in so geringer Menge vorhanden, daß er vernachlässigt werden kann.

Beispiel: Eine Steinkohle enthalte 3,1 % Wasser, 78 % Kohlenstoff, 4 % Wasserstoff, 10 % Sauerstoff, 0,5 % Stickstoff und 4,5 % mineralische Stoffe Wieviel beträgt der Heizwert? Stickstoff und mineralische Stoffe kommen für den Heizwert nicht in Betracht.

$$\text{Heizwert} = 81 \times 78 + 290 \times (4 - \frac{10}{8}) - 6 \times 3,1 = 7097.$$

Der Heizwert des deutschen Torfes auf aschefreie trockene Torf-
substanz bezogen beträgt rund 5200 Cal. Nach der Formel von Minssen berechnet sich daraus der Heizwert des Torfes, wenn a den Aschegehalt in der
Trockensubstanz bedeutet, wie folgt:

$$\text{Heizwert der Torf-Trockensubstanz} = \frac{(100 - a)\ (5200 - 10\,a)}{100}\ \text{Cal.}$$

Wenn w den Wassergehalt des Torfes bedeutet, so ist

$$\text{Heizwert des lufttrockenen Torfes} = \frac{\text{Heizw. d. Torf-Tr.-S. } (100 - w)}{100} - 6\,w\ \text{Cal.}$$

Weit genauere Zahlen als die Berechnung aus der chemischen Zusammensetzung gibt die Bestimmung des Heizwertes mittels eines Kalorimeters, welches die direkte Bestimmung der beim Verbrennen einer ab-
gewogenen Menge Substanz erzeugten Wärmemenge gestattet. Die Verbrennung erfolgt in einem abgeschlossenen Behälter, bei dem Kalorimeter
nach Fischer im Sauerstoffstrom, bei denjenigen nach Berthelot, Mahler,
Kröcker, Langbein und Hempel dagegen in einer Bombe, welche mit komprimiertem Sauerstoff gefüllt wird. Die Entzündung erfolgt gewöhnlich auf
elektrischem Wege. Die bei der Verbrennung entstehende Wärme wird im
Apparat auf Wasser übertragen, aus dessen Temperatursteigerung sich alsdann die Wärmemenge berechnen läßt.

Manchmal drückt man den Heizwert auch aus in der Zahl, welche angibt, wieviel Kg Wasser von 0° durch 1 Kg Brennstoff in Dampf von 100° C
verwandelt werden können (Theoretischer Verdampfungswert).
Für die wichtigsten Stoffe wurden nachstehende Zahlen gefunden:

	Heizwert	Verdampfungswert
Holz, lufttrocken	3000—3500	4,7—5,5
„ , Trockensubstanz . .	3500 - 4500	5,5—7,1
Holzkohle	7000	11
Torf	3000 - 4500	4,7—7,1
Torfkohle	6500 —7000	10 —11
Braunkohle	3500 —4500	5,5—7,1
Steinkohle	6500 —7800	10 —12,2
Anthrazit	8000	12,5
Koks	7000—7800	11 —12,2
Rohpetroleum	10 000—12 000	15,7—18,8
Leuchtgas	10 000—11 000	15,7—17,3
Wassergas	3660	5,7
Aether	8900	—
Alkohol	7100	—
Benzol	10 000	—
Phosphor	5950	—
Rohrzucker	4000	—
Fette Oele	9300	—

Die wirklichen Preise der Brennmaterialien stehen in einem Verhältnis,
welches vielfach keineswegs mit dem aus obigen Heizwerten sich ergebenden

übereinstimmt, da Nußeffekt und sonstige Nebenumstände eine zu große Rolle spielen.

Uebungsbeispiele.

96. Wie hoch kommen 100 000 Kal. Wärme zu stehen a) bei Steinkohle, Heizwert 7200, Preis 2.80 M. pro q; b) bei Torf, Heizwert 3700, Preis 1.20 M. pro q; c) bei Rohpetroleum, Heizwert 11 000, Preis 15 M. pro q; d) bei Leuchtgas, l-Gew. 0,6 g, Heizwert 10 600, Preis 0,18 M. pro m^3?

97. Wieviel Kg Steinkohlen von 6900 Kal. Heizwert sind bei 65 % Nutzeffekt erforderlich, um 15 hl Wasser von 10 auf 90 ⁰ C zu bringen?

98. Wieviel Kg Braunkohlen von 4300 Kal. Heizwert sind theoretisch (bei 100 % Nußeffekt) erforderlich, um eine aus 30 q Malz und 125 hl Wasser bestehende Maische von 12 auf 75 ⁰ C zu bringen? Wieviel bei 52 % Nußeffekt?

99. Wieviel beträgt der Nußeffekt, wenn im Beispiel 98 3420 Kg Braunkohlen verbrannt wurden?

Vorgänge bei Aenderung des Aggregatzustandes.

Jeder Körper kann durch geeignete Mittel in den festen und von diesem durch Erwärmen in den flüssigen und gasförmigen Zustand übergeführt werden. Man spricht daher auch besser nicht von festen, flüssigen und gasförmigen Körpern, sondern von einem festen, flüssigen und gasförmigen Zustand der Körper. Bringt man zerschlagenes Eis von — 10 ⁰ C in ein warmes Zimmer, so steigt die Temperatur alsbald auf 0 ⁰, dann erst fängt das Eis an zu schmelzen, aber die Temperatur geht nicht über 0 ⁰ (Schmelz- oder Gefrierpunkt) hinaus, solange noch Eis vorhanden ist, selbst wenn die umgebende Luft 20 oder 30 ⁰ warm wäre. Die Schmelztemperatur (für jeden Körper eine andere) ist demnach diejenige Temperatur, über welche hinaus ein fester Körper nicht erhitzt werden kann, ohne daß er flüssig wird. Erst wenn alles Eis geschmolzen ist, fängt die Temperatur wieder an zu steigen. Es wird also offenbar beim Schmelzen des Eises Wärme verbraucht, die für das Gefühl und für das Thermometer verloren geht, sie ist nötig zur Ueberwindung der in den starren Körpern die Festigkeit bedingenden Kräfte. Man sagt, es wird Wärme latent. Daß die beim Schmelzen des Eises latent werdende Wärmemenge eine sehr große ist, davon kann man sich leicht durch folgenden Versuch überzeugen:

Mischt man ohne Wärmeverlust und ohne Wärmezufuhr von außen 1 Kg flüssiges Wasser von 0 ⁰ und 1 Kg Wasser von 80 ⁰ C, so erhält man offenbar 2 Kg Wasser von 40 ⁰ C. Bringt man aber zu 1 Kg Eis (festes Wasser) von 0 ⁰ 1 Kg Wasser von 80 ⁰ und wartet kurze Zeit bis das Eis vollständig geschmolzen ist, so hat man, wenn jeder Wärmeaustausch mit der Umgebung verhindert wurde, 2 Kg Wasser von der gleichen Temperatur, die das Eis besaß, von 0 ⁰. Also ist soviel Wärme verschwunden, wie in 2 Kg Wasser von

40 ⁰ C (über 0 ⁰ C) vorhanden ist, nämlich $2 \times 40 = 80$ Kalorien (genau 79,25). Man nennt diese Zahl die Schmelzwärme des Wassers. — Sie ist bei Kunsteis die gleiche wie bei Natureis und Schnee, chemisch reines Wasser vorausgesetzt. — Wie wäre es sonst auch möglich, daß man mit einer so geringen Menge Eis von 0 ⁰ einen Bottich mit 40—50 hl gärenden Bieres um 5 und mehr C ⁰ zurückkühlen kann? Wenn 1 Kg Eis sich von 0 auf 2 ⁰ C erwärmt, nimmt es 82 Kalorien Wärme auf, 1 Kg Wasser dagegen nur 2 Kalorien. Nur die hohe Schmelzwärme des Eises ermöglicht das Aufbewahren von Eis in den Eiskellern und verhindert in der Natur ein plötzliches Schmelzen von Schnee und Eis bei Eintritt warmer Witterung. Wenn umgekehrt 1 Kg Wasser von 0 ⁰ sich in Eis von 0 ⁰ verwandelt, so werden die im Wasser in latentem Zustande vorhandenen 80 Kalorien wieder frei. Man müßte demnach mit gefrierendem Wasser heizen können, dies ist auch tatsächlich der Fall jedoch natürlich nicht über 0 ⁰. Am Meere und an Binnenseen wirkt auf diese Weise das Wasser bei Frostwetter temperaturmildernd.

Wenn Wasser sich in den gasförmigen Zustand, in Dampf verwandelt, wird ebenfalls Wärme gebunden.

Allgemeine Regel:

„Beim Uebergang eines Körpers aus einem dichteren in einen weniger dichten Aggregatzustand wird Wärme gebunden, latent, bei der umgekehrten Aenderung des Aggregatzustandes wird die gleiche Wärmemenge wieder frei."

Die Schmelztemperatur der verschiedenen Körper schwankt in sehr weiten Grenzen, ebenso ist auch die Schmelzwärme sehr verschieden. In der Regel ist mit dem Schmelzen eine Volumenvergrößerung verbunden, eine Ausnahme von dieser Regel bildet das Wasser und einige Metalle (z. B. Gußeisen), deren Volumen sich beim Erstarren vergrößert, bei Wasser ungefähr um $1/10$, wodurch die gewaltige Sprengkraft des gefrierenden Wassers sich erklärt. Bei Körpern, die sich beim Erstarren ausdehnen, sinkt die Schmelztemperatur mit Erhöhung des Druckes, während umgekehrt bei Körpern, die sich beim Schmelzen ausdehnen, eine Erhöhung des Druckes auch eine Erhöhung der Schmelztemperatur zur Folge hat. Für jede Atmosphäre Druckerhöhung sinkt bei Wasser die Schmelztemperatur um 0,0075 ⁰ C.

Schmelz- oder Gefriertemperaturen in ⁰C
bei gewöhnlichem Luftdruck.

Wasserstoff	— 259	Alkohol	— 100
Stickstoff	— 210	Kohlensäure	— 79
Aether	— 118	Ammoniak	— 78
Schweflige Säure . .	— 76	Brauerpech	30 — 40
Gesättigte Chlormagnesium-		Talg	33
lösung	— 42	Paraffin f. Brauereizwecke ca.	60
Gesättigte Chlorcalcium-		Gelbes Wachs	63
lösung	— 40	Woodsches Metall . . .	75
Quecksilber	— 39	Schwefel	113

Gesättigte Kochsalz-lösung	— 21	Zinn	232
Leinöl	— 20	Blei	327
20%ige Chlormagnesium-lösung	— 20	Zink	419
40%ige Glyzerinlösung	— 17,5	Aluminium	657
20%ige Chlorcalcium-lösung	— 14,8	Kupfer	1083
20%ige Kochsalzlösung	— 14,4	Gußeisen	1100 — 1200
10%ige Zuckerlösung	— 0,6	Gold	1064
Wasser	0	Stahl	1300 — 1400
		Schmiedeeisen	1500 — 1600
		Platin	1750
		Iridium	2300
		Wolfram	3000

Schmelzwärme.

(Kalorien Wärmeverbrauch beim Schmelzen von 1 Kg Substanz.)

Wasser	80	Wachs	42	Zink	28
Aluminium	77	Chlorcalcium	41	Silber	21
Salpetersaures Natron	63	Paraffin	35	Zinn	14
		Gußeisen	33	Schwefel	9,4
Salpetersaur. Kali	47			Quecksilber	2,8

Wenn man einen festen Körper in Wasser löst, so geht er ebenfalls in den flüssigen Aggregatzustand über, also muß auch Wärme gebunden werden, dies ist auch wirklich der Fall (Lösungswärme). Nur einige wenige feste Stoffe zeigen ein gegenteiliges Verhalten und geben beim Auflösen Wärme ab. Gasförmige Körper dagegen geben beim Lösen in Wasser, beim Uebergang in den flüssigen Zustand, stets Wärme ab, ebenso auch die meisten flüssigen Körper.

Nimmt man dagegen zur Auflösung des Salzes statt Wasser Schnee oder Eis, so kommt zu der Lösungswärme noch die Schmelzwärme des Eises und die Temperaturerniedrigung ist daher eine noch viel bedeutendere. Man bezeichnet daher solche Mischungen von Kochsalz oder anderen Salzen mit Schnee oder Eis als Kältemischungen. Bei einer Mischung von Eis und Wasser kann die Temperatur nicht unter 0 sinken, da mit dieser Temperatur, der Gefriertemperatur des Wassers, der Schmelzprozeß und damit die Kälteentwicklung aufhört, und um weitere Eisanteile zum Schmelzen zu bringen, muß immer wieder von außen weitere Wärme zugeführt werden. Setzt man jedoch Kochsalz ,Chlormagnesium oder Chlorcalcium zu, so kann das Eis die erforderliche Schmelzwärme der eigenen Schmelzflüssigkeit entnehmen, da Lösungen dieser Salze (s. obige Tab.) eine bedeutend niederere Gefriertemperatur als Wasser besitzen. Man kann daher also durch Aufstreuen von Salz Eis bei sehr niederen Kältegraden zum Schmelzen bringen.

Kältemischungen.

Es kühlen sich ab:

1 Kg Wasser und 0,3 Kg Salmiak . . . . . von + 13 auf — 5⁰ C
1 „ „ „ 2,5 „ kryst. Chlorcalcium . . „ + 11 „ — 12⁰ „

1 „	„	„ 1 „ salpetersaures Ammoniak	„	+ 10	„	— 16⁰	„

1 „   „   „ 1 „ salpetersaures Ammoniak   „ $+ 10$ „ $- 16^0$ „
1 „   „   , 1 Kg Salpeter und 1 Kg Salmiak . .   „ $+ 8$ „ $- 24^0$ „
1 „ Schnee und 1 Kg Kochsalz . . . .   „   0 „ $- 18^0$ „
1 „   „   „ 1 „ kryst. Chlorcalcium . . .   „   0 „ $- 45^0$ „

Gelöste Stoffe erniedrigen den Gefrierpunkt des Lösungsmittels (des Wassers) proportional ihrer Menge. Aequimolekulare Lösungen, die also im l die gleiche Anzahl Moleküle enthalten, zeigen die gleiche Schmelzpunktserniedrigung. Man kann daher umgekehrt die Gefrierpunktsbestimmung zur Bestimmung des Molekulargewichtes des gelösten Stoffes benutzen. Läßt man eine Lösung jedoch stark gefrieren, so nimmt die Konzentration des flüssig bleibenden Anteils immer mehr zu, bis bei einer gewissen Temperatur die Lösung gesättigt ist. Bei weiterem Wärmeentzug geht die Temperatur dann nicht mehr herunter und es scheidet sich ein Gemisch von Eis und Salz aus, das man ein Kryohydrat nennt. Gibt man z. B. Kochsalz zu Eis, so sinkt die Temperatur durch weiterem Salzzusatz immer mehr, bis zu dem Punkt, bei welchem das Kryohydrat ausfällt, — 22 ⁰ C, eine weitere Abkühlung durch Salzzusatz ist also nicht möglich.

Erhitzt man flüssiges Wasser in einem offenen Gefäß, so kommt schließlich die Flüssigkeit in stark wallende Bewegung, welche durch die Entwicklung von Dampfblasen im Innern der Flüssigkeit verursacht wird, es tritt der Zustand des Kochens oder Siedens ein. Die Temperatur der Flüssigkeit ist nun nicht mehr höher hinauf zu bringen trotz verstärkter Beheizung. Die Siedetemperatur ist also auch konstant wie die Schmelztemperatur und sie bildet diejenige Temperatur über welche hinaus man eine Flüssigkeit in einem offenen Gefäß nicht erhitzen kann, ohne daß sie gasförmig wird. Die der siedenden Flüssigkeit zugeführte Wärme wird verbraucht zur Ueberführung des Körpers aus dem flüssigen in den gasförmigen Zustand. Wird also die Wärmezufuhr vermehrt, so bewirkt dies nicht eine Steigerung der Temperatur, sondern lediglich eine stärkere Verdampfung. Die Höhe der Siedetemperatur ist natürlich

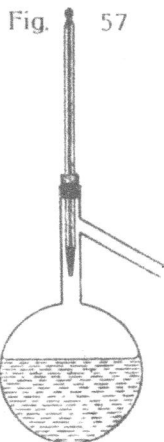

Fig. 57

sehr verschieden je nach der Art der Flüssigkeit, sie ist jedoch auch von verschiedenen anderen Faktoren abhängig. In Figur 57 ist der ganze Raum in dem Kolben (Destillier-Kolben) über dem siedenden Wasser mit Wasserdampf gefüllt. Zeigt das in dem strömenden Dampf hängende Thermometer genau 100 ⁰ C, so wird es, wenn man es in die siedende Flüssigkeit selbst eintaucht, vielfach etwas mehr zeigen, trotzdem das siedende Wasser eigentlich die gleiche Temperatur zeigen soll wie der Dampf. Diese Ueberhitzung von Flüssigkeiten, die man auch Siedeverzug nennt, tritt namentlich ein, wenn das Siedegefäß sehr sauber gereinigt ist und ganz glatte Innenwandungen besitzt. Die überhitzte Flüssigkeit entwickelt dann plötzlich unter heftigem Aufwallen und Stoßen sehr reichliche Mengen Dampf. Man gibt daher im Laboratorium, um dies zu vermeiden, vielfach in den Kolben ein Stückchen Glas oder Platindraht. Wegen dieser Ueberhitzungsmöglichkeit bringt man zur genauen Siedepunktsbestimmung das Thermometer nicht in die Flüssigkeit, sondern in den strömenden Dampf wie in Figur 57.

Ist ein fester Körper in der Flüssigkeit gelöst (Salzwasser, Bierwürze), so zeigt die Flüssigkeit beim Kochen eine weit höhere Temperatur, jedoch zeigt das im Dampf über der Flüssigkeit sich befindende Thermometer nur die gewöhnliche Siedetemperatur des Lösungsmittels.

Aequimolekulare Lösungen zeigen auch hier wie bei der Schmelzpunkterniedrigung die gleiche Beeinflussung des Siedepunktes, die gleiche Siedepunkterhöhung. Die Ermittlung der Siedepunkterhöhung, wobei natürlich Siedeverzug sorgfältig zu vermeiden ist, kann daher auch zur Bestimmung des Molekulargewichtes der gelösten Substanz dienen.

Ganz besonders ist die Siedetemperatur abhängig von dem auf der Flüssigkeit ruhenden Druck, denn der Siedezustand ist gleich bedeutend mit der Ueberwindung des auf der Flüssigkeit lastenden Druckes, insbesondere des Luftdruckes, durch den von der Flüssigkeit selbst entwickelten Dampfdruck. Gibt man in das Glasrohr, Figur 32 (S. 54) außer Quecksilber auch etwas Wasser und kehrt dann erst das Rohr um, so wird man wahrnehmen, daß die Quecksilbersäule A B nicht mehr so hoch ist. Der über dem Quecksilber befindliche Raum ist eben jetzt nicht mehr leer, sondern mit Wasserdampf gefüllt, denn Flüssigkeiten können auch bei Temperaturen weit unter Siedepunkt in den gasförmigen Zustand übergehen. Der eingeschlossene Wasserdampf übt wie jedes eingeschlossene Gas einen Druck aus, den man wie schon früher erwähnt, Spannkraft nennt. Bei 15⁰ C würde die Quecksilbersäule einen 12,7 mm niederern Stand aufweisen, die Spannkraft des Wasserdampfes ist also bei 15⁰ C gleich einer 12,7 mm hohen Quecksilbersäule. Schiebt man nun das Glasrohr hinunter, also tiefer in das außerhalb befindliche Quecksilber hinein, so wird, wenn sich kein Wasser über A befindet, der luftleere Raum kleiner werden. Das Gleiche beobachtet man, wenn der Raum A mit Wasserdampf gefüllt ist, nach dem Mariotteschen Gesetz (S. 56) müßte aber, wenn der Raum auf die Hälfte zusammengedrückt ist, bei Gleicherhaltung der Temperatur der Druck auf das Doppelte gestiegen sein. Dies ist aber nicht der Fall, denn wir haben es hier mit gesättigtem Dampf zu tun, der dem Mariotteschen Gesetze nicht folgt. Der Druck bleibt bei gesättigten Dämpfen, wenn man das Volumen vermindert, der gleiche, jedoch scheidet sich bei Verminderung des Volumens auf die Hälfte auch die Hälfte des Dampfes in flüssigem Zustande ab (Anwendung beim Fernthermometer s. S. 87 Figur 54). Würde man nun das Glasrohr mit einer Heizvorrichtung umgeben und die Temperatur steigern, so wird man, vorausgesetzt, daß immer überschüssiges flüssiges Wasser vorhanden ist, und daher der Dampf ein gesättigter bleibt, beobachten, daß der fortwährend steigende Druck schließlich bei ca. 100⁰ C die Quecksilbersäule vollständig überwunden hat: Bei 100⁰ C ist die Spannkraft des gesättigten Wasserdampfes gleich dem Druck einer 76 cm hohen Quecksilbersäule (Normaler Atmosphärendruck) und daher siedet das Wasser bei 76 cm Barometerstand, genau bei 100⁰ C. Würde in obigem Versuch nur so viel Wasser sich über dem Quecksilber befinden, als bei 15⁰ C dampfförmig wird, so würde bei

Steigerung der Temperatur sich trotzdem nach dem Gay-Lussacschen Gesetz
(S. 69) das Volumen vermehren, es entstände aber ungesättigter oder über-
hitzter Dampf. (Alle Gase können als ungesättigte Dämpfe betrachtet
werden.) Würde man alsdann unter Erhaltung der höheren Temperatur das
Volumen vermindern, zusammenpressen, so würde nach dem Mariotteschen
Gesetz ein höherer Druck entstehen bis zu dem Volumen, bei welchem der
Raum mit der vorhandenen Menge Dampf gesättigt wäre.

Alle Gase und auch reine, gesättigte Dämpfe (trockne Dämpfe) sind
vollkommen durchsichtig und demnach, soweit sie farblos sind, unsichtbar.
Scheidet sich jedoch infolge Temperaturerniedrigung oder Druckerhöhung aus
dem gesättigten Dampf etwas Flüssigkeit in fein verteiltem Zustand ab, so
erscheint der Dampf nebelig (nasser Dampf).

Nachstehende Tabelle zeigt das Verhältnis zwischen Spannkraft (Druck)
und Temperatur des Wasserdampfes, sowie das Volumen und den Wärme-
inhalt des entstehenden Dampfes und dessen Gewicht. Die Temperaturangaben in der ersten Spalte bedeuten also auch die Siedetemperaturen des
Wassers für die in der zweiten Spalte angegebenen Außendrucke.

Tafel I.

Gesättigter Wasserdampf *).

Temperatur t^0	Spannung		Erzeugungswärme in Cal/kg		Gewicht von 1 m³ Dampf in kg
	ata kg/cm² =	mm Hg	f. d. Flüssigkeit v. O — t°	f. d. Dampf bei t°	
0	0,0062	4,6	0	595,0	0,0049
5	0,0089	6,5	5	592,3	0,0068
10	0,00125	9,2	10,0	590,6	0,0094
15	0,0173	12,7	15,—	587.0	0,0128
20	0,0236	17,4	20,—	584,3	0,0172
25	0,0320	23,5	25,—	581,6	0,0229
30	0,0429	31,6	30,—	578,9	0,0302
35	0,0569	42,0	35,—	576,2	0,0394
40	0,0747	55,0	40,0	573,5	0,0509
45	0,0971	71,5	45,0	570,7	0,0652
50	0,125	92	50,0	568,—	0,0827
55	0,160	118	55,0	565,2	0,1041
60	0,202	149	60,0	562,5	0,1300
65	0,254	187	65,0	559,7	0,1610
70	0,317	234	70,0	556,8	0,1980
75	0,392	289	75,0	554,0	0,2418
80	0,482	355	80,0	551,1	0,2934
85	0,589	454	85,0	548,2	0,3537
90	0,714	526	90,0	545,3	0,4239
95	0,862	634	95,0	542,3	0,5051
100	1,033	760	100,—	539,4	0,5987
105	1,232		105,1	536,2	0.7059

*) Nach „Hütte" 26. Auflage I. Band S. 526. Siehe auch Tabelle S. 79.

Temperatur t°	Spannung ata kg.cm² = mm Hg	Erzeugungswärme in Cal kg		Gewicht von 1 m³ Dampf in kg
		f. d. Flüssiakeit v. O — t°	f. d. Dampf bei t°	
110	1,462	110,1	533,2	0,8283
115	1,726	115,2	530,0	0,9673
120	2,027	120,3	526,7	1,1243
125	2,372	125,4	523,4	1,3018
130	2,760	130,5	520,1	1,5005
135	3,200	135,6	516,7	1,7241
140	3,692	140,7	513,2	1,9719
145	4,248	145,9	509,6	2,2471
150	4,868	151,—	506,0	2,553
155	5,557	156,2	502,3	2,890
160	6,323	{61,4	498,5	3,262
165	7,170	166,6	494,9	3,671
170	8,131	171,8	490,6	4,117
175	9,131	177,1	486,4	4,607
180	10,258	182,3	482,3	5,140
185	11,491	187,6	477,9	5,726
190	12,835	192,9	473,5	6,348
195	14,300	198,2	468,9	7,028
200	15,890	203,5	464,2	7,763
220	23,62	225,1	444,1	
240	34,08	247,1	420,9	
260	47,76	269,6	394,6	
280	65,27	292,7	364,6	
300	87,41	316,6	330,2	
320	114,86	343,0	289,5	
340	118,60	373,3	240,2	
360	189,63	413,—	170,4	
374	224,24	501,1	501,1	

Tafel II.

Druck (ata) kg/cm³	Temperatur nach C = t°	Erzeugungswärme der Flüssigkeit von O — t°	Verdampfungswärme bei t°
0,1	45,4	45,4	569,7
0,2	59,7	59,7	562,6
0,3	68,7	68,7	557,6
0,4	75,4	75,4	553,8
0,5	80,9	80,9	550,6
0,6	85,5	85,5	547,9
0,7	89,5	89,5	545,6
0,8	93,0	93,0	543,5
0,9	96,2	96,2	541,6
1,0	99,1	99,1	539,9

Druck (ata) kg/cm²	Temperatur nach C = t°	Erzeugungswärme der Flüssigkeit von O — t°	Verdampfungs- wärme bei t°
2,0	119,6	119,9	527,8
3,0	132,9	133,4	518,2
4,0	142,9	143,7	511,2
5,0	151,1	152,2	505,1
6,0	158,1	159,4	499,9
7,0	164,2	165,7	495,2
8,0	169,6	171,4	490,9
9,0	174,5	176,6	486,8
10,0	179,0	181,3	483,1
11,0	183,2	185,7	479,5
12,0	187,1	189,8	476,1
13,0	190,7	193,6	473,0
14,0	194,1	197,3	469,7
15,0	197,4	200,7	466,7
16,0	200,4	204,0	463,8
17,0	203,4	207,1	461,0
18,0	206,2	210,1	458,2
19,0	208,8	213,0	455,5
20,0	211,4	215 8	452,9

Es kann also nach Obigem Wasser und auch jede andere Flüssigkeit bei jeder Temperatur zum Sieden gebracht werden, wenn man dafür sorgt, daß der über der Flüssigkeit lastende Druck nicht über die der betreffenden Temperatur entsprechende Spannkraft hinausgeht. So beträgt die Siede- temperatur des Wassers bei einem Druck von 0,0063 At (= 4,635 mm Queck- silber) 0°, von 0,0125 At (= 9,186 mm Quecksilber) 10° usw., wie aus obiger Tabelle ersichtlich.

Bei sehr hohen Flüssigkeitsschichten zeigen die tiefer liegenden Flüssigkeitsanteile eine höhere Siedetemperatur infolge des auf ihnen lasten- den Flüssigkeitsdruckes. Nach direkten Ermittlungen von Bleisch und Runk (Zeitschrift für das gesamte Brauwesen, 1906, S. 279) steigt die Temperatur der Würze in der Pfanne in einer Tiefe von 1,5 m 3, von 2,5 m 5,4 C° über die gewöhnliche Siedetemperatur entsprechend der obigen Tabelle. Ge- wöhnlich versteht man unter Siedetemperatur diejenige Temperatur, bei welcher die Spannkraft der Flüssigkeit oder besser ihres gesättigten Dampfes gleich einer 760 mm hohen Quecksilbersäule ist, bei welcher sie also unter gewöhnlichem Atmosphärendruck siedet. Die Siedetemperatur schwankt in außerordentlich weiten Grenzen, sie liegt weit unter 0 bei den meisten unter gewöhnlichen Verhältnissen gasförmigen Körpern und erreicht viele tausend Grad bei den Metallen.

Siedetemperaturen in °C bei 760 mm Barometerstand.

Helium	— 269	Stickstoff	— 196
Wasserstoff	— 253	Atm. Luft	— 193

Sauerstoff . . . . . — 183	Chlorcalciumlösung, gesättig. 180
Kohlensäure . . . . — 78	Paraffin 300
Ammoniak . . . . . — 33	Olivenöl 320
Schweflige Säure . . . — 10	Quecksilber 357
Aether 34,5	Schwefel 445
Alkohol 78,3	Zink 915
Benzin . . . . 90 — 110	Blei und Zinn . . 1450 — 1600
Wasser 100	Kupfer 2100
10%ige Zuckerlösung . 100,17	Kohlenstoff . . . 3700 — 3800
Kochsalzlösung, gesättigte 108	

Wie schon oben erwähnt und allgemein bekannt, können Flüssigkeiten auch bei Temperaturen weit unter ihrem Siedepunkt und normalem Luftdruck in den gasförmigen Zustand übergehen. Man nennt diesen Vorgang Verdunstung. Daß dabei ebenso Wärme gebunden wird wie bei der Verdampfung kann man leicht durch das Gefühl feststellen: an der mit Wasser oder noch besser mit Alkohol oder Aether benetzten Hand spürt man ein starkes Kältegefühl. Erhitzt man anderseits eine in einem geschlossenen Gefäß befindliche Flüssigkeit weit über ihre gewöhnliche Siedetemperatur und öffnet dann plötzlich das Gefäß, so erfolgt die Gasentwicklung äußerst lebhaft (Verpuffung), manchmal explosionsartig und die Temperatur geht schnell auf die Siedetemperatur zurück (Dampfkesselexplosionen, Verwendung verflüssigter Gase zur künstlichen Kälteerzeugung).

Die Wärmemenge, welche beim Uebergang aus dem flüssigen in den gasförmigen Zustand latent wird, ist bei Wasser eine ganz bedeutende. Wenn 1 Kg Wasser von 100 ° C sich in Dampf von 100 ° verwandelt, müssen 539 Cal., welche für das Gefühl und das Thermometer verloren gehen, zugeführt werden (Verdampfungswärme). Mit 1 Kg Dampf von 100 ° C kann man demnach 5,39 Kg Wasser von 0 auf 100 ° erwärmen. Diese 539 Cal. haben eigentlich zweierlei Arbeit zu verrichten, 498 Cal. sind nötig zur Ueberwindung der in der Flüssigkeit enthaltenen Energie (innere Arbeit), 41 Cal. dagegen dienen zur Ueberwindung des äußeren Druckes beim Uebergang des Flüssigkeitsvolumens in das bedeutend größere Gasvolumen (äußere Arbeit). Die zur Verdampfung erforderliche Wärme nimmt ab mit der Erhöhung der Temperatur. Unter Verdampfungswärme versteht man die Wärmemenge, welche erforderlich ist, um 1 Kg der Flüssigkeit in Dampf von der gleichen Temperatur zu verwandeln. Nach Regnault beträgt die Verdampfungswärme des Wasser bei t °

$$607 - 0{,}708 \times t \text{ oder rund } 607 - 0{,}7 \times t,$$

Diese Formel ergibt für 0 ° 607 Cal., für 100 ° 607 — 70 = 537 Cal. Um aus 1 Kg Wasser von 0 ° 1 Kg Dampf von 100 ° zu erhalten, sind demnach 100 + 537 = 637 (genau 639) Cal. erforderlich. Bei 0° beträgt die Verdampfungswärme für

Wasser 607	Alkohol, bei Siedetemperat. 210
Aether, bei Siedetemperat. 90	Schweflige Säure . . . 91,5
Ammoniak 300	Kohlensäure 55,5

Die Ueberführung einer Flüssigkeit in Dampf bei Siedetemperatur und Wiederverdichtung des in ein anderes Gefäß übergeleiteten Dampfes zu einer Flüssigkeit durch Abkühlung nennt man Destillation und wird vielfach angewandt, um flüssige Körper von in ihnen gelösten festen Stoffen oder Flüssigkeiten von verschiedener Siedetemperatur voneinander zu trennen. An einem Destillationsapparat unterscheidet man den Destillierkolben, die Kühlvorrichtung und die Vorlage zum Auffangen des Destillates. Die Vergasung und Wiederverdichtung eines festen Körpers, der beim Erhitzen nicht zuerst flüssig, sondern direkt gasförmig wird, nennt man Sublimation (sublimieren).

Eine besondere Besprechung erfordert nun noch die Verflüssigung der Gase. Bei manchen Gasen, Körpern, die unter gewöhnlichen Druck- und Temperaturverhältnissen gasförmig sind, gelang die Verflüssigung schon frühzeitig, indem man sie einem hohen Druck aussetzte, bei anderen dagegen gelang die Verflüssigung trotz der angewandten, außerordentlich hohen Drucke nicht, diese bezeichnete man daher als „eigentliche oder permanente Gase". Diese Unterscheidung ist jedoch nicht den Tatsachen entsprechend, es ist gelungen, sämtliche Gase in den flüssigen Zustand überzuführen. Man hatte eben früher übersehen, daß außer dem hohen Druck zur Verflüssigung der Gase auch noch die Abkühlung unter eine gewisse Temperatur erforderlich ist. Es gibt nämlich für jedes Gas eine Temperatur, oberhalb welcher das Gas absolut nicht verflüssigt werden kann, würde man es einem auch noch so hohen Druck aussetzen. Diese Temperatur nennt man die kritische Temperatur. Oberhalb derselben wird natürlich auch jedes verflüssigte Gas (also auch jede Flüssigkeit) unter allen Umständen gasförmig. Die kritische Temperatur ist also diejenige, über welche hinaus eine Flüssigkeit auch im geschlossenen Gefäß nicht erhitzt werden kann, ohne gasförmig zu werden. Den zur Verflüssigung bei der kritischen Temperatur erforderlichen Druck nennt man den kritischen Druck. Für Kohlensäure z. B. beträgt die kritische Temperatur + 31 ⁰ C. Läßt man also einen Stahlzylinder mit flüssiger Kohlensäure längere Zeit in der Sonne liegen, so kann schließlich die kritische Temperatur überschritten werden, alsdann wird alle in dem Gefäß enthaltene Kohlensäure gasförmig und es kann ein Druck von 400 Atm. und mehr entstehen, was oft schon zu Explosionen geführt hat. Natürlich kann man Gase, deren kritische Temperatur weit unter 0 ⁰ liegt, überhaupt nicht in flüssigem Zustand versenden. Wasserstoff wird allerdings trotz seiner sehr niederen kritischen Temperatur in Stahlzylindern versandt, jedoch nicht in flüssigem, sondern lediglich in komprimiertem, noch gasförmigen Zustand. Unter Tripelpunkt versteht man den Punkt, in dem sich ein Körper mit allen drei Phasen im Gleichgewicht befindet, also in allen drei Phasen existieren kann. Es liegt für Wasser bei 0,008 ata und 0 ⁰ C., für Kohlensäure bei 5,28 ata und — 56,6 ⁰ C.

Kritische Temperaturen und Drucke.

	Kritische Temperatur in ⁰C	Kritischer Druck in Atm.
Helium	— 267	3
Wasserstoff	— 241	15
Stickstoff	— 146	35

Atm. Luft	— 140	39
Sauerstoff	— 118	52
Kohlensäure	31	75
Ammoniak	133	116
Schweflige Säure	157	80
Aether	194	37
Alkohol	243	65
Wasser	374	225

Ein zweites Prinzip zur Verflüssigung von Gasen besteht darin, sie unter die Siedetemperatur abzukühlen, dann ist natürlich außer dem gewöhnlichen Atmosphärendruck kein weiterer Druck zur Verflüssigung erforderlich. Würde man z. B. einen Stahlzylinder mit flüssiger Kohlensäure (Siedetemperatur — 78°) auf etwa — 85° C abkühlen, so könnte man das Gefäß ruhig öffnen, und die flüssige Kohlensäure würde sich wie Wasser in ein offenes Becherglas gießen lassen. Zur Abkühlung der Gase unter ihre meist sehr nieder gelegene Siedetemperatur benutzt man in neuerer Zeit nach Vorschlag von Linde die sog. Expansionskälte, welche dadurch entsteht, daß eine gewisse Menge Wärme gebunden wird, wenn ein komprimiertes Gas (aber noch gasförmig) sich wieder ausdehnen, expandieren kann (Abblasen der Druckluft aus dem Lagerfaß). Ihr entspricht die Kompressionswärme, welche beim Zusammenpressen eines Gases entsteht (Luftpumpe). Für Luft ergeben sich Expansionskälte und Kompressionswärme aus der Differenz der beiden in der Tabelle Seite 90 für die spezifische Wärme der Luft angegebenen Zahlen (0,237 — 0,169). In einem von Linde konstruierten Apparat, mit welchem es ihm zuerst gelang größere Mengen atmosphärischer Luft zu verflüssigen, wird das zu verflüssigende Gas zunächst unter hohem Druck komprimiert. Darauf läßt man es sich wieder ausdehnen und überträgt die dabei entstehende Expansionskälte in einem Gegenstromsystem auf das nachfolgende erst später zur Expansion kommende Gas, bis schließlich — 193°, die Siedetemperatur der atmosphärischen Luft, erreicht ist.

Uebungsbeispiele.

100. Wieviel Wasser von + 1° C ist erforderlich, um 40 hl Würze von 12 % B. (spez. Wärme angenommen zu 0,95) von 10 auf 5° C zu kühlen, wenn das Kühlwasser durchschnittlich mit 5° C wegläuft?

101. Wieviel Eis von 0° würde statt des Wassers in Beisp. 100 erforderlich sein?

102. Ein Sud Bier, 80 hl von 11 % B. (spez. W. 0,95), kommt a) mit 50°, b) mit 20° C vom Kühlschiff, wie viel Eis ist in beiden Fällen erforderlich zur Abkühlung auf 5° C, wenn nur die Schmelzwärme in Betracht kommt?

103. Wieviel Wärme ist erforderlich zur Erwärmung auf 10° C a) für 12 Kg Wasser von 0°?, b) für 12 Kg Eis von 0°?, c) für 12 Kg Eis von — 8° C?

104. Welche Temperatur erhält man aus 5 Kg Eis von 0° und 20 l Wasser von 30° C?

105. Wieviel Dampf von 100° C ist erforderlich, um 20 l Wasser von 8 auf 50° C zu bringen?

106. Wieviel Dampf ist erforderlich, um 80 hl Würze auf 73 hl einzukochen, wenn im Dampfraum unter der Pfanne ein Ueberdruck herrscht a) von 1 Atm., b) von 2,5 Atm.?

Hygrometrie.

Die uns umgebende Luft enthält als Nebenbestandteil auch immer eine geringe Menge Wasserdampf, Feuchtigkeit, etwa 1—30 mg im Liter, während das Gesamtgewicht von einem Liter Luft bei 0° und 760 mm Barometerstand 1293 mg beträgt. Für die Brauerei ist der Feuchtigkeitsgehalt der Luft von großer Wichtigkeit, sowohl bei der Verwendung der Luft als Trockenmittel, wie z. B. auf dem Gerstenboden, wie auch bei der meist unliebsamen Erscheinung des Feuchtwerdens von Gegenständen durch Wasseraufnahme an der Luft. Die Bestimmung des Feuchtigkeitsgehaltes der Luft nennt man Hygrometrie = Feuchtigkeitsmessung. Man drückt den Feuchtigkeitsgehalt aus entweder in g Wasser pro m³ Luft, d. i. soviel wie mg im l (= absolute Feuchtigkeit) oder in Prozent des vollständigen Sättigungsgrades (= relative Feuchtigkeit). Das Wasser ist in der klaren Luft in gelöster Form enthalten, daher ist die feuchte Luft wie jede wahre Lösung vollkommen klar und durchsichtig. Wie aber Wasser nur eine begrenzte Menge löslicher Stoffe aufnehmen kann, bis eben die Lösung „gesättigt" ist, so kann auch die Luft nur eine begrenzte Menge Wasser aufnehmen, lösen. Ueber diese Menge hinaus kann Wasser höchstens in Form feiner Tröpfchen, aber nicht in Dampfform, in der Luft sich eine Zeit lang schwebend erhalten, dann ist aber die Luft nicht mehr klar, sondern trüb, nebelig. Die Menge Wasserdampf, welche von der Luft aufgenommen werden kann bis zur vollen Sättigung ist sehr abhängig von der Temperatur. Warme Luft nimmt mehr Wasser auf als kalte. Bringt man etwas Wasser in das Vacuum über dem Quecksilber eines Barometers, so wird ein Teil des Wassers gasförmig, füllt den leeren Raum aus und übt entsprechend seiner Spannung einen Druck auf die Quecksilbersäule aus, so daß der Barometerstand zurückgeht. Nach der Tabelle auf Seite 107 beträgt dieser Druck bei 10° 0,0125 $\frac{kg}{cm^2}$ = techn. Atmosphären oder 0,0125 × 0,968 = 0,121 wirkliche Atmosphären. Nach der letzten Spalte der Tabelle Seite 107 wiegt 1 l dieses gesättigten Wasserdampfes von 10° 9,4 mg oder auf 1 l Raum über dem Quecksilber treffen 9,4 mg gasförmiges Wasser. Die gleiche Menge würde aber auch vorhanden sein, wenn der Raum zuvor nicht leer sondern vor Einbringung des Wassers lufterfüllt gewesen wäre. Die letzte Spalte der Tabelle Seite 107 gibt daher an die bei den verschiedenen Temperaturen in vollkommen gesättigter Luft enthaltenen Mengen Wasser. Die Zahlen sind nach den Gesetzen von Avogadro, Gay-Lussac und Mariotte errechenbar. Nachstehende Tabelle enthält den Wassergehalt vollkommen gesättigter Luft für jeden Temperaturgrad zwischen — 20 bis + 50°.

Temperatur in C°	g Wasser in 1 m³ Luft	Temperatur in C°	g Wasser in 1 m³ Luft
— 20	0.88	+ 16	13.6
— 19	0.96	17	14.5
— 18	1.05	18	15.4
— 17	1.15	19	16.3
— 16	1.27	20	17.3
— 15	1.38	21	18.3
— 14	1.51	22	19.4
— 13	1.65	23	20.6
— 12	1.80	24	21.8
— 11	1.96	25	23.1
— 10	2.14	26	24.5
— 9	2.33	27	25.8
— 8	2.54	28	27.3
— 7	2.76	29	28.8
— 6	2.99	30	30.4
— 5	3.24	31	31.9
— 4	3.51	32	33.5
— 3	3.81	33	35.3
— 2	4.13	34	37.2
— 1	4.47	35	39.2
0	4.84	36	41.3
+ 1	5.2	37	43.5
2	5.6	38	45.8
3	6.0	39	48.2
4	6.4	40	50.7
5	6.8	41	53.3
6	7.3	42	56.0
7	7.8	43	58.9
8	8.3	44	61.8
9	8.8	45	64.9
10	9.4	46	68.1
11	10.0	47	71.5
12	10.7	48	74.9
13	11.4	49	78.6
14	12.1	50	82.3
15	12.8		

Würde die Luft bei einer Temperatur von 20° nur 8 g Wasser im m³ enthalten, so beträgt der relative Feuchtigkeitsgehalt $\frac{8 \times 100}{17,3} = 46.2\%$, da nach obiger Tabelle 17.3 g Wasser 100 % entsprechen. Umgekehrt entspricht ein relativer Feuchtigkeitsgehalt von 65 % bei 10° $\frac{9,4 \times 65}{100} = 6,11$ g Wasser in 1 m³.

Kühlt man aber eine Luft von 20° mit einem relativen Feuchtigkeitsgehalt von 50 % ($=\dfrac{17,3}{2}=8,65$ g absolut) auf 5° ab, so muß sich ein Teil
des Wassers ausscheiden, denn bei 5° kann die Luft laut Tabelle nur 6,8 g
Wasser aufnehmen. Die Wasserausscheidung beginnt bei der Temperatur,
bei welcher 8,65 g im m³ die volle Sättigung bedeuten würde, also zwischen
8 und 9°. Diese Temperatur, bei welcher die vorhandene Wassermenge der
vollen Sättigung entspricht, nennt man den „Taupunkt". Wird Luft plötzlich
in ihrer ganzen Masse unter ihren Taupunkt abgekühlt, was eigentlich nur
durch Expansion erreichbar ist, so wird sie durch Ausscheidung des über-
schüssigen Wassers in Form kleiner Tröpfchen nebelig. Diese Nebelbildung
kann auch erfolgen, wenn warme und kalte Luft in Berührung kommen, sich
mischen, wie beim Ausatmen in kalter Winterluft. Auch eine warme wässerige
Flüssigkeit zeigt Nebelbildung über der Oberfläche, indem sich die die
Flüssigkeit berührende Luft erwärmt, mit Wasserdampf sättigt und hierauf
sich beim Aufsteigen unter den Taupunkt abkühlt, wie auf dem Kühlschiff und
am Kühlapparat zu beobachten ist.

Erfolgt die Abkühlung nur partiell durch Berührung der Luft mit kalten
flüssigen oder festen Körpern, so kommt es in der Regel zu keiner Nebelbildung, da sich das ausgeschiedene überschüssige Wasser an den kalten Gegenstand ansetzt und durch Adhäsion festgehalten wird, so erklärt sich das
Schwitzen der Fensterscheiben im Winter, das Ansetzen der Luftfeuchtigkeit an
den Kühlrohren in den Kellern, das Feuchtwerden von kaltem Mauerwerk durch
häufiges Hinstoßen eines wärmeren Luftstromes, das „Anlaufen" kalter
Metallgeräte oder frisch gefüllter Biergläser beim Verbringen in einen
warmen Raum etc. Alle diese Erscheinungen werden verursacht durch Abkühlung der Luft unter den Taupunkt. Auch kalte Flüssigkeiten können aus
der Luft Feuchtigkeit aufnehmen. Bringt man z. B. Wasser von 5° in ein
Zimmer mit 20° und 60 % relativer Feuchtigkeit, so kühlt sich die mit der
Oberfläche des Wassers in Berührung kommende Zimmerluft ab und, da ihr
absoluter Feuchtigkeitsgehalt $\dfrac{17,3\times60}{100}=10,38$ g im m³ beträgt, muß bei
Erreichung von ungefähr 11,5° sich Wasser in die Flüssigkeit abscheiden.
Wasser und wässerige Lösungen nehmen aus Luft von 100 % Sättigung und
von der gleichen Temperatur wie die Flüssigkeit kein Wasser auf und geben
auch kein Wasser an die Luft ab.

Manche Körper, organische und anorganische, flüssige und feste,
zeigen in wasserfreiem oder wasserarmem Zustande die Eigenschaft auch
bei gleicher Temperatur aus Luft mit hohem Feuchtigkeitsgehalt Wasser auf-
zunehmen, bis ein gewisser Prozentsatz erreicht ist. Zu diesen Körpern, die
man „hygroskopische" Körper nennt, gehören konzentrierte Schwefelsäure,
Chlorkalzium, Phosphorpentoxyd, starker Alkohol, Gerste, Malz, Hopfen etc.
So nehmen nach Hoffmann 100 g trockener (absolut) Stärke aus vollkommen mit
Wasserdampf gesättigter Luft von gleicher Temperatur 25 g Wasser auf. Hat
die Stärke ursprünglich einen höheren Wassergehalt, so verhält sie sich
gegen Luft wie eine Flüssigkeit. Ist die Luft nicht gesättigt mit Feuchtigkeit,

so nimmt die Stärke entsprechend weniger Wasser auf, z. B. bei 40 % Sättigungsgrad nur $\frac{25 \times 40}{100} = 10$ %. Daraus ergibt sich, daß der Feuchtigkeitsgehalt der Luft, welcher bei Stärke 10 % Wasser entspricht gleich ist $\frac{10 \times 100}{25} = 40$ %. Ist aber die Temperatur der hygroskopischen Substanz eine andere als die der Luft, z. B. die der Stärke 10°, der Luft 20°, so enthält die Luft bei 50 % Sättigung $\frac{17.3 \times 50}{100} = 8,65$ g Wasser im m³, ist aber bei 10° nur zu $\frac{100 \times 8.65}{9,4} = 92$ % gesättigt; somit nehmen 100 g Stärke $\frac{25 \times 92}{100} = 23$ g Wasser auf. Wäre aber die Luft von 20° schon zu 80 % gesättigt ($\frac{17,3 \times 80}{100} = 13,84$ g absolut), so würde bei Abkühlung auf 10° der Taupunkt überschritten und daher der Wassergehalt der Stärke 25 g pro 100 g Trockensubstanz überschreiten.

Bei nicht hygroskopischen Körpern und hygroskopischen, deren Wassergehalt höher liegt als der Sättigung in Luft von der gleichen Temperatur mit 100 % relativer Feuchtigkeit entspricht, erzielt man immer Trockenwirkung, wenn die Luft kälter ist als die Substanz. Zu der letzteren Art von Körpern gehört in normalen Jahrgängen die frisch geerntete Gerste, welche daher am besten bei kaltem Frostwetter umgeschaufelt wird. Malz dagegen enthält, wenn es von der Darre kommt, viel weniger Wasser, als der Sättigung entspricht, es kann daher auch schon aus kälterer Luft Wasser aufnehmen.

Methoden zur Bestimmung der Luftfeuchtigkeit.

Die genaueste Methode, die Standardmethode, besteht darin, daß man durch eine gewogene mit konzentrierter Schwefelsäure gefüllte Waschflasche, oder Kugelapparat, mittels eines Aspirators ein bestimmtes Quantum Luft durchleitet. Die Gewichtszunahme des mit Schwefelsäure gefüllten Gefäßes ergibt ohne weiteres die Menge des Wassers in der durchgeleiteten Luft. Einfacher ist die Bestimmung des Wassergehalts durch ein Hygrometer (Feuchtigkeitsmesser) oder ein Psychrometer (Kältemesser). Der Name Psychrometer rührt davon her, daß bei diesen Instrumenten die bei der Wasserverdunstung an der zu untersuchenden Luft entstehende Kälte gemessen wird.

Die vielfach in Wohnungen anzutreffenden, gewöhnlich mit Barometer und Thermometer verbundenen Hygrometer, deren Einrichtung auf Form- und Längenveränderung von einem Seidenband oder der Granne des wilden Hafers u. a. beruhen sind für einigermaßen genaue Messungen nicht verwendbar.

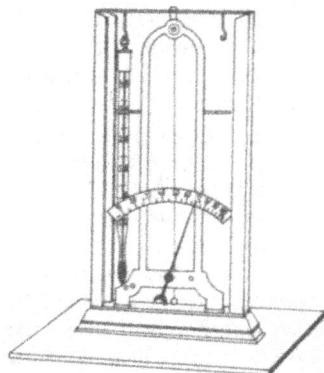

Figur 57 a.

Besser sind genaue Haarhygrometer, bei welchen an der Ausdehnung eines entfetteten, straff gespannten menschlichen Haares die relative Feuchtigkeit der Luft gemessen wird. Bei dem Haarhygrometer nach Koppe (Figur 57 a) wird die Ausdehnung des Haares durch einen Zeiger auf eine Skala übertragen, von welcher man den relativen Feuchtigkeitsgehalt ohne weiteres ablesen kann. Zur Kontrolle des 0-Punktes, bzw. 100-Punktes, bringt man das Instrument in eine zu 100 % gesättigte Luft und stellt mittels eines beigegebenen Schlüssels den Zeiger genau auf 100.

Die Fabrik wissenschaftlicher Instrumente Wilhelm Lambrecht AG., Göttingen, hat in ihremThermo-Hygrometer (Figur 57 b) dem Haarhygrometer eine recht zweckmäßige Form gegeben bei sehr großer Genauigkeit. Das Instrument zeigt neben dem relativen Feuchtigkeitsgehalt auch die Temperatur und den absoluten Wassergehalt der Luft an. Zugleich kann man auch noch ablesen bei welcher Temperatur der ermittelte Feuchtigkeitsgehalt dem Taupunkt entspricht.

Das Augustsche Psychrometer besteht aus zwei nebeneinander hängenden Thermometern. Die Kugel des einen ist mit einem Mousselinläppchen umwickelt, dessen Enden in ein Gefäß mit Wasser tauchen, so daß die Quecksilberkugel stets von dem nassen, eng anliegenden Mousselin umgeben ist. Die Verdunstung

Figur 57 b

des Wassers an dem Mousselin ist um so stärker, je trockener (relativ) die Luft ist. Bei der Wasserverdunstung entsteht aber Kälte, daher muß das feuchte Thermometer gegenüber dem trockenen, welches die richtige Lufttemperatur anzeigt, um so weniger Grade anzeigen, je trockener die Luft. Den der Differenz der beiden Thermometer entsprechenden relativen Feuchtigkeitsgehalt der Luft kann man den von W. Fleischmann für Lufttemperaturen zwischen 8 und 38 ⁰ errechneten Tabellen entnehmen. Für niedrigere und höhere Temperaturen kann man die Formel $F = F' - 0.64 (t - t')$
zur Errechnung der absoluten Feuchtigkeit (F) benutzen. In dieser bedeutet t die Angabe des trockenen, t' des freuchten Thermometers und F' die absolute Feuchtigkeit der Luft bei der Temperatur t'.

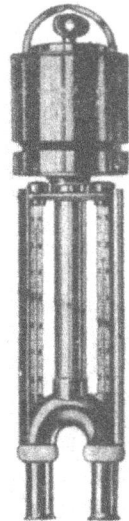

Die Fleischmann - Tabellen und die Berechnungsformel gelten für mäßig bewegte Luft, die Resultate sind daher etwas ungenau, da „mäßig bewegt" kein bestimmter Begriff ist.

Viel genauere Resultate gibt das Aspirations-Psychrometer nach Aßmann (Figur 57 c). Die Quecksilberkugeln der beiden Thermometer sind bei diesem, um Beeinflussung der Thermometer durch Strahlung zu verhindern, mit vernickelten Schußrohren umgeben, durch welche mittels eines Uhrwerkventilators ein Luftstrom von ca. 2 m/sek. gesaugt wird. Nach etwa 3 bis 4 Minuten werden beide Thermometer abgelesen. Die relative und absolute Feuchtigkeit kann man den Aspirations-Psychrometer-Tafeln, herausgegeben vom Königl. Preußischen Meteorologischen Institut,

Fig. 57 c.

entnehmen. Bei richtiger Handhabung stimmen die Zahlen mit den nach der eingangs erwähnten Standardmethode vollkommen überein.

Aus dem relativen Feuchtigkeitsgehalt der Luft in Gerste- und Malzhäufen läßt sich auch ein Schluß auf den Wassergehalt der Gerste und des Malzes ziehen. Nach obigen Ausführungen würde, wenn man für Gerste bei 100 prozentig gesättigter Luft den gleichen Höchstwassergehalt wie für Stärke (25 g Wasser auf 100 g Trockensubstanz) annimmt bei 60 % Feuchtigkeit in der

Haufenluft auf 100 g Gersten-Trockensubstanz $\dfrac{25 \times 60}{100} = 15$ g

Wasser treffen, dies entspräche $\dfrac{15 \times 100}{100 + 15} = 12{,}1$ g Wasser in 100 g

lufttrockener Gerste.

Zur einfachen und schnellen Bestimmung des Feuchtigkeits-gehaltes der Haufenluft kann das in Figur 57 d abgebildete Stech-hygrometer von W. Lambrecht AG., Göttingen, dienen. Dasselbe bildet ein Haar-Hygrometer, das mit dem unteren Rohr in den Haufen gesteckt wird, der relative Feuchtigkeitsgehalt kann nach einiger Zeit oben an der Skala abgelesen werden.

Fig. 57 d.

Optik=Lehre vom Licht.

Von einem leuchtenden Körper gehen Lichtwellen aus, welche den im Grunde des Auges liegenden Lichtnerv erregen können und dadurch eine Lichtempfindung hervorrufen. In einem gleichartigen Mittel pflanzt sich das Licht geradlinig fort. Daraus ergibt sich die Entstehung von Schatten und Halbschatten. Die Geschwindigkeit, mit welcher der Lichstrahl sich fort-bewegt, beträgt rund 300 000 km in der Sekunde. Diese Zahl ist durch Messung der Geschwindigkeit des Planetenlichtes, der Geschwindigkeit des Fixstern-lichtes und durch Messungen an irdischen Lichtquellen übereinstimmend ge-funden worden.

Nach Newton ist das Licht ein unwägbarer, von den leuchtenden Körpern ausgehender Stoff. Man nennt diese Hypothese die Emissionslehre. Nach Huyghens dagegen ist das Licht eine Wellenbewegung. Diese Un-dulations- oder Wellentheorie ist geeigneter, die optischen Erscheinungen zu erklären und daher auch weiter ausgebaut worden, als die Emissionstheorie. Fresnel erklärte die Lichterscheinung durch Transversalschwingungen eines den ganzen Weltenraum erfüllenden Körpers, den er Aether nannte. Die verschiedenen Farben des Lichtes unterscheiden sich durch die verschiedene Wellenlänge.

Unter der Helligkeit einer Lichtquelle versteht man die von ihr aus-gestrahlte Lichtmenge, dagegen ist Beleuchtungsstärke diejenige Lichtmenge, die ein cm² der Oberfläche irgend eines beleuchteten Körpers empfängt. Die Lichtstärke ist in einem durchsichtigen Mittel umgekehrt proportional dem Quadrate der Entfernung von der Lichtquelle, da sich die gegebene Licht-menge kugelförmig im Raume ausbreitet. Will man die Leuchtstärke einer Lampe, etwa einer Glühbirne bestimmen, so kann dies nur durch Vergleich mit einer anderen Lichtquelle geschehen. Als solche Normallampe dient die Hefnerlampe, in welcher reines Amylacetat bei 46 mm Flammenhöhe aus einem Docht von vorgeschriebenen Abmessungen verbrannt wird. Dieses Hefnerlicht dient als Lichteinheit und wird Hefnerkerze oder HK genannt.

Lichtmesser oder Photomesser sind Vorrichtungen zur Messung der Stärke von Lichtquellen. Dieselben sind entweder so gebaut, daß die beiden von zwei Lichtquellen geworfenen Schatten eines Gegenstandes verglichen werden oder daß beide Lichtquellen einen durchscheinenden Schirm von beiden Seiten her erhellen. Im ersten Falle kann man die Lampen so lange verschieben, bis die Schatten gleiche Stärke haben, im zweiten Falle verschwindet ein auf einem Papierschirm befindlicher Fettfleck bei gleichstarker Beleuchtung von jeder Seite. In jedem Falle verhalten sich nach der Einstellung die Lichtstärken wie die Quadrate ihrer Entfernungen vom Schirm.

Die Hauptquelle des Lichtes ist die Sonne. Künstliche Lichtquellen sind glühende Körper, wie die elektrische Glühlampe und das Gasglühlicht, brennende Körper, brennender Holzspahn, elektrische Bogenlampe, Gasflamme usw., sowie phosphoreszierende Körper.

Wenn ein Lichtstrahl von einem durchsichtigen und homogenen Körper in einen anderen, ebensolchen Körper eintritt, so teilt er sich in zwei Teile. Der eine Teil wird an der Grenzfläche zurückgeworfen oder reflektiert, der andere dringt in das zweite Mittel ein und wird gleichzeitig von seiner geradlinigen Bahn abgelenkt, er wird gebrochen. Ist die Trennungsfläche nicht eben, so wird das Licht an der Trennungsfläche unregelmäßig zurückgeworfen, zerstreut. Auf diesen beiden Erscheinungen beruht die Konstruktion optischer Instrumente. Die wichtigsten Reflexionsgesetze sind folgende:

1. Der einfallende Strahl, die Normale, die im Einfallspunkt errichtete Senkrechte und der reflektierte Strahl liegen in einer Ebene.
2. Der Einfallswinkel (a) ist gleich dem Reflexionswinkel (a$_1$) (Figur 58).
3. Bei einem Planspiegel werden die von einem leuchtenden Punkte ausgehenden Lichtstrahlen so reflektiert, daß das Auge den Punkt ebenso-

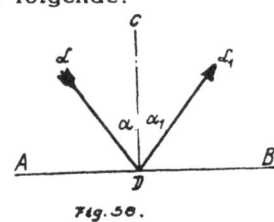
Fig. 58.

Figur 59
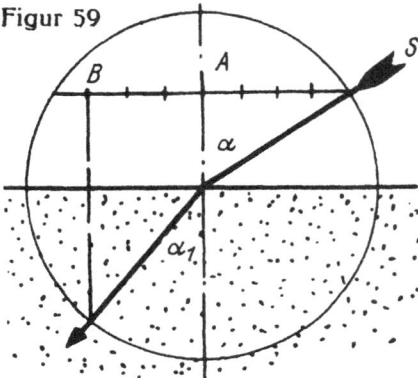

weit hinter dem Spiegel sieht, als der Punkt vor dem Spiegel liegt.
4. Gekrümmte Spiegelflächen verändern das Bild des Gegenstandes in mannigfacher Weise

Die wichtigsten Geseße der Lichtbrechung sind folgende:
1. Einfallslot einfallender Strahl und gebrochener Strahl liegen in derselben Ebene.
2. Zwischen dem Einfallswinkel und dem Brechungswinkel besteht ein bestimmtes, von der Art der beiden Körper abhängiges Ver-

hältnis, welches man den Brechungsquotienten oder auch Brechungsexpo-
nenten nennt. In Figur 59 tritt der Lichtstrahl aus Luft in Wasser. Der
Brechungsexponent ist in diesem Falle $^4/_3$ Daher ist die Strecke AS = 4
und die Strecke AB = 3 Einheiten lang. Da der Lichtstrahl vom dünneren
ins dichtere Medium eintritt, so wird er auf das Einfallslot zugebrochen.
Der Brechungsexponent von Luft zu Glas ist $^3/_2$. Die Ursache der Lichtbrechung
ist die verschiedene Geschwindigkeit, mit welcher sich das Licht in den verschiedenen Mitteln fortbewegt.

Tritt ein Lichtstrahl aus einem dichteren in ein dünneres Medium, so
wird er vom Einfallslot abgebrochen. Ist der Winkel, unter dem er auf die
Grenzfläche fällt, kleiner, als die Differenz zwischen Einfalls- und Brechungswinkel, so kann er nicht in das dünnere Medium eindringen, sondern wird
total reflektiert, d. h. wie an einem vollkommenen Spiegel in das dichtere
Medium zurückgeworfen. Man beobachtet diese Erscheinung, wenn man in
schräger Richtung von unten gegen eine Wasserfläche sieht.

Das Refraktometer.

Die Einrichtung des Refraktometers beruht auf der Verschiedenheit
der Strahlenbrechung zwischen Glas und Bier, wenn die Biere verschiedene
Zusammensetzung zeigen und gestattet daher aus einem gefundenen Ab-
lenkungswinkel die Zusammensetzung des Bieres zu berechnen, wenn man
das spez. Gewicht des betr. Bieres kennt. Es sind zwei verschieden gebaute Refraktometer für Bier-analyse im Gebrauch, das Tornoe-'sche und das Zeiß'sche, deren Handhabung und Anwendung in dem Buche: „Die Brautechnischen Untersuchungsmethoden von F. Pawlowski, zweite Auflage, be-arbeitet von Dr. Doemens, Verlag R. Oldenbourg, München 1920" genau beschrieben ist. Der haupt-sächlichste Teil des Tornoe'schen Refraktometers ist ein Glastrog,

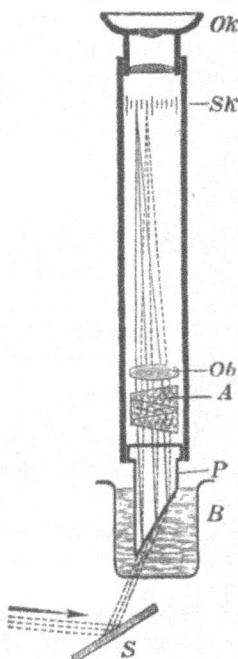

Figur 61

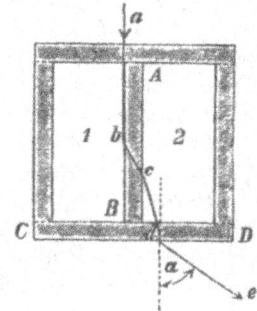

Figur 60

wie ihn im Querschnitt Figur 60 zeigt. Der von a
kommende Lichtstrahl, welcher im Wasser (1) unter
einem Einfallswinkel von nahezu 90⁰, d. i. streifend, auf
die Scheidewand AB einfällt, wird an der Glaswand bei
b zum Einfallslot gebrochen und würde, wenn die zweite
Hälfte des Glasprimas gleichfalls mit Wasser gefüllt
wäre, parallel zur Einfallsrichtung des Strahles austreten;
da er aber hier in ein dichteres Medium als Wasser,
Bier [2], gelangt, wird er nicht parallel austreten,
sondern von den Parallelen ab zum Einfallslot gebrochen.
Das Endresultat der Brechung des Strahles gibt den
Winkel a, welcher mit Hilfe eines Fernrohres abgelesen wird.

Das Eintauchrefraktometer von Zeiß, Jena, besißt als hauptsächlichsten Teil ein schief abgeschnittenes Glasprisma (Figur 61), mit welchem durch ein Fernrohr die Grenzlinie der totalen Reflexion einmal für Wasser, dann für das zu untersuchende Bier an einer Skala abgelesen wird. Aus dem Unterschied bei den Ablesungen ergibt sich der Brechungswinkel des betr. Bieres.

Im übrigen sind beiden Apparaten genaue Gebrauchsanweisungen beigegeben.

Linsen und Lupe.

Zufolge des Brechungsgesetzes geht ein Bündel paralleler Lichtstrahlen, das schief auf eine planparallele Glasplatte auffällt, parallel mit sich, aber etwas von der Stelle gerückt, auf der anderen Seite weiter. Bei einem Prisma wird es gebrochen und geht in anderer Richtung weiter und beim Durchgang durch eine Linse wird es entweder auf einen Punkt konzentriert (Konvexlinse) oder nach allen Seiten in den Raum kegelförmig zerstreut (Konkavlinse). Bei unseren Instrumenten, besonders dem Mikroskop, als dem wichtigsten, haben wir es nur mit konvexen, oder Sammellinsen zu tun.

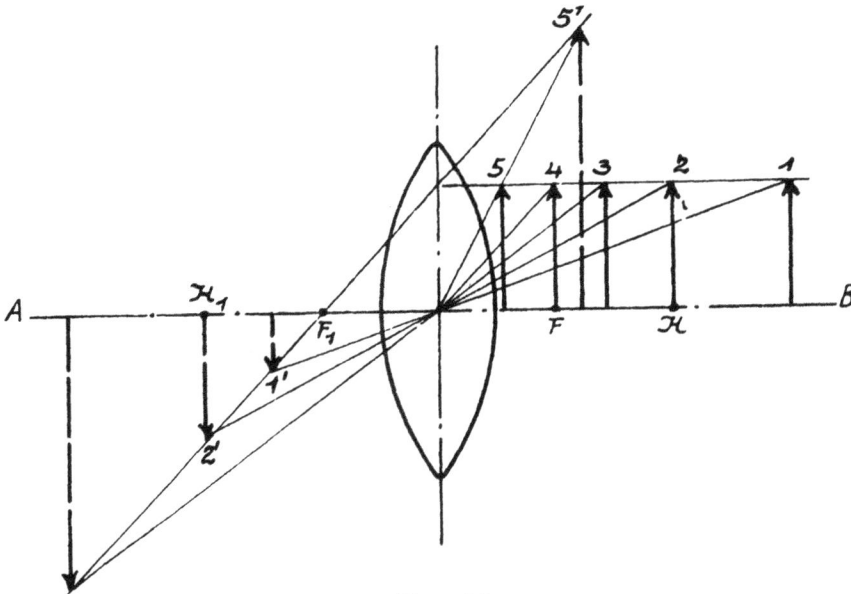

Figur 62

Man unterscheidet bei diesen (Fig. 62) die beiden Brennpunkte F u. F_1, und die Krümmungsmittelpunkte H und H_1. Der Krümmungsradius ist gleich der doppelten Brennweite. Lichtstrahlen, die parallel zur Achse der Linse (AB) auffallen, werden so gebrochen, daß sie sich im Brennpunkt vereinigen. Ein Lichtstrahl durch den Linsenmittelpunkt geht ungebrochen, also geradlinig hindurch. Daraus leitet sich die Konstruktion der Bilder ab.

Fall 1: (immer Fig. 62). Gegenstand außerhalb des Krümmungsmittelpunktes, Bild umgekehrt, verkleinert (1[1]).

Fall 2: Gegenstand im Krümmungsmittelpunkt, Bild umgekehrt und gleich groß. (2[1])

Fall 3: Gegenstand zwischen Krümmungsmittelpunkt und Brennpunkt, Bild umgekehrt, vergrößert. (3[1])

Fall 4: Gegenstand im Brennpunkt, Bild im Unendlichen, nicht auffangbar.

Fall 5: Gegenstand innerhalb der Brennweite, Bild nicht auffangbar, nicht umgedreht, vergrößert und auf der gleichen Linsenseite wie der Gegenstand.

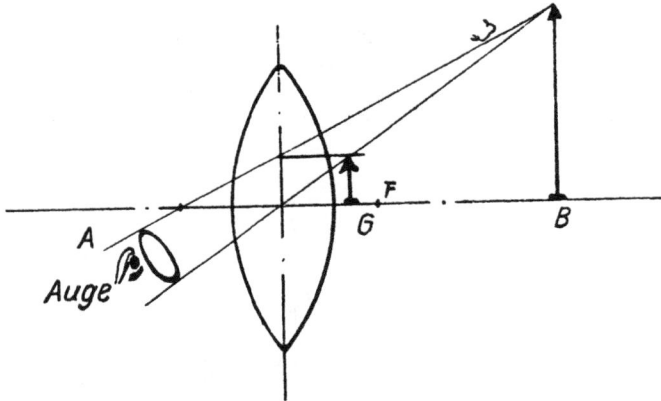

Figur 63

Der letzte Fall wird praktisch angewendet, wenn man eine Konvexlinse als Luft gebraucht.

Das Auge befindet sich bei A (Figur 63) und sieht den kleinen, innerhalb der Brennweite liegenden Gegenstand G in B aufrecht und vergrößert.

Da man die Linsenfläche niemals mit absoluter Genauigkeit schleifen kann, werden in Wirklichkeit nicht alle Strahlen genau in einem Punkt vereinigt. Hierdurch wird der Brennpunkt zu einer kurzen Strecke ausgezogen, welche man die sphärische Abweichung nennt. Man vermindert diesen Mangel durch Kombination mehrerer Linsen zu einem Linsensystem.

Farbenzerstreuung des Lichtes.

Unter Zerstreuung des Lichtes oder Dispersion versteht man die Zerlegung desselben in Farben. Das durch diese Zerlegung entstehende Bild, das Spektrum, setzt sich aus folgenden Farben zusammen: Rot, Orange, Gelb, Grün, Blau, Indigo, Violett. Ein solches Farbenband entsteht beim Durchgang des Lichtes durch ein Glasprisma, wobei das Violett am weitesten abgelenkt wird. Auch beim Durchgang durch jede Linse wird das Licht in dieser Weise zerlegt, wodurch die Bilder einfacher Linsen unscharf werden durch einen farbigen Rand. Verbindet man aber eine Konvexlinse aus

Crownglas mit einer Konkavlinse aus Flintglas, so werden gewissermaßen zwei Spektren übereinandergelegt. Hierbei überdecken sich komplementäre Farben und es bleibt nur noch ein kaum feststellbarer Farbenrest. Solche Doppellinsen geben, ein scharfes Bild und heißen Achromatische Linsen. Die Fernrohrobjektive bestehen aus zwei, die Mikroskopobjektive aus drei und mehr Linsen zur Vermeidung der sphärischen und chromatischen Abweichung.

Auf der Farbenzerstreuung des Lichtes in unzähligen Regentropfen beruht die Entstehung des Regenbogens. Dagegen ist die Entstehung der Farben einer dünnen, auf Wasser schwimmenden Oelschicht auf die Entstehung sogenannter Interferenzfarben zurückzuführen. Interferenz des Lichtes tritt nach der Wellentheorie in einem Punkte ein, zu welchem von einem Lichtpunkt auf mehreren Wegen Strahlen gelangen. Die Farben werden durch den Gangunterschied der beiden Strahlen hervorgerufen. Ein ebensolcher Gangunterschied entsteht, wenn das Licht teils an der oberen, teils an der unteren Fläche des dünnen Oelhäutchens reflektiert wird.

Das Mikroskop.

Am unteren Ende einer Messingröhre (Tubus) (Figur 64) ist ein Linsensystem (Objektiv, Ob), angeschraubt. Eine zweite, in der ersten verschiebbare Röhre, enthält die Augenlinse (Okular, Ok) Das Objektiv erzeugt von dem außerhalb der Brennweite liegenden Gegenstand L das reelle, umgekehrte Bild B. Dieses wird durch das Okular betrachtet, wobei es innerhalb dessen Brennweite liegt, wie durch eine Lupe und stellt sich dem Auge dar als das nicht wirkliche, also nicht auffangbare Bild B_1. Es liegt umgekehrt wie der Gegenstand.

Die Größe eines Objektes bestimmt man mit dem Okularmikrometer. Den Wert eines Teilstriches desselben bestimmt man, indem man ein Objektmikrometer von bekannter Skalengröße so unter das Mikroskop legt, daß im Gesichtsfeld beide Skalen übereinander fallen und verglichen werden können.

Rechnerisch findet man die Gesamtvergrößerung des Mikroskopes, indem man die Eigenvergrößerungen von Objektiv und Okular miteinander multipliziert. Die Höhe der Eigenvergrößerungen sind im Katalog des optischen Werkes, welches das Mikroskop gebaut hat, enthalten.

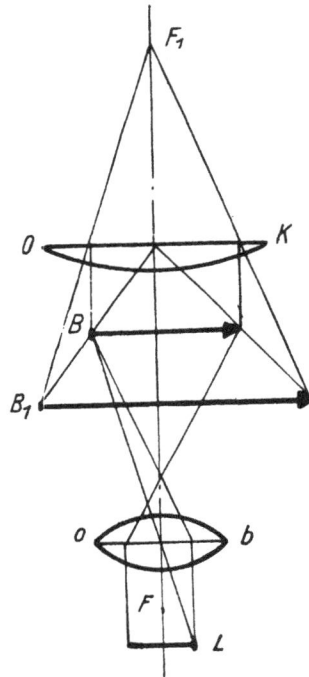

Figur 64

Die sogenannte numerische Apertur eines Objektives ist eine Größe, welche maßgebend ist für die Helligkeit des mikroskopischen Bildes. Die numerische Apertur ist nach Abbe gleich dem Quotienten aus der Brennweite des Objektivsystems in den Halbmesser des in der Ebene des hinteren Brennpunktes genommenen Querschnittes des austretenden Strahlenkegels. Die Bildhelligkeit ist dem Quadrate der numerischen Apertur proportional. Je größer die numerische Apertur ist, desto heller ist das Bild und desto besser das Auflösungsvermögen. Daher sind die Immersionssysteme, bei welchen zwischen Objektiv-Frontlinse und Deckglas sich ein Tropfen eingedicktes Zedernholzöl befindet, den Trockensystemen überlegen. Für die Praxis eines Brauereilaboratoriums ist jedoch im allgemeinen ein gutes Trockensystem, wenn es optisch hinreicht, wegen der bequemeren Handhabung vorzuziehen. Zur Beleuchtung des Objektes genügt bis zu 100facher Vergrößerung ein Planspiegel, bis zu 800facher Vergrößerung ein einfacher Hohlspiegel. Für stärkere Vergrößerungen werden besondere Beleuchtungsapparate (Kondensoren) angewandt. Das sind Linsensysteme, die das Licht auf einen Punkt konzentrieren. Will man auch bei schwachen Vergrößerungen mit dem Kondensor arbeiten, so benützt man den Hohlspiegel und senkt den Beleuchtungsapparat ein wenig. Außer der gewöhnlichen Hellfeldbeleuchtung kann man durch seitliches Verschieben der Blendenöffnung eine seitliche Beleuchtung erzielen, welche manche Feinheiten besser erkennen läßt, oder man kann zur Dunkelbeleuchtung übergehen, bei welcher alles Licht von seitwärts auf den Gegenstand fällt, so daß man denselben hell auf dunklem Grunde sieht. Diese Anordnung heißt Ultra-Mikroskop und kann dazu dienen, die kolloidalen Teilchen (Suspensoide) z. B. einer Silberlösung in ihrer lebhaften Molekularbewegung sichtbar zu machen. Bei Bier gelingt dies nicht, weil die im Bier enthaltenen kolloidalen Teilchen (Emulsoide) das Licht nicht genügend stark reflektieren. Es tritt daher nur eine schwache Aufhellung des Gesichtsfeldes ein.

Die Größe des wirklichen Gesichtfeldes nimmt mit steigender Vergrößerung ab. Bei 600facher Linearvergrößerung und 10 cm scheinbarem Gesichtfelddurchmesser beträgt der Durchmesser des wirklichen Gesichtsfeldes nur ⅙ mm, so daß man das Präparat längs der 20 mm langen Kante eines Deckgläschens 120mal verschieben muß, um dasselbe vollständig gesehen zu haben. Wollte man den Tropfen Flüssigkeit, der sich unter einem solchen Deckgläschen befindet ganz durchsehen, so müßte man 14 400mal verschieben.

Es ist daher besonders für den Anfänger ratsam, jedes Präparat zuerst mit einer schwachen und dann erst mit einer starken Vergrößerung zu betrachten.

Polarisiertes Licht.

Das Licht besteht, wie schon oben S. 96 erwähnt, in einer Bewegung des Weltäthers. Diese Bewegung ist eine wellenförmige, und zwar erfolgen die wellenförmigen Schwingungen der Aetherteilchen senkrecht zur Richtung des Lichtstrahles. Bei einem direkt auf das Auge gerichteten Lichtstrahl würde man demnach von den auf- und absteigenden Bewegungen der Aetherteilchen nur eine senkrechte Linie sehen, wie in Fig. 65, I dargestellt. In der

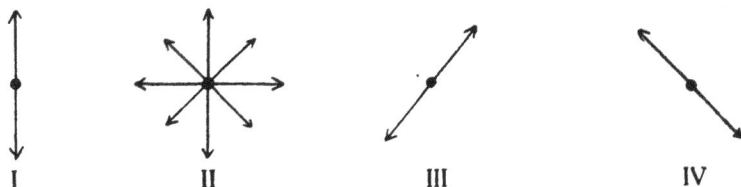

Figur 65

Figur bedeutet der Punkt in der Mitte die Achse der Wellenbewegung, also die Strahlrichtung, welche man sich senkrecht zur Papierebene zu denken hat. In Wirklichkeit erfolgen aber beim gewöhnlichen Licht die Schwingungen des Aethers nicht nur in dieser einen Ebene, sondern in allen Ebenen, welche sich durch die Strahlrichtung legen lassen. Ein gewöhnlicher Lichtstrahl entspricht demnach dem Bilde Fig. 65, II. Bei polarisiertem Licht dagegen erfolgen die Schwingungen nur in einer einzigen Ebene, entweder in senkrechter (Fig. 65, I), wagrechter oder auch in irgend einer anderen Richtung. Um gewöhnliches Licht in polarisiertes zu verwandeln, gibt es verschiedene Mittel. So wird das unter einem bestimmten Winkel auf eine geschwärzte Glasplatte fallende Licht als polarisiertes Licht reflektiert. Auch durch Brechung kann gewöhnliches Licht polarisiert werden. Beim Durchgang durch manche Mineralien erleidet das Licht eine Doppelbrechung, indem der gewöhnliche Lichtstrahl in zwei polarisierte Strahlen zerlegt wird, deren Schwingungsebenen senkrecht aufeinander stehen. In besonders hohem Grade zeigt die Doppelbrechung der Kalkspat, namentlich der isländische Doppelspat in Rhomboederform. Die zwei in senkrecht auf einanderstehenden Ebenen schwingenden, polarisierten Strahlen würden vereinigt wieder

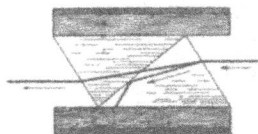

Figur 66

gewöhnliches Licht geben. Will man daher durch Kalkspat polarisiertes Licht erhalten, so muß vor dem Austritt aus dem Kalkspat der eine Strahl entfernt werden. Man erreicht dies, da der eine Strahl (der extraordinäre) nicht den gewöhnlichen Brechungsgesetzen folgt, in vollkommener Weise durch das Nicolsche Prisma. Dasselbe wird hergestellt, indem man ein besonders geformtes Kalkspatprisma in schräger Richtung durchsägt und dann wieder mit Kanadabalsam aneinanderkittet. Der von links her (Fig. 66) kommende Strahl, wird bald nach seinem Eintritt in das Prisma in zwei polarisierte Strahlen zerlegt, von denen der eine nach links abgelenkt und von der Fassung absorbiert wird, während der andere vollständig polarisiert das Prisma verläßt. Passiert nun polarisiertes Licht gewisse Mineralien oder Salze, so findet eine merkwürdige Veränderung statt, indem die Schwingungsebene eine Veränderung, eine Drehung entweder nach rechts (Fig. 65, III) oder nach links (Fig. 65, IV) erfährt. Man nennt solche Substanzen optisch aktiv, die einen rechts drehend, die andern links drehend. Auch die Lösungen mancher Stoffe, wie Zucker, Dextrin, Eiweiß, Stärke usw., sind optisch aktiv. Die Stärke der Drehung der Schwingungsebene ist bei jedem optisch aktiven Körper eine andere. Sie wird bestimmt durch einen Polarisationsapparat, dessen wesentlichste Teile zwei Nicolsche Prismen bilden, die in Metallrohren eingeschlossen sind (Fig. 67). Rechts steht eine Natriumflamme, deren

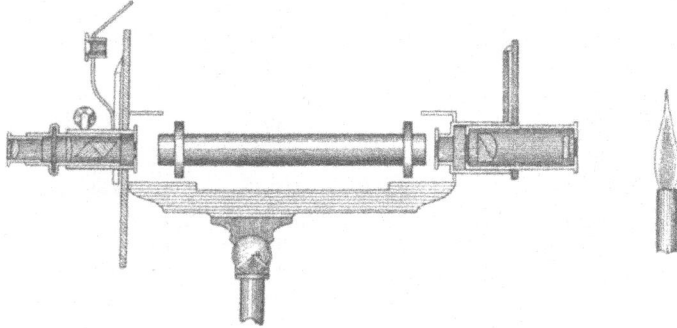

Figur 67

Licht durch die ganze Länge des Apparates hindurchgeht. Das Prisma rechts, durch welches das Natriumlicht zuerst durchgeht, nennt man den Polarisator, das andere den Analysator. Die modernen Apparate sind meist Halbschattenapparate, bei denen das Gesichtsfeld, wenn man von links durch den Apparat blickt, durch eine senkrechte Mittellinie in zwei Hälften geteilt ist. Stehen beide Prismen parallel, so sind, wenn sich in dem Glasrohr in der Mitte (Beobachtungsröhre) Luft oder reines Wasser befindet, beide Gesichtsfeldhälften gleich schwach erhellt (Fig. 68). Mittels einer Scheibe, welche mit Kreisteilung versehen ist, ist das Rohr mit dem Analysator um die Längsachse des

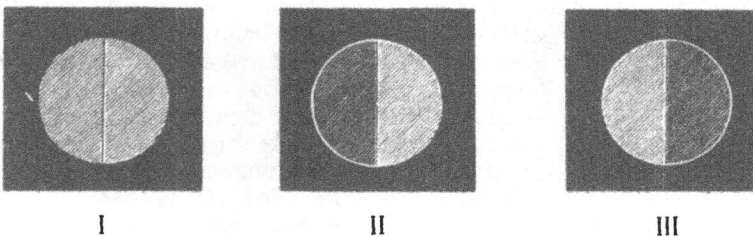

I   II   III

Figur 68

Rohres drehbar. Dreht man etwas nach rechts, so wird die linke Hälfte (Fig. 68, II), nach links die rechte Hälfte (Fig. 68, III) dunkel. Gibt man nun in die Beobachtungsröhre statt Wasser die Lösung einer optisch aktiven Substanz, nachdem man vorher genau auf Stellung I eingestellt hat, so wird die linke oder rechte Gesichtsfeldhälfte nun dunkel erscheinen, und man muß, um das Gesichtsfeld I zu erhalten, etwas nach rechts oder links drehen, je nachdem die Substanz, rechts- oder linksdrehend ist. Die Stärke der

Drehung, der Drehungswinkel (α), ist nicht nur abhängig von der Art der gelösten Substanz, sondern auch proportional der Länge der Beobachtungsröhre und annähernd der Konzentration der Lösung. Auch wird der Drehungswinkel etwas beeinflußt von der Temperatur. Das spezifische Drehungsvermögen, $[\alpha]_D$, nennt man die Zahl, welche angibt, um wie viel Grad der Analysator zu drehen ist, wenn die Lösung in 100 cm³ 10 g Substanz enthält und die Beobachtungsröhre 1 m lang ist. Mit den Vorzeichen + und — vor dieser Zahl deutet man an, ob die Substanz rechts- oder linksdrehend ist. Der Ausdruck $[\alpha]_D^{20} = +150$ bedeutet: Der Drehungswinkel (α) einer 10 prozentigen (10 g in 100 cm³) Lösung der betreffenden Substanz mit einem 1 m langen Rohr beträgt bei 20° C und Natriumlicht (D) 150° nach rechts (+). In einem gewöhnlichen Apparat mit einer 0,2 m langen Beobachtungsröhre würde die Drehung demnach nur 150×0,2° und bei einer 3prozentigen Lösung nur $\frac{150 \times 0,2 \times 3}{10} = 9°$ betragen. Umgekehrt kann man aus dem beobachteten Drehungswinkel, wenn $[\alpha]_D$ bekannt ist, den Prozentgehalt einer Lösung einer optisch aktiven Substanz berechnen, wovon man vielfach Anwendung macht, auch in Brauereilaboratorien zur Bestimmung des Stärkegehaltes von Gerste.

Das spezifische Drehungsvermögen beträgt für

Stärke (in Schwefelsäure gelöst) . . .	+ 191,7
Amylodextrin (Lintner)	+ 196
Eythrodextrin I „	+ 196
Achroodextrin I „	+ 192
„ II „	+ 183
Maltose	+ 137
Rohrzucker (10 % u. 20° C)	+ 66,58
Dextrose „ „ „	+ 52,74
Laevulose „ „ „	— 92,25
Invertzucker „ „ „	— 21,4

Würde demnach der Drehungswinkel einer Maltoselösung bei 0,2 m Länge gleich 15° gefunden sein, so würde eine 1 meter lange Schicht $\frac{15}{0,2} = 75°$ drehen. 137° entsprechen 10%, demnach entsprechen 75° $\frac{10 \times 75}{137} = 5,43\%$ Gehalt.

Kraft, Bewegung und Arbeit.

1. Kraft.

Kräfte äußern sich an einem Körpern auf zweifache Weise. Ist der Körper in Ruhe, d. h. wird er irgendwie festgehalten, so tritt die Kraft als Zug oder Druck in Erscheinung. Die Lehre von dem Gleichgewicht von Kräften, die an einem derartigen Körper angreifen, wird als Statik bezeichnet. Ist dagegen ein Körper in seiner Bewegung nach einer Richtung nicht gehemmt, so wird eine an ihm angreifende Kraft ihn in Bewegung versetzen. Die Dynamik befaßt sich mit dem Verhalten der Körper in Bewegung.

Die Lehre von den Kräften (Statik).
Allgemeine Gesetze.

Kraft äußert sich auf einen Körper entweder durch Zug oder Druck. Ein vor einen Wagen gespanntes Pferd wird durch Aufwendung von Zugkraft den Wagen von der Stelle bringen. Ein Stein in unserer Hand macht sich durch einen seinem Gewicht entsprechenden Druck auf unsere Handfläche bemerkbar. Für alle an einem Körper angreifenden Kräfte sind folgende Punkte maßgebend und bestimmen sie zugleich:

1. Der Angriffspunkt einer Kraft.
2. Die Richtung der Kraft.
3. Die Größe der Kraft.

Der Angriffspunkt läßt sich in der Kraftrichtung beliebig verschieben. Es ist gleichgültig ob ich einen Sack in der Mitte oder oben bzw. unten aufhänge, die auf das Seil wirkende Kraft bleibt dieselbe

Die Richtung einer Kraft können wir uns auf dem Papier (graphisch) durch eine gerade Linie dargestellt denken. Auf dieser Geraden können wir außerdem die Größe der wirkenden Kraft darstellen, indem wir beispielsweise für 1 kg eine Strecke von 1 cm annehmen. Die graphische Darstellung einer Kraft von 6 kg, an einem Körper unter einem Winkel von etwa 45° angreifend, gibt dann z. B. folgendes Bild (Figur 69).

Ist ein Körper in Ruhe, so heißt das, daß sämtliche an ihm angreifenden Kräfte sich im Gleichgewicht befinden. Wirken an einem Körper nur zwei Kräfte, so kann der Körper nur dann in Ruhe bleiben, wenn die beiden Kräfte gleich groß und entgegengesetzt gerichtet sind. Ein Wagen z. B. an den vorne und hinten ein gleichstarkes Pferd gespannt ist, wird sich nicht von der Stelle bewegen. Wirken dagegen 2 Pferde an einem Wagen in derselben Richtung, so wird die auf den Wagen übertragene Zugkraft gleich der Summe der Kräfte sein, die jedes Pferd zu leisten imstande ist.

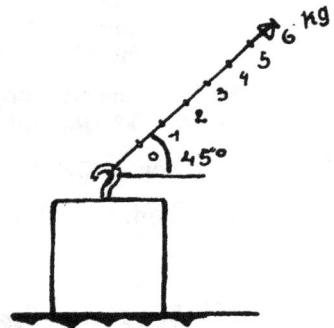

Figur 69

Allgemein gesprochen: Kräfte in der gleichen Richtung wirkend, addieren sich, Kräfte von entgegengesetzter Richtung sind zu subtrahieren. Die aus den beiden Einzelkräften (Komponenten) sich ergebende Kraft wird als Resultante bezeichnet.

Greifen nun an einem Körper (Fig. 70) zwei Kräfte an, die in ihrer Richtung einen Winkel miteinander einschließen, so lassen sie sich ebenfalls

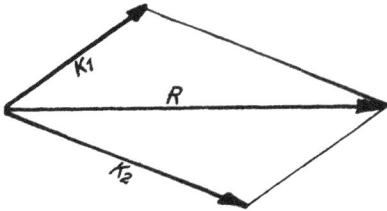

Figur 70

durch eine Resultante ersetzen. Die Resultante ergibt sich als die Diagonale des aus den beiden Teilkräften (Komponenten) zu konstruierenden Parallelogramms. (Kräfteparallelogramm.) Umgekehrt läßt sich eine Kraft immer in 2 Teilkräfte zerlegen. Man hat in diesem Fall aus der Richtung der gegebenen Kraft und den Richtungen der beiden Teilkräfte, die bekannt sein müssen, das Kräfteparallelogramm zu konstruieren und kann daraus, wenn die Figur im Kräftemaßstab gezeichnet ist, die Größe der Komponenten herausmessen.

Z. B.: Eine Last hänge an einem an einer Wand befestigten Ausleger der aus 2 Streben besteht (Fig. 71). Die Größe der Last L sei bekannt. Die Richtungslinie der Kraft ist bekannt, nämlich lotrecht nach abwärts (Schwerkraft). Die Kraft muß von den beiden Streben A B und C B aufgenommen werden. Man hat also lediglich im Punkt B die Kraft L anzutragen in einem bestimmten Maßstabe (etwa 1 cm = 10 kg) und aus den Richtungslinien der Kraft L und der Streben A B und B C ein Parallelogramm zu konstruieren, um die Größe der die Streben beanspruchenden Kräfte zu ermitteln. Greifen mehr wie 2 Kräfte an einem Körper an, so vereinigt man immer je 2 Kräfte zu einer Resultante und ermittelt aus diesen Resultanten die endgültige Mittelkraft durch wiederholte Anwendung des Kräfteparallelogramms.

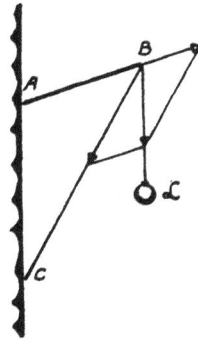

Figur 71

Durch diese vorstehend angegebene Konstruktion des Kräfteparallelogramms ist es uns also möglich, jeweils die Richtung und Größe der Kraft anzugeben, durch welche wir mehrere an einem Körper wirkende Kräfte zu ersetzen im Stande sind. Soll an einem Körper Gleichgewicht bestehen, d. h. soll der Körper trotz mehrerer an ihm angreifender Kräfte in Ruhe bleiben, so müssen wir an ihm eine Kraft anbringen, die so groß ist wie die Resultierende aus diesen Kräften aber von entgegengesetzter Richtung.

Das Gleichgewicht, in dem sich ein Körper befindet, kann verschiedenartig sein. Es ist wesentlich davon beeinflußt, in welcher Lage sich der Schwerpunkt des Körpers zu seinem Unterstützungspunkt befindet. Unter S c h w e r p u n k t ist dabei derjenige Punkt eines Körpers verstanden, in dem man sich das ganze Gewicht des Körpers vereinigt denken kann. Hänge ich einen Körper an irgend einem Punkte seiner Oberfläche auf, so wird der Schwerpunkt immer bestrebt sein, die tiefste Stelle einzunehmen.

Die Möglichkeiten für eine Gleichgewichtslage eines Körpers sind dreierlei:

1. stabiles Gleichgewicht. Der Schwerpunkt nimmt seine tiefste Lage ein. Beispiel etwa eine Schwebebahn.

2. labiles Gleichgewicht. Der Schwerpunkt befindet sich über dem Unterstützungspunkt. Als Beispiel möge ein hoher Schrotwagen dienen.

3. indifferentes Gleichgewicht. Der Körper ist im Schwerpunkt aufgehängt. Beispiel: ein sich um seine Achse drehendes Rad.

Ein auf der Erde gehender Mensch, der sich immer im labilen Gleichgewicht befindet, fällt um, sobald ein von seinem Schwerpunkt aus auf den Boden gefälltes Lot über seine Unterstützungsfläche hinausfällt, er darf sich eben nicht zu weit nach irgendeiner Seite neigen. (Standfestigkeit.) Daß der bekannte schiefe Turm von Pisa noch nicht eingefallen ist, beruht lediglich darauf, daß sein Erbauer dieses Gesetz der Standfestigkeit befolgt hat.

Schwerkraft.

Von allen auf der Erdoberfläche wirkenden Kräften ist eine besonders ausgezeichnet, die Schwerkraft. Ihre Richtung ist immer gegeben, sie läuft auf den Erdmittelpunkt zu, also senkrecht zur Erdoberfläche. Jeder Maurer benützt dieses Naturgesetz, wenn er sich überzeugen will, daß die von ihm errichtete Mauer senkrecht steht. Er bedient sich dazu des Senkbleis. Die im stabilen Gleichgewicht sich befindende Bleikugel wird unter dem Einfluß der Schwerkraft immer auf den Erdmittelpunkt hinweisen. Die Kugel wird von der Erde angezogen, sie übt infolgedessen einen Zug auf den Aufhängefaden aus, der gleich ist der Anziehungskraft der Erde. Wir nennen diesen Zug oder auch Druck, je nach der Art wie wir die Kugel am zu Boden fallen hindern, sein Gewicht. Diese Anziehungskraft der Erde ist auf denselben Körper nicht an allen Punkten des Erdballes gleichstark, sie ändert sich mit der Entfernung vom Erdmittelpunkt. Am Pol wird sie, da die Erde abgeplattet ist, am stärksten sein. Auf die Methoden das Gewicht der Körper zu bestimmen und festzulegen ist an anderer Stelle eingegangen.

Reibungskraft.

Reibung tritt auf, wenn wir versuchen, zwei Körper, die mit ihren Unebenheiten ineinandergreifen, unter Druck aneinander vorbeizuführen. Wir müssen eine Kraft aufwenden, um dies zu bewerkstelligen, diese wird als Reibungskraft bezeichnet. Beispiel: eine auf dem Boden stehende Kiste. Ist die Kiste sehr schwer, ist natürlich auch die Kraft groß, die notwendig ist, um sie zu verschieben. Die dazu benötigte Kraft (Reibungskraft) ist aber nie so groß wie das Gewicht der Kiste, sie ist immer ein Bruchteil davon. Wie vielfach sie kleiner ist, richtet sich nach der Unterlage auf der sie ruht. Ist dieselbe glatt, etwa Parkettboden oder eine Eisfläche, so wird das Verschieben der Kiste sehr leicht sein, schwerer wird es uns fallen, sie über einen rauhen Boden zu schieben. Die Reibungskraft muß eben alle die dem Körper sich entgegenstellenden Unebenheiten niederdrücken, ausgleichen.

Aus obigem ersehen wir also, daß die Größe der Reibung abhängt von dem Gewicht, mit dem ein Körper auf seine Unterlage drückt, sowie von der Beschaffenheit der Unterlage. Bezeichnen wir den Normaldruck auf die Unterlage etwa mit N, die Reibungskraft mit R, so gilt also

$$\text{Reibung } R = \mu \cdot N$$

worin μ einen durch Versuche ermittelten Koeffizienten bedeutet, der immer kleiner ist als 1 . Bemerkenswert ist, daß die Formel die Größe der sich aneinander reibenden Flächen nicht enthält, dieselbe ist also auf die Reibungskraft ohne Einfluß. Dagegen ist es nicht belanglos, ob wir einen Körper, der sich in Ruhe befindet, bewegen wollen, oder ob wir einen in Bewegung befindlichen Körper lediglich in Bewegung erhalten wollen. Im ersten Fall haben wir die Reibung der Ruhe zu überwinden, die wesentlich größer ist als die Reibung der Bewegung des 2. Falles. Nachstehend seien einige Koeffizienten μ für verschiedene Materialien angegeben:

	Ruhe	Bewegt
Metall auf Metall	$\mu = 0{,}18$	$\mu = 0{,}17$
	$0{,}12$	$0{,}07$
Lederriemen auf Holz	$\mu = 0{,}30$	$\mu = 0{,}27$
Holz auf Holz	$\mu = 0{,}50$	$\mu = 0{,}36$
Holz auf Eis	$\mu = 0{,}01$	$\mu = 0{,}01$

Z. B.: Ein Schlitten wiege 50 kg und sei mit 2 Personen besetzt (von je 75 kg Gewicht). Die Zugkraft, die nötig ist, um den Schlitten zu bewegen, also die Reibungskraft $R = \mu \cdot N = 0{,}01 \cdot 200 = 2$ kg.

Neben dieser sogenannten gleitenden Reibung haben wir es bei unseren Fahrzeugen, Maschinen usw. auch noch mit der rollenden Reibung zu tun, die natürlich wesentlich geringer ist wie die gleitende. Ein auf seinen Rädern sich fortbewegender Wagen bietet uns ein Beispiel für beide Arten von Reibung. Die Räder rollen über die Unebenheiten des Bodens hinweg, die rollende Reibung überwindend, während an den Achszapfen sich die gleitende Reibung bemerkbar macht, und zwar um so weniger, je sorgfältiger dieselben ausgeführt sind.

In der Praxis treffen wir auf Reibung sowohl als erwünschte wie als hemmende Kraft. Bei verschiedenen Kraftübertragungsmitteln ist die Reibung zu Hilfe genommen, so beim Riementrieb, beim Reibradantrieb, ferner bei Bremsen, Förderbändern usw. Der Mensch macht beim Gehen ständig von ihr Gebrauch. Als hinderndes, kraftverzehrendes Moment tritt sie bei allen Maschinen auf. Sie ist der Grund dafür, daß es uns nicht gelingt, aus einer Maschine die hineingesteckte Energie wieder restlos herauszuholen, sondern ein Teil derselben geht als infolge der Reibung entwickelte Wärme verloren. Durch Schmiermittel sucht man diesen Verlust möglichst zu verkleinern, ebenso durch Vervollkommnung der Lagerkonstruktion (Kugellager) und möglichster Gewichtsverminderung der Triebwerksteile. (Unmöglichkeit des Perpetuum mobile!)

Magnetische und elektrische Kräfte: Siehe Kapitel Elektrizität.

2. Bewegung.

In den vorhergehenden Abschnitten war die Rede von den Kräften und ihrem Gleichgewicht, wir sahen, daß eine Kraft auf einen Körper, der in seiner Bewegung irgendwie gehemmt ist einen Zug oder Druck ausübt. Ist nun eine solche Hemmung nach einer Richtung nicht vorhanden, so wird der Körper der auf ihn einwirkenden Kraft nachgeben, sich bewegen. Ursache von Bewegung ist also ebenfalls Kraft. Hemmung oder Richtungsänderung einer Bewegung kann ebenfalls nur durch Kraft bewerkstelligt werden.

Bewegung kann absolut oder relativ sein. Z. B. bewegt sich ein Reisender der in einem Eisenbahnwagen fährt relativ zu dem Wagen nicht, wohl aber absolut mit dem Zug durch die Landschaft.

Die einfachste Bewegungsart ist die g l e i ch f ö r m i g e B e w e g u n g. Ein Körper bewegt sich gleichförmig, wenn er in gleichen Zeiträumen gleiche Wege zurücklegt. Legt er in diesen Zeiträumen kürzere Strecken zurück als ein andrer so sagt man seine Geschwindigkeit ist geringer. Geschwindigkeit ist also abhängig vom Weg und der dazu benötigten Zeit.

Es sei v die Geschwindigkeit, t die zur Zurücklegung des Weges s benötigte Zeit so ist

$$v = \frac{s}{t}$$

Wollen wir also die Geschwindigkeit etwa eines vorbeifließenden Baches bestimmen, so messen wir am Ufer eine bestimmte Strecke ab und beobachten, wie lange ein in den Bach geworfener Gegenstand braucht, bis er diese Strecke durcheilt, aus der Beziehung $v = \frac{s}{t}$ können wir dann annähernd die Geschwindigkeit des Baches ermitteln. Haben wir die Meßstrecke in m eingesetzt und die Zeit in Minuten so wissen wir damit die Geschwindigkeit in m pro Minute. Größere Wegstrecken und Geschwindigkeiten mißt man in km/Stunde.

Tabelle einiger Geschwindigkeiten in m pro Sekunde = $\frac{m}{sek.}$

	$\frac{m}{sek}$	$\frac{km}{Stunde}$
Fußgänger .	1,4	5,0
Pferd im Schritt	1 — 1,3	4 — 5
Pferd im Trab	3 — 4	11 — 14
Rennpferd	20,0	70,0
Schnecke	0,002	—
Radfahrer	5,0 — 6,0	18,0 — 22,0
Personenzug	15,0 — 20,0	50,0 — 70,0
Schnellzug	25,0 — 28,0	90,0 — 100,0
Elektrische Schnellbahn	40,0 — 50,0	144,0 — 180,0
Automobil	22,0 — 28,0	80,0 — 100,0
Schnelldampfer	14,0 — 17,0	50,0 — 60,0
Flugzeug	75,0 — 200,0	250 — 700
Luftschiff	40,—	140,—
Infanteriegeschoß (Anfangsgeschwindigkeit)	800	—
Geschoß aus Feldgeschütz „	400	—
„ „ Langrohrgeschütz „	1500	—
Brieftaube	30,0 — 36,0	110,0 — 135,0
Schwalbe	40,0 — 70,0	140,0 — 250,0
Adler	30,0 — 45,0	110,0 — 160,0
Wind	2,0 — 4,0	7,2 — 14,4

	$\dfrac{\text{m}}{\text{sek}}$	$\dfrac{\text{km}}{\text{Stunde}}$
Sturm	bis 40,0	bis 140,0
Schall	330,0	—
Erddrehung am Aequator	448,—	1633,—
Licht	3,10⁶	—
Isar in München bei norm. Wasserstand	1,0	3,6
Freier Fall am Ende der 1. Sek. .	9,81	—

Diese gleichförmige Bewegung können wir auch bei Körpern beobachten, die sich um ihre Achse drehen, z. B. ein Schwungrad oder der Maischpropeller. Jeder Punkt dieses Propellers beschreibt eine Kreisbahn und legt dabei in gleichen Zeiten dieselben Wege zurück wie alle anderen auf demselben Durchmesser liegenden Punkte. Die Geschwindigkeit die er dabei hat nennt man die Umfangsgeschwindigkeit und bezeichnet sie etwa mit v. Sie ist umso größer 1. je weiter der Punkt vom Mittelpunkt entfernt ist und 2. je schneller sich der Propeller dreht. Es sei n die Anzahl der Umdrehungen pro Minute, r der Radius des Kreises auf dem der Punkt liegen soll, so ist

$$v = \frac{n \cdot 2 r \pi}{60};$$

Zur Ermittlung der Umdrehungs- oder Tourenzahl bedient man sich des sogenannten Tourenzählers (Fig. 72), der auf einem Zifferblatt ohne weiteres die Tourenzahl ablesen läßt, nachdem man durch Andrücken oder ev. durch Riemenübertragung eine Verbindung mit der zu messenden Antriebswelle etc. hergestellt hat. Die umlaufende oder rotierende Bewegung verdrängt die hin und hergehende (translatorische) Bewegung bei den modernsten Maschinen immer mehr (Turbinen), wegen der größeren Einfachheit sie maschinell zu beherrschen und fortzuleiten. Es finden sich in der Natur auch beide Bewegungsarten gleichzeitig, so z. B. bei einem Wagenrad, das sich

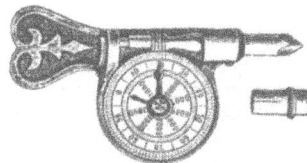

Figur 72

nicht nur um seine Achse dreht, sondern sich auch fortbewegt, auf dem Boden abrollend.

Lassen wir ein Schwungrad mit immer größerer Tourenzahl laufen, so kann es vorkommen, daß es in Stücke fliegt. Jeder Punkt des sich drehenden Rades hat nämlich das Bestreben sich vom Drehmittelpunkt zu entfernen, übt also einen radialen Zug aus, den man als Centrifugalkraft bezeichnet. Sie wächst mit der Entfernung des Körpers von der Drehachse und zwar quadratisch, das heißt bei z. B. doppelt so großem Abstand vom Drehpunkt wird diese Kraft 2² = viermal so groß. Man macht von ihr Gebrauch bei den Kraftregulatoren, bei den Centrifugen, bei rotierenden Gießformen etc.

Gleichförmig beschleunigte Bewegung.

Eine weitere Bewegungsart, die wir sehr oft antreffen und die auch als eine gesetzmäßige Bewegung anzusprechen ist, ist die gleichförmig beschleunigte Bewegung. Sie entsteht wenn auf einen Körper eine gleichbleibende Kraft ständig einwirkt und ist dadurch charakterisiert, daß die Geschwindigkeit von Sekunde zu Sekunde um den gleichen Betrag zunimmt, nimmt sie ab so bezeichnet man die Bewegung als gleichförmig verzögert. Beispiel: ein einen Berg herabrollender Eisenbahnwagen. Das häufigste Beispiel für diese Bewegungsart ist wohl der f r e i e F a l l. Die ständig wirkende Kraft ist hier die Schwerkraft, der Betrag um den die Geschwindigkeit zunimmt ist die Erdbeschleunigung, sie variiert etwas und beträgt ca. 10 m/sec. Der Verlauf der Fallbewegung läßt sich rechnerisch verfolgen und es sei aus den sich dabei ergebenden Formeln die über die Fallzeit herausgegriffen. t sei die Fallzeit in sec., h die Fallhöhe in m, g die oben erwähnte Erdbeschleunigung dann ist die Fallzeit in sec.

$$t = \sqrt{2gh}.$$

Diese Formel hat noch eine besondere Bedeutung bei Ausfluß von Flüssigkeiten aus Gefässen, worauf an anderer Stelle hingewiesen ist. In dieser Formel findet sich bemerkenswerter Weise kein von dem Gewicht des Fallkörpers herrührender Wert. Es fallen also, luftleerer Raum vorausgesetzt, alle Körper gleich schnell, die Bleikugel genau so schnell wie eine Feder. Im lufterfüllten Raum wirkt der Luftwiderstand auf die fallenden Körper ein und zwar verschieden entsprechend dem Volumen der Körper und bewirkt dadurch verschieden lange Fallzeiten.

Ungleichförmige Bewegung.

Nimmt die Geschwindigkeit eines Körpers in der Zeiteinheit nicht um g l e i c h e B e t r ä g e zu, sondern ändern sich diese Zunahmen bzw. Abnahmen willkürlich, so spricht man von einer ungleichförmigen Bewegung, sie ist rechnerisch natürlich nicht erfaßbar.

3. Arbeit.

Wirkt eine Kraft längs eines bestimmten Weges, so verrichtet sie Arbeit.

Zum Beispiel:

Ein Arbeiter hebt ein Faß auf einen Wagen. Das Faß wiege 50 kg, die Hubhöhe betrage 1,5 m. Welche Arbeit leistet der Mann? Er überwindet die Schwerkraft von 50 Kg auf einem Weg von 1,5 m, also ist die geleistete Arbeit 50×1,5 . = 75 m . Kg

$$\text{Arbeit} = \text{Kraft} \times \text{Weg}.$$

Ein weiteres Beispiel:

Eine Welle von 8 cm Durchmesser drehe sich in einem Gleitlager , der Lagerdruck sei 80 kg. Der Umfang der Welle ist dann 8 . 3,14 = 0,2512 m. Der Reibungskoeffizient betrage 0,03 . Die Reibungskraft, die am Umfang des Zapfens wirkt, wird 80 . 0,03 = 2,40 kg, wie wir bereits früher sahen. Bei einer Umdrehung der Welle ist dann die entstehende Reibungsarbeit 2,4 kg × 0,251 m = 0,602 m kg. Die Welle mache 100 Umdrehungen pro

Minute, dann ist die minutliche Reibungsarbeit 60,2 m kg. in diesem Fall eine verlorene Arbeit, sie trägt lediglich zur Erwärmung des Lagers bei.

Wir sahen an früherer Stelle, daß uns die graphische Darstellung ein bequemes Mittel an die Hand gibt, den Verlauf von Kräften darzustellen. Ebenso können wir auch eine graphische Darstellung der Arbeit uns zurecht legen:

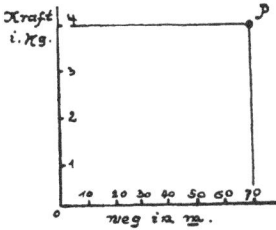

Die horizontale Achse des Koordinatensystems benutzen wir zum Auftragen der Wege in einem beliebigen Maßstab, die vertikale trage die Angaben über die arbeitleistende Kraft ebenfalls in beliebigem Maßstab. Tragen wir nun z. B. die Werte 70 m, bezw. 4 kg ein und ziehen die entsprechenden Parallelen zu den Achsen, so stellt die von diesen und dem Koordinatensystem eingeschlossene Fläche die geleistete Arbeit dar, denn die Fläche eines Rechteckes ist bekanntlich gleich dem Produkte der 2 Seiten also gleich 4×70, was aber der Formel für die verrichtete Arbeit=Kraft×Weg entspricht. Diese graphische Darstellung der Arbeit bildet die Grundlage für das Indikatordiagramm, bei den Arbeitsmaschinen wird davon noch genauer gesprochen.

Figur 73

Unser Arbeiter, der Fässer auf einen Wagen zu verladen hat, kann dies nun in kürzerer oder längerer Zeit fertig bringen. Ist er ein fleißiger Mann, so wird er seine Arbeit bald erledigt haben. Seine Leistung, sagen wir dann, ist eine gute. Unter Leistung oder Effekt verstehen wir also die in der Zeiteinheit geleistete Arbeit, als Zeiteinheit wird dabei die Sekunde gebraucht. Also ist die Einheit der Leistung oder des Effekts = 1 mkg/sec, bei größeren Leistungen geht man nicht von 1 mkg aus, sondern von 75 mkg und spricht dann von einer Leistung von 75 mkg/sec, wofür man die Bezeichnung Pferdestärke allerdings nicht ganz treffend gewählt hat. 1 Pferd leistet nie den vollen Wert einer Pferdestärke. Die englische Bezeichnung h . p (horse-power) = 550 Fußpfund/sec. = 76,04 mkg/sec.

Die Formel für die Leistung ist also

$$N = \frac{P \cdot s}{t} \text{ mkg/sec; oder in Pferdekräften } N = \frac{P \cdot s}{75\,t} \text{ P.S}$$

Als instruktives Beispiel für die oben erläuterten Begriffe sei ein Wasserfall angenommen, dem in jeder Sekunde Q = 2 m³ Wasser zufließen. Er stürzt über eine 30 m hohe Felswand herunter. Es fallen also 2000 Kilo in der Sekunde 30 m senkrecht herab, was einer Leistung entspricht von

$$\frac{2000 \times 30}{1} = 60\,000 \text{ mkg/sec. oder } \frac{60\,000}{75} = 800 \text{ PS.}$$

Theoretisch wäre also für ein dort evtl. zu errichtendes Wasserkraftwerk eine Leistung von 800 PS zu erwarten, in der Praxis würde diese Leistung ja nicht ganz erreicht werden wegen der verschiedenen in den Maschinen auftretenden Verluste.

In unserem Fall werde nun diese von der Natur gebotene Leistung nicht ausgenützt, wo kommen dann eigentlich diese 800 Pferdestärken hin?

Eine genauere Beobachtung der Begleiterscheinungen führt uns zu folgenden Punkten:

Der Wasserfall verursacht ein dröhnendes Getöse, also Schall-Bewegung, Schwingung der Luftmoleküle.

Das Wasser höhlt die Felsen aus, es überwindet die Festigkeit des Gesteins. Es bilden sich starke Wirbel und Wellen.

Ein Teil des Wassers wird in die Höhe geschleudert, zerstäubt, Molekulartrennung.

Der Boden in der Umgebung erzittert, feste Körper werden also in Schwingung versetzt. Die Temperatur am Fuße des Wasserfalls ist höher wie oben, Umsetzung von Arbeit in Wärme.

Arbeitstransformierung oder Umformung.

Unser Beispiel von dem Arbeiter, der einen Wagen mit Fässern belädt, ist noch in einem weiteren Punkt von Interesse.

Der Arbeiter hat nämlich, um sich seine Arbeit zu erleichtern, ein Brett zu Hilfe genommen, über das er die Fässer mit viel weniger Kraftaufwand wie vorher, als er die Fässer auf den Wagen hob, hinaufrollt. Ist die schiefe Ebene zweimal so lang wie die Höhe des Wagenrandes vom Boden, so ist die aufzuwendende Kraft nur halb so groß, denn nach unserer Gleichung Arbeit = Kraft $\times$ Weg müssen, da die geleistete Arbeit immer dieselbe ist, Weg und Kraft sich wechselseitig ergänzen. Ist die zur Verfügung stehende Kraft groß, kann der Weg klein sein und umgekehrt. Bei zahlreichen elementaren Maschinen ist von diesem Grundgesetz Gebrauch gemacht, wie später zu zeigen ist.

Trägheit und Energie.

Beobachten wir eine Rangierlokomotive, die in schneller Fahrt einen Güterwagen vor sich herschiebt, plötzlich bremst und den Wagen sich selbst überläßt. Der Wagen läuft von selbst weiter auf das für ihn freigemachte Geleise. Auf diesem Geleise sollen sich bereits mehrere Wagen befinden. Unser allein heranrollender Wagen stößt an dieselben an und wird dadurch in seiner Bewegung aufgehalten, wenn die sich ihm entgegenstellenden Wagen genügend schwer sind, im anderen Falle wird er dieselben veranlassen, sich mit ihm fortzubewegen. In diesem Rangiervorgang haben wir ein gutes Beispiel zur Erläuterung des Begriffes Trägheit. Durch Arbeitsaufwand in unserem Fall, Dampf auf der Lokomotive, wurde der Wagen zu immer schnellerer Bewegung veranlaßt, die meiste Kraft war erforderlich im ersten Augenblick als es galt, den Wagen vom Zustand der Ruhe in den der Bewegung überzuführen, denn der Wagen setzte dem einen betrachtlichen Widerstand entgegen, genannt Trägheitswiderstand. Dieser Widerstand ist um so größer, je größer die Masse des Wagens ist und je schneller der Wagen in die beabsichtigte Bewegung übergeführt werden soll, also je größer die Beschleunigung desselben werden soll. Ueber den Begriff Beschleunigung war bereits gesprochen. Was man unter Masse zu verstehen hat, soll im folgenden erklärt werden. Man sagt zwei Körper haben dieselbe Masse, wenn sie durch die gleiche auf sie wirkende Kraft in derselben Zeit gleichweit bewegt werden. Die Masse eines Körpers ist also an allen Stellen der Erde dieselbe. Um aber die Größe der Masse eines Körpers festzulegen, hat man als Einheit der Masse das Massengramm festgelegt, was ungefähr der Masse von 1 cm³ reinen Wassers von 4° C entspricht. Dieses Gewicht der Masseneinheit ist natürlich entsprechend der verschiedenen Anziehungskraft auf der Erdoberfläche verschieden. Um also einer ruhenden Körper in Bewegung zu versetzen, kommt es auf die Masse des Körpers an sowie auf die Beschleunigung, die wir dem Körper erteilen wollen, es gilt

$$\left.\begin{array}{l}\text{Trägheitswiderstand} \\ \text{Aufzuwendende Kraft}\end{array}\right\} = \text{Masse} \times \text{Beschleunigung}$$

Mit diesem Trägheitswiderstand ist z. B. auch zu rechnen, wenn es sich etwa darum handelt, den Antriebsmotor für ein Hebezeug zu bestimmen. Wir haben dabei einen Motor zu wählen, der unter Zwischenschaltung der verschiedenen Uebersetzungen nicht nur ausreicht, ein bestimmtes Gewicht zu heben, er muß es auch in einer vorgeschriebenen Geschwindigkeit heben und dieses mehr an Kraft ist um so größer eine je größere Beschleunigung wir beim Anheben des zu transportierenden Körpers haben wollen.

Der oben betrachtete Eisenbahnwagen, der durch die Rangierlokomotive auf eine bestimmte Geschwindigkeit gebracht wurde, und sich nun von selbst auf der Schiene weiter bewegt, führt uns weiterhin zur Erläuterung des Begriffs „Energie".

Energieformen.

Unser Eisenbahnwagen würde, wenn es uns gelänge, alle hemmenden Kräfte (Reibung usw.) zu beseitigen, mit der ihm mitgeteilten Bewegung ins Unendliche weiterlaufen. Er hat das Bestreben in Bewegung zu bleiben, genau so wie er zuerst in Ruhe verharren wollte. Dieses Gesetz wird als Beharrungs- oder Trägheitsgesetz bezeichnet. Beispiele für dieses Gesetz gibt es in der Natur sehr viele (Kreisel, Fahrrad, Passagier eines plötzlich gebremsten Trambahnwagens usw.). Ein solcher auf Grund des Trägheitsgesetzes sich mit der Geschwindigkeit V fortbewegender Körper ist nun in der Lage, verschiedenste Arbeit zu leisten, wie wir aus obigem Beispiel ersehen, der Wagen schiebt die bereits auf dem Geleise stehenden Wagen vor sich her, wenn auch mit verminderter Geschwindigkeit. Wir bezeichnen diese Fähigkeit eines sich in Bewegung befindlichen Körpers Arbeit zu leisten als Energie der Bewegung. Sie ist also auch der Arbeitsbetrag in mkg, der notwendig ist, um den Körper in den Zustand der Ruhe überzuführen. Der rechnerische Ausdruck für diese Art von Energie ist

$$\text{Bewegungsenergie} = \tfrac{1}{2}\, m \times v^2$$

wobei m die Masse in kg
v die Geschwindigkeit in m/sec.

Energie der Lage.

Eine andere oft angetroffene Energieform ist die Energie der Lage. Die Fähigkeit Arbeit zu verrichten hat jede gespannte Feder, jede in einem Hochbehälter aufbewahrte Wassermenge, jeder Bergsee, jeder zu einem Bauwerk verwendete Ziegelstein usw. Wir können uns diese Arbeit jederzeit zu Nutze machen, wenn wir die Hemmnisse beseitigen, also die Feder sich entspannen lassen oder den durch die Arretierung festgehaltenen Fallbär freigeben. Diese dabei freiwerdende Arbeit bezeichnet man als Energie der Lage, auch potentielle Energie. Diese enthält ja eigentlich jeder Körper auf der Erdoberfläche infolge der auf ihn ständig einwirkenden Erdanziehungskraft. Ein Förderkorb über einem Bergschacht hat, wenn er auch in gleicher Höhe mit der Erdoberfläche sich vor seiner Einfahrt befindet, in Bezug auf die Sohle des Schachtes eine bestimmte Energie der Lage in sich, entsprechend seinem Gewicht und der Tiefe des Schachtes.

Ueber Wärme-, Schall- usw. -Energien ist an anderer Stelle gesprochen.

Die physikalischen Grundlagen der Arbeits- und Kraftmaschinen.

Elementare Maschinen:

Der Hebel. S. S. 12 Figur 5 bis 8.

Die Rolle.

Weitere einfache Maschinen sind die feste und die lose Rolle. Bei der festen Rolle (Fig. 74) ist die Last und die zum Heben der Last notwendige Kraft gleich.

Bei der losen Rolle (Fig. 75) hat man im Falle, daß die Hubseile parallel laufen, nur die halbe Kraft aufzuwenden, aber natürlich einen doppelt so großen Weg zurückzulegen.

Bei den Flaschenzügen sind mehrere derartige Rollen hintereinander geschaltet und die aufzuwendende Kraft beträgt nur den n ten Teil der Last, wenn n Rollen im Flaschenzug enthalten sind.

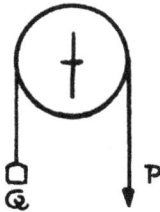

Figur 74

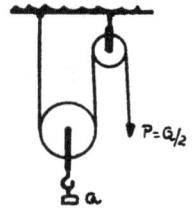

Figur 75

Wellrad und Räderwerk.

Das Wellrad (Figur 76) besteht aus zwei miteinander verbundenen Rädern, die sich um dieselbe Achse drehen und verschieden großen Durchmesser haben. Am größeren Radius greift die Kraft P des Arbeiters an, am kleineren die Last Q.

Nach dem Hebelgesetz gilt dann $Q \cdot r = P \cdot R$, wenn r der Radius des kleinen Rades auf dem sich das Lastseil abwickelt und R der Radius des großen Rades ist, an dem die Umfangskraft des Arbeiters wirkt.

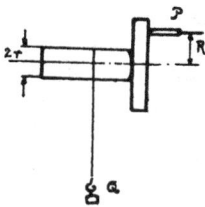

Figur 76

Die erforderliche Kraft P ist also

$$P = \frac{r}{R} \times Q; \quad \frac{r}{R}$$ wird als Ueberseßungsverhältnis des Wellrades bezeichnet.

Bei Verzahnungen sind dieselben Hebelgesetze wirksam. Die aufzuwendende Kraft ist auch hier abhängig vom Uebersetzungsverhältnis der
Verzahnung. Bei Lastwinden, Hebezeugen, Automobilwechselgetrieben, An-
trieben von Rührwerken sehen wir überall von diesem Maschinenelement
Gebrauch gemacht.

Schiefe Ebene.

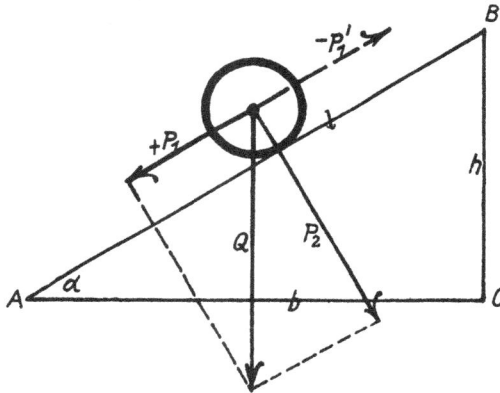

Figur 77

AB (Figur 77) nennt man die Länge der schiefen Ebene
AC   ,,   ,,   ,,   ,, Basis   ,,   ,,   ,,
BC   ,,   ,,   ,,   ,, Höhe   ,,   ,,   ,,

Befindet sich ein Körper auf der schiefen Ebene, so zerlegt sich sein
Gewicht in die 2 Komponenten P_1 und P_2. Die Seitenkraft P_1 sucht den
Körper längs der schiefen Ebene herunterzuziehen, die Seitenkraft P_2 heißt
der Normaldruck auf die schiefe Ebene. Würde die Kraft P_1 umgekehrt,
also nach oben wirken P_1', so befände sich der Körper im Gleichgewicht
und es besteht die Beziehung

$$P_1 : Q = BC : AB \text{ oder:}$$

„Die Kraft verhält sich zur Last, wie die Höhe zur Länge der schiefen Ebene."

Die schiefe Ebene dient daher zur Ueberwindung von Höhenunter-
schieden. Zum Beispiel bei Gebirgsstraßen, Bahnsteigungen, Treppen,
Leitern, Faßleitern, Schrägaufzügen bei Hochöfen usw.

Die Steigung, d. h. die Schräge der schiefen Ebene wird oft in Prozenten
angegeben. Die Angabe von 10 % bei einer Straße z. B. gibt an, daß die
Straße bei einer Länge von 1 km 100 m an Höhe gewinnt.

Wie schon an anderer Stelle hervorgehoben, geht auch natürlich bei
der schiefen Ebene der Gewinn an Kraft auf Kosten des von der Kraft zu-
rückzulegenden Weges.

Die Schraube.

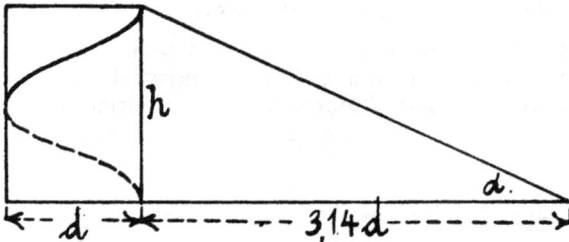

Figur 78

Wird eine schiefe Ebene bzw. ein rechtwinkeliges Dreieck mit einer Kathete an der Mantellinie eines Kreiszylinders befestigt und um diesen herumgewikkelt, so entsteht eine gleichmäßig ansteigende krumme Linie, indem sich die Hypothenuse an die Zylinderfläche anschmiegt. Diese Linie heißt eine Schraubenlinie (Fig. 78). Läßt man längs dieser Schraubenlinie ein Quadrat oder Dreieck als erzeugende laufen, so stellt dieser Körper im Verein mit dem zylindrischen Kern, um den sich die Schraubenlinie windet, eine Schraube bzw. ein Gewinde dar. Drückt man diesen Schraubenkörper etwa in eine bildsame Masse ein, so stellt dieser Abdruck das Gegenstück der Schraube, die Schraubenmutter dar, die in der Praxis dann freilich aus Metall gefertigt ist.

h bezeichnet die Steigung der Schraube, die sich dazwischen erstreckende Schraubenlinie heißt ein Gang der Schraube. Man kann mehrere derartige schiefe Ebenen um einen Zylinder wickeln, mit am Umfang versetzten Anfängen und spricht dann von einem mehrgängigen Gewinde.

Um die Feinheit eines Gewindes zu charakterisieren, ist man gewöhnt anzugeben, wie viele Gänge der Schraube auf 1 engl. Zoll treffen, d. h. wie oft die Steigung h in 1" engl. enthalten ist. Die Kräftezerlegung an der Schraubenfläche geht aus Figur 79 hervor. Sie ist analog der schiefen Ebene. Die mit Hilfe einer Schraube zu erreichende Druckkraft Q, ist umso größer je kleiner der $\angle \alpha$ bzw. h, also die Steigung ist. Eine Schraube ist selbsthemmend, wenn sie, trotzdem auf die Mutter eine achsiale Kraft wirkt, in einer gegebenen Stellung stehen bleibt was z. B. bei Hebezeugen, die durch Schneckengetriebe betrieben werden, verlangt werden muß. Je kleiner α desto sicherer wird die Schraube selbsthemmend sein.

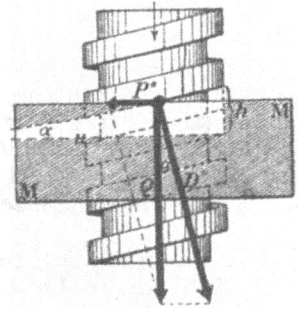

Figur 79

Man unterscheidet Schrauben mit Rechts- und Schrauben mit Links-Gewinde, je nachdem die Schraubenspindel bei einer Drehung der Schraube nach rechts bezw. nach links sich von dem auf den Schraubenkopf blickenden Beschauer entfernt.

Es gilt nun bei der Schraube:

„Die Kraft verhält sich zur Last wie die Höhe einer schiefen Ebene zur Basis derselben oder mit Berücksichtigung der schraubenförmigen Gestalt:

$$\frac{\text{Kraft}}{\text{Last}} = \frac{\text{Ganghöhe der Schraube}}{\text{Umfang der Schraubenspindel}}"$$

Schrauben finden ausgedehnte Verwendung, in Form von Befestigungs-schrauben, Stellschrauben, Mikrometerschrauben, Bewegungsschrauben, zum Hervorbringen rotierender und fortschreitender Bewegungen, z. B. als Schraube ohne Ende, wie sie etwa die Treberschnecke darstellt, als Luft-schrauben, Ventilatoren, Rührwerke usw.

Denken wir uns die Mutter einer Schraube aufgeschnitten und über den Umfang eines Rades gelegt, so haben wir zusammen mit der Schraube ein sog. Schneckengetriebe vor uns, das wir bei Rührwerksantrieben z. B. sehr oft verwenden finden, da es mühelos große Uebersetzungen erzielen läßt und die großen Stirnräder, die sonst nötig wären, vermeidet.

Der Keil.

Ein Keil (Figur 80) ist ein prisma-tischer Körper, dessen Querschnittsform ein spitzwinkeliges Dreieck ist. Man kann sich ihn dadurch entstanden denken, daß man 2 schiefe Ebenen mit ihren Grundlinien an-einander legt. Den der Spitze gegenüber-liegenden Teil nennt man Keilrücken.

Es gilt:

$$\frac{P}{Q} = \frac{\text{Rückenbreite des Keiles}}{\text{Seitenlänge des Keiles}}.$$

Keile finden ebenfalls mannigfaltige Anwendung. Auf Keilwirkung beruhen das

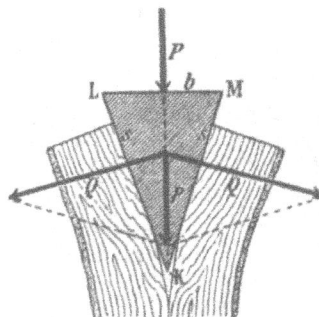

Figur 80

Beil, das Messer, die Schere, Holzspaltemaschinen und viele andere Werkzeuge. Keile werden auch verwendet um schwere Lasten um einen geringen Betrag zu heben z. B. bei Aufstellung einer Maschine, die durch Unterschieben von Metallkeilen „ins Wasser gestellt" wird.

Wassermaschinen.

Alle Wassermaschinen, seien es nun Arbeits- oder Kraftmaschinen, benötigen Wasser von einem gewissen Druck. Dazu ist es notwendig, eine hinreichende Wassermenge an einer in Bezug auf das Aufstellungsniveau der Wassermaschine höher gelegenen Stelle zur Verfügung zu haben. Zum Teil finden sich solche Hochbehälter bereits in der Natur vor (Bergseen), zum Teil müssen sie künstlich geschaffen werden. Es dienen dazu:

1. Wasserhochbehälter.

Wasserbehälter aus Holz, Stein oder Eisenblech, welche in den oberen Etagen der Gebäude aufgestellt werden und durch Rohranschlüsse mit den darunter liegenden Räumen verbunden sind. Dadurch lassen sich Wasser-drücke bis zu 3 Atm. erzielen.

2. Wassertürme.

Zur Erzielung höherer Drücke setzt man die Hochbehälter auf besondere Türme. Turmhöhen bis ca. 50 m also erreichbare Druckhöhe ca. 5 Atm.

3. Hügelreservoire.

Gelände-Erhebungen werden ebenfalls als Aufstellorte von Hochbehältern benützt und lassen sich dadurch natürlich bedeutende Wasserdrücke erzielen.

Zum Beispiel: Das Wasserreservoir der Stadt München liegt bei Deisenhofen; ca. 66 m höher als die Stadt, es könnte also in den tiefsten Lagen Münchens ein Wasserdruck von 6 Atm. vorhanden sein, der sich tatsächlich aber nicht in dieser Höhe einstellt, infolge der Reibungs- und Stoßverluste des Wassers in der Rohrleitung.

Hydraulischer Gewichtsakkumulator.

In einem geschlossenen Gefäß gelingt es auch durch Zuhilfenahme einer Pumpe hohe Drücke zu erzielen und zwar so hohe Drücke als es die Festigkeit der Gefäßwandung zuläßt. Darauf basiert der Gewichtsakkumulator.

Er besteht aus folgenden Teilen:

A ist der Kolben, Stempel oder Plunger, B ist ein Preßzylinder mit Stopfbüchse, zur Abdichtung des Kolbens. C stellt einen Ballast vor (Eisenplatten etc.). D ist der Wasserzulauf mit Rückschlagventil V, E ist der Wasseraustritt mit Absperrventil oder Hahn, F das Fundament. Mittels einer Hochdruckwasserpumpe wird bei D Wasser eingepumpt, wodurch sich der Kolben A hebt und der Zylinder B sich mit Wasser füllt das unter einem Druck steht, welcher

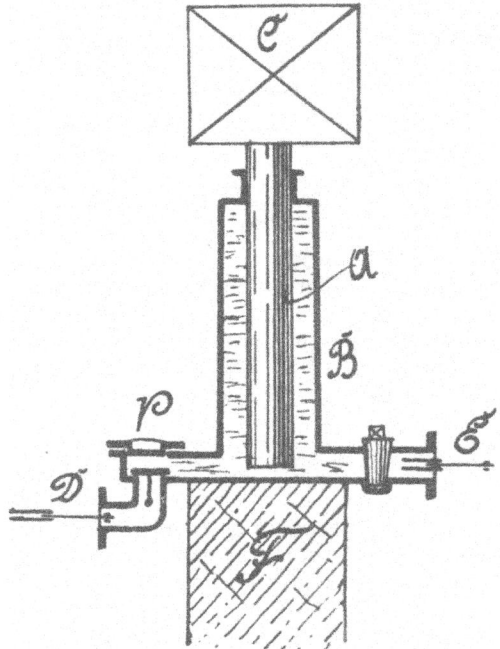

Figur 81

dem auf dem Kolben sitzenden Belastungsgewicht entspricht.

Man hat also ein gewisses Wasserquantum unter Druck vorrätig. Oeffnet man das Ventil E, so drückt der belastete Kolben das Preßwasser aus dem Zylinder heraus an die Verwendungsstelle etwa einer Faßreifenaufziehmaschine oder einem hydraulischen Aufzug. Mit einem derartigen Akkumulator lassen sich Wasserdrücke von mehreren 100 Atm. erzeugen.

Infolge seiner Inkompressibilität erweist sich Wasser hier als der geeignetste Energieträger.

Die hydraulische Presse.

Sie besteht aus einer kleinen Wasserpumpe (Handpumpe), einem Preßzylinder mit Kolben und Plattform und einer Gegendruckplatte W. Der Kolben K saugt aus einem Reservoir R beim Aufgang Wasser an und drückt es beim Niedergang in den großen Zylinder C, dadurch wird Kolben P_0 gehoben und der Körper zwischen P und W zusammengepreßt. Ventil V_1 verhindert ein Zurückfließen des Preßwassers in das Reservoir R.

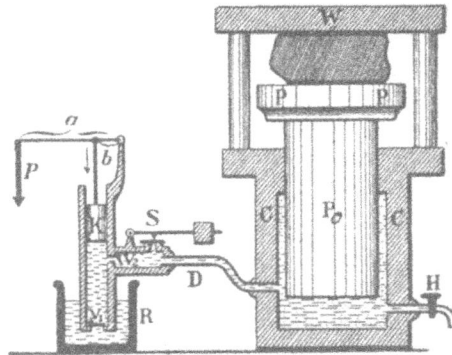

Figur 82

Der Druck auf den großen Kolben P_0 verhält sich zum Druck auf den Pumpenkolben K, wie die Querschnittsfläche des großen Kolbens zu der Querschnittsfläche des kleinen Kolbens, da der Wasserdruck sich nach allen Richtungen gleichmäßig ausbreitet. Es lassen sich sehr hohe Drücke mit einer derartigen hydraulischen Presse erzielen. Statt der Handpumpe kann manchmal auch schon der Anschluß an eine Wasserleitung genügen.

Hydraulische Pressen sehen wir verwendet in den verschiedensten Industrien bei Prägemaschinen, Stanz- und Nietmaschinen, beim Pressen von Automobilchassis usw. Auch das hydraulische Hebewerk der Auflockermaschine können wir hieher rechnen.

Wasserpumpen.
Hydraulische Widder.

Eine sehr beliebte Maschine zur Förderung von Wasser ist in den Fällen, in denen bereits ein Gefälle vorhanden ist, der hydraulische Widder (Fig. 83). Er nutzt nicht allein die Lagenenergie des im Behälter T, der einen 1½ bis 8 m über dem Niveau des Widders befindlichen Weiher usw. darstellen soll, befindlichen Wassers aus, sondern in erster Linie die kinetische Energie desselben, seine Stoßkraft.

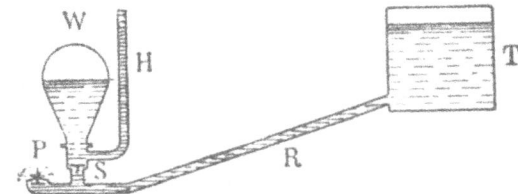

Figur 83

Seine Wirkungsweise ist kurz folgende: R ist das Zuflußrohr vom Wasserbehälter, H ist das Steigrohr zur Wasserverbrauchsstelle. W ist der Windkessel des Widders. Sobald der Widder mit dem Reservoir T verbunden ist, füllt sich Leitung R und Steigrohr H bis zu gleicher

Höhe mit Wasserspiegel T, während das Stoßventil P durch den Wasserdruck nach oben gepreßt wird und die Leitung abschließt. Drückt man nun das Stoßventil herab und öffnet dadurch die Leitung, so schießt Wasser nach, das das Stoßventil wieder schließt, der dadurch auftretende Rückprall bewirkt ein Oeffnen des Ventils S, wodurch Wasser in den Windkessel und in das Steigrohr gelangt, wodurch bereits mehr Wasser im Steigrohr steht als es das Niveau in T zulassen würde.

Nachdem man das Niederdrücken des Stoßventils mehrmals gemacht hat, ist das Wasser in H bereits so hoch gestiegen, daß durch eine Rückwärtsbewegung des Wassers in R die durch den starken Anprall des unter höherem Druck stehenden Wassers aus H an P hervorgerufen wird, das Oeffnen und Schließen selbsttätig vor sich geht.

Förderhöhe eines Widders ca. 5 — 10 $\times$ Gefällshöhe. Fördermenge ca. $1/_{10}$ der Betriebswassermenge.

Die Saugpumpe.

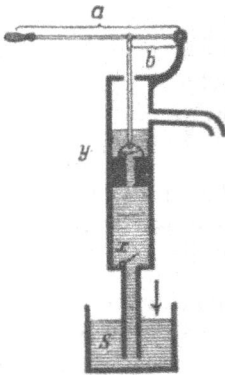

Figur 84

Beim Abwärtsdrücken des Kolbens tritt die Flüssigkeit im Pumpenstiefel über den Kolben, die Saugleitung ist durch das Ventil bei x geschlossen. Beim Hochziehen des Kolbens dringt Flüssigkeit nach infolge des auf dem Flüssigkeitsspiegel lastenden Luftdrucks, das über dem Kolben befindliche Quantum wird dabei in das Abflußrohr fließen. Theoretische Saughöhe 10,33 m, praktisch 7—8 m.

Die Druckpumpe.

Massiver Kolben. Beim Heben des Kolben, Nachsteigen der Flüssigkeit im Zylinder infolge Luftdrucks, beim Abwärtsgehen des Kolben wird nachdem sich das Ansaugventil geschlossen hat, die Flüssigkeit in die Steigleitung gedrückt.

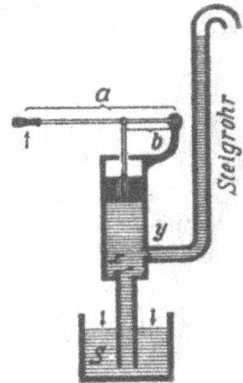

Figur 85

Zentrifugal- oder Kreiselpumpen.

Ein Flügelrad wird innerhalb eines Gehäuses in rasche Drehung versetzt, dadurch erfahren die mitrotierenden Flüssigkeitsteilchen eine centrifugale Beschleunigung, es entsteht eine Druckverminderung in der Pumpenmitte, der Außenluftdruck drückt nach, wodurch die zu fördernde Flüssigkeit in die Druckleitung getrieben wird. Förderleistung ist demnach von Tourenzahl abhängig. Centrifugalpumpen saugen nicht an wie Kolbenpumpen, sie müssen beim Anlaufen mit Wasser gefüllt sein, was aus oben gesagtem hervorgeht.

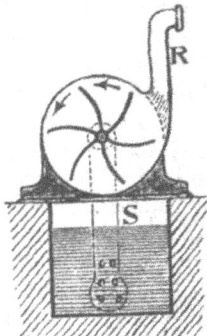

Figur 86

Plößliches Absperren der Druckleitung kann nicht die auf der Inkompressibität der Flüssigkeiten beruhende gefährliche Wirkung haben wie bei Kolbenpumpen.

Wasserluftpumpen (Bunsen).

Ein Wasserstrahl, welcher aus einer engen Oeffnung (Düse) mit großer Geschwindigkeit austritt, reißt die ihn umgebenden und adhäsierenden Luftteilchen mit sich fort und übt dadurch eine Saugwirkung aus. Bei D tritt das Wasser ein, die Luft bei S. Im Raum T befreit sich die Luft aus dem Wasser und geht durch R oder G ab, während das Wasser durch das Syphonrohr abläuft. Verwendet in erster Linie für Laboratoriumszwecke.

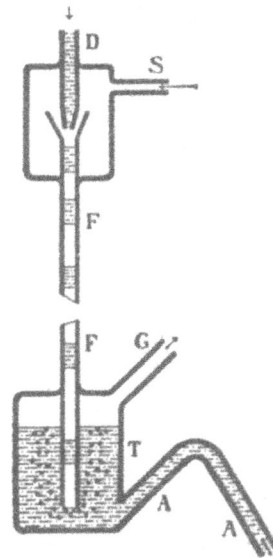

Figur 87

Wasserkraftmaschinen.

Wasserkraftmaschinen dienen dazu die im Wasser aufgespeicherte Lagen- und Bewegungsenergie in mechanische Arbeit umzuwandeln. Die ursprünglichen Maschinen dieser Art sind die Wasserräder.

Man unterscheidet zwischen oberschlächtigem und unterschlächtigem Wasserrad.

Beim oberschlächtigen Wasserrad fällt das Wasser des Werkkanals in die am Radumfang angebrachten Zellen des Rades. Durch sein Gewicht veranlaßt es dadurch eine Drehung des Rades. Beim unterschlächtigen Wasserrad stößt das Wasser tangential an die Radschaufeln und nimmt dadurch das Rad mit. Das Wasser wirkt hier durch seine Geschwindigkeit.

Diese Art von Wasserkraftmaschinen kommt heute jedoch nur noch für kleinere Anlagen in Frage. Sie muß immer mehr den modernen Wasserkraftmaschinen, den Turbinen weichen.

Die Turbinen entwickelten sich aus dem allbekannten Segnerschen Wasserrad, dessen Grundprinzip wir auch beim Anschwänzapparat verwendet finden. Dieses Wasserrad gerät dadurch in Rotation, daß aus seinen tangential gerichteten Ausflußöffnungen Wasser ausströmt. Der dabei auftretende Rückstoß (Reaktion) liefert das erwünschte Drehmoment. Bei den Reaktionsturbinen (Francis) wird durch Leitschaufeln das Wasser einem Laufradkranz zugeführt, den es unter Abgabe des tangential gerichteten Reaktionsdruckes wieder verläßt und dadurch die Turbine in Bewegung versetzt.

Eine zweite Turbinenbauart stellen die Peltonräder vor, bei denen ein unter hoher Geschwindigkeit austretender Wasserstrahl auf becherförmige, am Radumfang angeordnete Schaufeln trifft. Der Strahl übt dabei einen beträchtlichen Druck (Aktion) auf diese Schaufeln aus und versetzt so ebenfalls das Turbinenlaufrad in Bewegung. Man nennt diese Turbinen auch Aktionsturbinen.

Die theoretische Leistung all dieser Wasserkraftmaschinen errechnet sich aus der durch die Maschine in der Sekunde fließenden Wassermenge Q und der Gefällshöhe des Wassers h

$$Ni = \frac{Q.H}{75} \, PS_i$$

Die in Wirklichkeit erreichte Leistung bleibt hinter der errechneten immer zurück, infolge von Flüssigkeitsreibungsverlusten, Stoßverlusten, mechanischen Reibungsverlusten in der Maschine selbst. Bei Turbinen kann man mit einem Wirkungsgrad von $\eta = 0,75$ rechnen, bei Wasserrädern mit $\eta = 0,6 - 0,8$; Beispiel: An einem Wasserfall werde durch Bestimmung der Wassergeschwindigkeit und der Abmessungen des Bachquerschnittes eine sekundliche Wassermenge von $Q = 2$ m³ festgestellt. Die Gefällhöhe betrage $H = 4$ m; Wieviel Pferdestärken lassen sich damit ca. erzielen. Angenommen werde ein Wirkungsgrad $\eta = 0,71$.

$$Ne = \frac{Q.H}{75} \times 0,71 = \frac{2000 \times 4}{75} \times 0,71 = 76 \, PSe.$$

Wärmekraftmaschinen.

1. Dampfmaschinen:

Die Kolbendampfmaschinen.

Die Kolbendampfmaschine (Figur 88) hat als Triebkraft hochgespannten, gesättigten oder auch überhitzten Dampf, der einer möglichst in nächster Nähe aufgestellten Dampfkesselanlage entnommen wird. Man unterscheidet Schieber- und Ventildampfmaschinen. Unser Beispiel stellt schematisch eine Ventildampfmaschine dar. Die Steuerung des Dampfes, also dessen Ein- und Austritt, wird hier durch Ventile, bei der Schiebermaschine durch aufgeschliffene Schieber bewerkstelligt.

Die Hauptteile jeder Dampfmaschine sind der Kolben 2, der Zylinder 1, die Geradführung 8, die Kolbenstange 3 und zur Umwandlung der geradlinigen Bewegung in die Drehbewegung die Kurbel 11 und das Schwungrad 15.

Der bei A nahezu mit Kesselspannung eintretende Dampf verrichtet auf beiden Seiten des Kolbens Arbeit, da wir es in unserem Beispiel mit einer doppelt wirkenden Einzylinderdampfmaschine zu tun haben. Wir betrachten der Einfachheit halber nur die eine Kolbenseite. Steht der Kolben in seiner äußersten Stellung links, so öffnet sich das Ventil a, es strömt Dampf in den Zylinder, der Kolben geht nach rechts, das Einlaßventil ist immer noch geöffnet, es strömt weiter Dampf ein von fast gleichbleibender Spannung. Je nach dem Füllungsgrad, den wir im Zylinder erhalten wollen und von dem die Leistung in erster Linie abhängt, lassen wir durch die Ventilsteuerung das Einlaßventil schließen, nachdem der Kolben vielleicht 20 % seines Weges zurückgelegt hat. Der eingeschlossene Dampf dehnt sich infolge seiner Expansivkraft weiter aus den Kolben nach rechts schiebend, bis er schließlich an seinem äußersten rechten Punkt — Totpunkt — angelangt ist. Durch Ver-

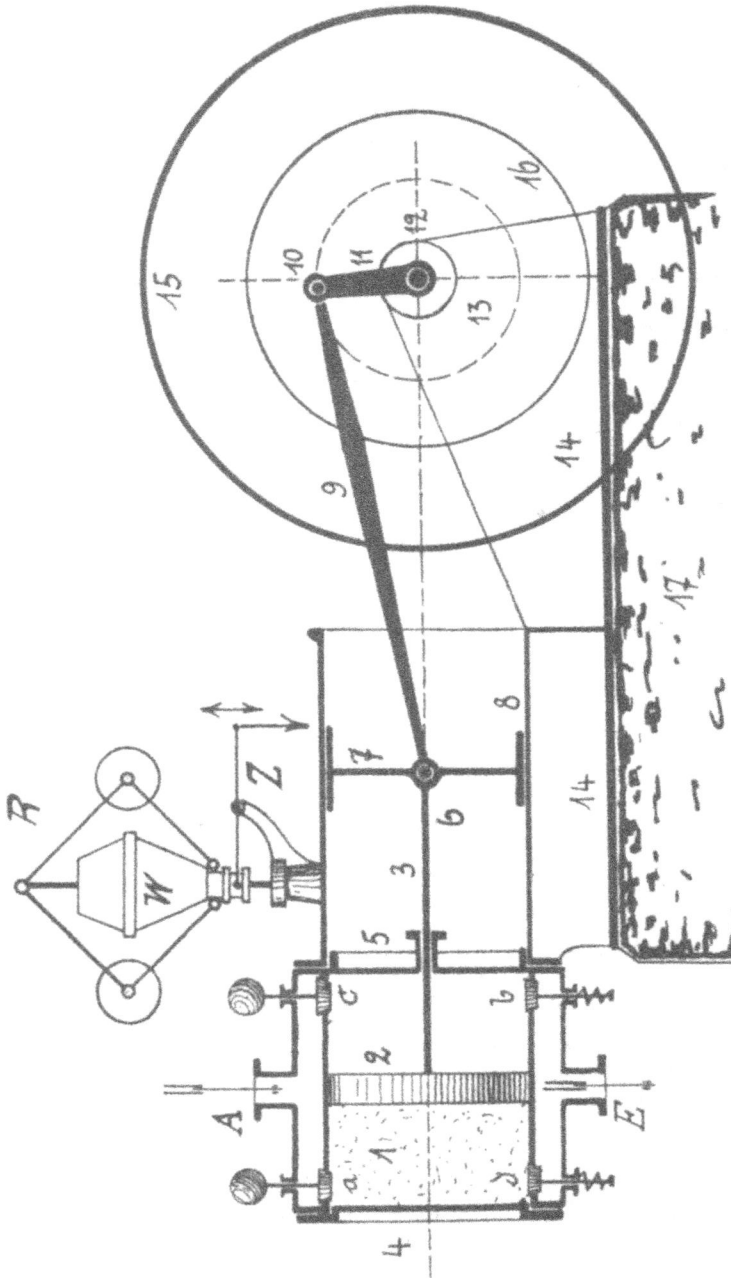

Figur 88. Ventildampfmaschine.

mittlung der **Schubstange** wird die Kurbel und durch diese das aufgekeilte Schwungrad in Drehung versetzt. Der Dampf hat sich nun ziemlich weit expandiert unter Arbeitsleistung, das Schwungrad sorgt nun infolge der in ihm aufgespeicherten Energie dafür, daß der Kolben über seinen Totpunkt hinweg-kommt und sich wieder nach links verschiebt; im selben Moment öffnet sich das **Auslaßventil** und der Dampf verläßt durch dasselbe den Zylinder, nach der Ueberwindung des linken Totpunktes beginnt das Spiel von neuem, und zwar wechselseitig auf beiden Kolbenseiten.

Geht der Dampf durchs Auslaßventil direkt ins Freie, so spricht man von Auspuffmaschinen, wird er in ein Kühlgefäß (Kondensator) geleitet, so handelt es sich um eine Kondensationsmaschine. In dem Kondensator gibt der Dampf seine Wärme an das Kühlwasser ab, er kondensiert, wobei sein Druck und damit der Gegendruck im Zylinder auf 0,05—0,3 Atm. sinkt. Es läßt sich in diesem Fall die Expansion bedeutend weiter treiben gegenüber der Auspuffmaschine, die einen Zylinderenddruck von etwa 1,1 Atm. abs. hat. Zur Regelung des gleichmäßigen Laufes der Maschine dient der Zentrifugal-regulator R, der die Füllung des Zylinders mit Dampf beeinflußt.

Der Verlauf des Dampfdruckes in einem Dampfmaschinenzylinder läßt sich folgendermaßen im Diagramm darstellen (Fig. 89).

Die von dem Kurvenzug umfahrene Fläche stellt unmittelbar die vom Dampfdruck längs des Kolbenhubes geleistete Arbeit dar.

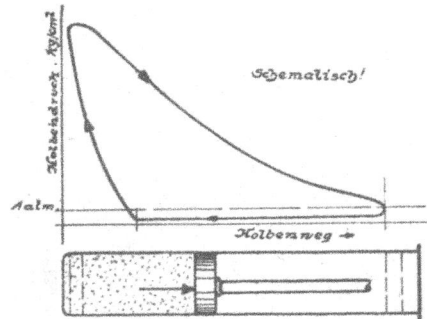

Figur 89

Nach der elementaren Formel gilt:

$$\text{Leistung in PS} = \frac{\text{Kraft} \times \text{Weg}}{\text{Zeit} \times 75}$$

Die Kraft ist der Druck auf den Kolben, der sich aus vorstehendem Diagramm durch Ermittlung des mittleren indizierten Druckes ergibt. Weg ist der in der Sekunde zurückgelegte Weg des Kol-bens, also die Kolbengeschwindigkeit,— durch einen Hubzähler zu bestim-men —; die entsprechenden Werte eingesetzt erhält man

$$\text{Leistung } N_i = 2 \times \frac{F \cdot p \cdot n \cdot s}{75 \cdot 60} \text{ wobei}$$

F die wirksame Kolbenfläche in cm²,

p der mittlere Dampfdruck in kg/cm²,

n die Umdrehungszahl pro min.,

s Kolbenhub in m

bedeuten. Dadurch erhalten wir die theoretische Leistung in Pferdestärken. Die tatsächliche Leistung ist geringer. Man erhält sie dadurch, daß man die theoretische Leistung in PS mit dem mechanischen Wirkungsgrad, der etwa 0,85 beträgt, multipliziert.

Man unterscheidet zwischen Ein- und Mehrzylindermaschinen und diese teilt man wiederum in Tandem- bzw. Compoundmaschinen ein, je nachdem ob die Kolben der verschiedenen Zylinder auf 1 Schubstange wirken, oder an verschiedenen Kurbelkröpfungen angreifen.

Bei Mehrzylindermaschinen tritt der Betriebsdampf zunächst in den Hochdruckzylinder ein, expandiert dort bis zu einem gewissen Enddruck, tritt in den nächsten Mittel- bzw. Niederdruckzylinder über, etappenweise expandierend und dabei Arbeit leistend. Zwischen den einzelnen Zylindern kann dann aus dem sogenannten Receiver (Aufnehmer) der Dampf für Heizung oder Kochung entnommen werden.

Die Dampfturbinen.

Dampfturbinen sind in ihrer Arbeitsweise zu vergleichen mit den Wasserturbinen. Sie werden von dem, aus einer oder mehreren Düsen mit großer Geschwindigkeit gegen ein mit zahlreichen kleinen Schaufeln besetztes Laufrad auftreffenden Dampf getrieben. Sie entbehren sehr zu ihrem Vorteil jeglichen Kurbelgetriebes, da unmittelbar auf die Laufradachse die Abtriebsscheibe aufgekeilt ist. Die mechanischen Reibungsverluste sind dadurch sehr vermindert, ihre Wartung sehr einfach. Die Turbinen gestatten eine weitgehende Expansion des Arbeitsdampfes, sind daher bei Condensatorbetrieb besonders wirtschaftlich. Die Laval-, Parsons- und Curtisturbinen sind die am meisten verbreiteten.

2. Verbrennungskraftmaschinen.

Die Verbrennungskraftmaschinen gleichen in ihrem äußeren Aufbau am meisten der Kolbendampfmaschine. Während bei der Dampfmaschine jedoch die Verbrennung der Kohle in einer eigenen Kesselanlage vorgenommen werden muß und der entwickelte Wasserdampf erst die Energie auf den Arbeitskolben überträgt, findet bei der Verbrennungskraftmaschine dieser Prozeß, das Verbrennen des Betriebsstoffes, unmittelbar im Zylinder statt, daher ein wesentlich höherer thermischer Wirkungsgrad dieser Maschinen, d. h. eine bessere Wärmeausnutzung.

Als Betriebsstoff werden verwendet Benzin, Benzol, Erdöl und seine Destillate, Spiritus, Hochofengas, Koksofengas, Dawsongas und Leuchtgas.

Man unterscheidet zwischen Viertakt- und Zweitakt-Verpuffungsmotoren nach Otto, und Vier- und Zweitakt-Gleichdruckmotoren nach Diesel. Bei ersteren Motoren wird durch das Ansaugen des Kolbens brennbares Luft- und Gasgemisch in den Zylinder eingesaugt, auf 10 Atm. komprimiert, entzündet. Die durch die Verbrennung entstehende Volumenvergrößerung des Gases treibt den Kolben vorwärts und das Spiel beginnt von neuem. Die Zündung erfolgt dabei elektrisch oder wie beim Dieselmotor durch Selbstentzündung infolge genügend weit getriebener Kompression im Zylinder, bis ca. 30 Atm. Gleichdruckmotoren heißen die Dieselmotoren deshalb, weil bei ihnen, im Gegensatz zu den reinen Verpuffungsmotoren infolge des Einspritzens von Brennstoff von außen während des Arbeitshubes die

Verbrennung während ca. 12 % des Kolbenhubes bei gleichem Druck erfolgt, erst von hier aus setzt dann die Expansion der Verbrennungsgase ein.

Die Wärmeausnutzung in einem derartigen Dieselmotor beträgt ca. 30 %. Die Bezeichnung Viertaktmotor bzw. Zweitaktmotor gibt an, ob sich der Arbeitsprozeß im Zylinder innerhalb 4 Hüben = 2 Kurbelumdrehungen = 4 Takten, oder innerhalb 2 Hüben = 1 Kurbelumdrehung = 2 Takten vollzieht. Zweitaktmotore haben den Vorzug größerer mechanischer Einfachheit infolge Wegfalls der Ventile, da hier der Kolben selbst die Steuerung des Ansaugens bzw. Auspuffs besorgt.

Eine weitere, bis jetzt nur in größeren Abmessungen erprobte Verbrenungskraftmaschine stellt die Explosionsturbine dar, durch die man wie seinerzeit bei der Dampfmaschine die hin- und hergehende Bewegung durch die technisch leichter zu beherrschende Rotationsbewegung zu ersetzen sucht.

Leistungsermittelung an Maschinen.

Die Leistung einer Maschine gibt man gewöhnlich in Pferdestärken an. Sie läßt sich mit mehr oder weniger großer Genauigkeit aus den Abmessungen einer vorhandenen Maschine und ihrem Betriebsstoffverbrauch unter Zugrundelegung von Erfahrungswerten für die Wirkungsgrade rechnerisch feststellen. Sicherer geht man jedoch, wenn man unmittelbar an der laufenden Maschine ihre Leistung feststellt. Man bedient sich dazu verschiedener Hilfsmittel.

1. Der Pronysche Zaum.

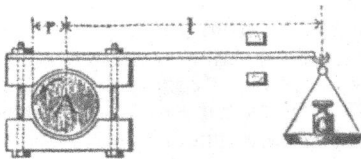

Figur 90

Auf die Welle A der zu messenden Maschine werden 2 Bremsbacken gesetzt und so fest angezogen, daß die Welle ihre normale Tourenzahl n hat. Am Hebel l wird so viel Gewicht Q aufgebracht, daß der Zaum nicht von der Welle mitgenommen wird. Die Reibung an der Antriebswelle sei R, R$\times$r ist dann das Reibungsmoment. Nach dem Satz vom Gleichgewicht am Hebel muß sein R $\times$ r = Q $\times$ l;

$$\text{also } R = Q \cdot \frac{l}{r};$$

Nach dem Arbeitsgesetz ist die geleistete Arbeit = Kraft $\times$ Weg bzw. die vollbrachte Leistung = Arbeit in der Zeiteinheit

$$\text{also effektive Leistung } Ne = \frac{\text{Kraft} \times \text{Weg}}{\text{Zeit}} \text{ in } \frac{m \text{ kg}}{sec}$$

Daher : N = Reibung $\times$ Umfangsgeschwindigkeit = R $\times$ v. die entsprechenden Werte eingesetzt

$$Ne = \frac{Q \cdot l}{r} \cdot \frac{n \cdot 2 r \pi}{60 \cdot 75} \text{ oder } Ne = \frac{Q \cdot l \cdot n \cdot \pi}{2250} \text{ PSe}.$$

Dabei wird l in m und Q in kg eingesetzt ; n ist die Tourenzahl pro Minute, v die Umfangsgeschwindigkeit in m/sec.

Statt des Bremszaumes genügt auch ein Bremsband, das über eine auf die Maschinenwelle aufgekeilte Trommel gelegt wird und auf der einen Seite an einer Federwage hängt, auf der andern Seite eine Wagschale zum Auflegen von Gewichten trägt. Die Differenz zwischen Federwagenzuganzeige und Gewicht auf der Wagschale gibt uns die Größe der Reibungskraft, und wir sind in der Lage, wie oben die Leistung zu bestimmen.

Diese Art der Leistungsbestimmung ist für alle Maschinengattungen, auch Elektromotoren, anwendbar.

2. Der Indikator.

Wir sahen bei der Besprechung der Dampfmaschine, daß deren Leistung vom Kolbendruck, also dem mittleren Druck des Dampfes auf den Arbeitskolben, der Tourenzahl und dem Hub abhängt. Die Tourenzahl messen wir mit dem Tourenzähler, den Hub durch Abmessen an der stillstehenden Maschine. Um den mittleren Kolbendruck zu bestimmen, bedient man sich des Indikators. Derselbe stellt im wesentlichen einen kleinen federbelasteten Kolben in einem Zylinder dar. Der Kolben trägt unter Zwischenschaltung einer Hebelübersetzung einen Schreibstift, der die Bewegungen des Kolbens auf eine Schreibtrommel überträgt. Wir bringen den Indikatorzylinder mit dem Arbeitszylinder der Maschine durch Einschrauben in einen dort immer für diesen Zweck vorhandenen Stutzen in Verbindung. Es herrschen dadurch im Indikatorzylinder dieselben Druckverhältnisse wie im Maschinenzylinder und der Indikatorkolben wird uns, nachdem die Maschine in Gang gesetzt ist, den Verlauf des Kolbendruckes auf die Schreibtrommel aufzeichnen. Wir erhalten ein sogenanntes Indikatordiagramm, das dem bei der Dampfmaschine erwähnten Kolbendruckdiagramm entspricht. Die absolute Größe des Druckes erhalten wir durch Berücksichtigung des auf jeden Indikator aufgeschlagenen Federmaßstabes, der der Spannkraft der Indikatorfeder Rechnung trägt.

Aus diesem Indikatordiagramm läßt sich nun der mittlere Kolbendruck ermitteln und damit die indizierte Maschinenleistung, d. h. die Leistung unmittelbar am Kolben. Eine Leistungsmessung mit dem Indikator trägt also den mechanischen Leistungsverlusten der Maschine keine Rechnung. Erst durch Multiplikation mit einem angenommenen mechanischen Wirkungsgrad erhält man die effektive Leistung.

Indikatoren sind verwendet in erster Linie bei Kolbendampfmaschinen, neuerdings auch bei Verbrennungskraftmaschinen in der Form der optischen Indikatoren.

3. Elektrische Leistungsmessung.

Bei der Messung einer Maschinenleistung auf elektrischem Weg kuppelt man die zu messende Maschine mit einer Dynamo, deren Wirkungsgradkurve bekannt ist. Durch Messen der erzeugten elektrischen Leistung etwa mittels eines Wattmeters läßt sich durch dieses Verfahren sehr leicht die Leistung der Antriebsmaschine bestimmen. Wobei 1 PS = 736 Watt. Die effektive Leistung der Maschine ist dann gleich abgelesene Wattzahl dividiert durch Dynamowirkungsgrad bei der jeweiligen Tourenzahl.

Magnetismus und Elektrizität.

Magnetismus.

Körper, die die Fähigkeit haben, Eisen anzuziehen werden als magnetisch bezeichnet, die dabei auftretende Kraftwirkung als Magnetismus. Man unterscheidet natürliche Magnete (Magneteisenstein Fe_3O_4) und künstliche. Letztere werden erzeugt durch Reiben eines Eisenstabes an einem natürlichen Magneten. Eisen wird dabei nur vorübergehend magnetisch, Stahl behält seinen Magnetismus und wird dann als permanenter Magnet bezeichnet. In jedem Magneten bilden sich 2 Pole aus, das heißt 2 Stellen, an denen die magnetische Wirkung nach außen ein Maximum wird. Bei einem langgestreckten Magnetstab ist dies an beiden Enden der Fall. Wird dieser Stab in der Mitte frei aufgehängt, so stellt er sich nach kurzer Zeit in eine bestimmte Richtung ein, nämlich von Nord nach Süd. Das nach Norden zeigende Ende bezeichnet man als Nordpol, das nach Süden zeigende als Südpol. (Magnetnadel im Kompaß.) Genau nach Norden stellt sich unser Magnetstab nun nicht ein, sondern er wird immer mehr oder weniger, je nach dem Standort des Experimentators auf der Erdkugel, nach Osten bzw. Westen abweichen. Diese Erscheinung bezeichnet man als Deklination der Magnetnadel.

Der Vorgang des Magnetisierens eines Eisenstabes ist so zu denken, daß vor diesem Prozeß die Teilchen des Stabes regellos durcheinanderliegen, sich dabei in ihrer magnetischen Wirkung gegenseitig aufheben und daß erst durch das Bestreichen mit einem Magneten diese Molekularmagneten des Eisenstabes geordnet und gerichtet werden und zwar so, daß alle Südpole nach der einen, alle Nordpole nach der anderen Richtung zu liegen kommen. Dadurch ergibt sich erst eine wahrnehmbare Wirkung des vorhandenen Magnetismus der Einzelteilchen nach außen. Aus dem Vorhandensein dieser Molekularmagnete erklärt es sich auch, daß ein Magnet in beliebig viele Teile zerbrochen werden kann, die selbst wieder einen Magneten mit Nord- und Südpol darstellen. Wieviel Magnetismus ein bestimmter Eisenstab aufnehmen kann, hängt von seinem Gewicht ab, dieses bestimmt die Sättigung des Magneten.

Gleichnamige Pole zweier Magneten stoßen sich ab, ungleichnamige ziehen sich an, z. B. der Nordpol eines Magneten wird auf den Südpol eines anderen eine anziehende Kraft ausüben, die umso stärker ist, je geringer die Entfernung der beiden Magnete voneinander ist.

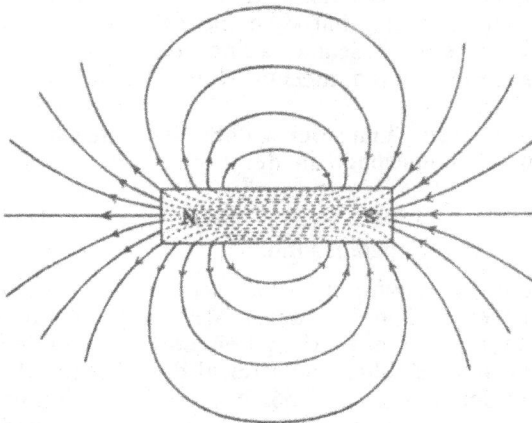

Figur 91

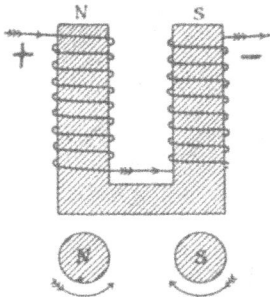

Figur 92

Die Ausbreitung der magnetischen Kraftwirkung geht so vor sich, daß die Kraftlinien vom Nordpol ausgehen und in den Südpol einmünden. Das von ihnen bestrichene Gebiet bezeichnet man als magnetisches Feld (Fig. 91). Eine zweite Möglichkeit, einen Magneten zu erzeugen, besteht in der Anwendung des elektrischen Stromes, der in isolierter Leitung um einen Eisenkern geleitet wird. Der Eisenkern bekommt dadurch die Eigenschaften eines Magneten und wird als Elektromagnet bezeichnet (Fig. 92).

Permanente und Elektromagneten finden Anwendung bei der Dynamomaschine, beim Elektromotor, beim Kompaß, bei elektrischen Meßapparaten, bei Zündapparaten für Verbrennungsmotoren, zum Befreien des Getreides von Fremdkörpern, zum Lastenheben usw.

Elektrizität.

Wesen der Elektrizität:

Elektrizität (elektron = Bernstein) ist die seit Gilbert (um 1600) gebräuchliche Bezeichnung für jenes unbekannte Agens, dessen Wirkungen uns täglich in zahlreichen Vorgängen entgegentreten. Wir nehmen dieses geheimnisvolle Etwas wahr bei unserer Beleuchtung, beim elektrischen Heizen und Schweißen, oder in der Form des zündenden Blitzes, wir treiben unsere Motore und Bahnen damit, wir sind in der Lage, Messungen anzustellen, damit zu erzielende Leistungen vorauszuberechnen, aber über das Wesen der Elektrizität sind wir uns noch völlig im Unklaren.

Den Erscheinungsformen und der Entstehung nach unterscheidet man zwei Arten von Elektrizitäten:
1. Reibungs- oder statische Elektrizität,
2. strömende Elektrizität (chemisch, durch Induktion oder durch Wärme erzeugt.)

1. Reibungselektrizität:

Ein Hartgummistab mit Wolle gerieben wird elektrisch, d. h. er zieht kleine, leichte Körperchen an und stößt sie nach einiger Zeit wieder ab.

Ein Glasstab mit trockenem Papier gerieben, zeigt dieselbe Erscheinung.

Daß es sich dabei um zweierlei Elektrizitäten handelt, geht daraus hervor, daß zwei geriebene Hartgummistäbe sich abstoßen, ebenso zwei geriebene Glasstäbe, dagegen ein Glasstab und ein Hartgummistab sich anziehen. Durch Definition wurde die Glaselektrizität als positiv, die Hartgummielektrizität als negativ bezeichnet.

Elektrizität ist übertragbar. Ein Konduktor (Metallkörper auf Glas- oder Hartgummifuß) wird durch Bestreichen mit einem elektrischen Stab elektrisch. Durch Herstellung einer Verbindung des Konduktors mit der Erde (z. B. durch den menschlichen Körper) geht dessen Elektrizität sofort auf die Erde über.

Nicht alle Körper verhalten sich dem Ausbreiten der Elektrizität gegenüber gleich. Man unterscheidet: a) L e i t e r (Metalle, feuchte Stoffe, die

Erde, der menschliche Körper), b) Nichtleiter (Isolatoren). Auf diesen breitet sich die Elektrizität nicht aus. (Glas, Hartgummi, Bernstein, Paraffin, Porzellan, Firniß.)

Das Fassungsvermögen eines Leiters an Elektrizität bezeichnet man als seine Kapazität.

Zur Bindung einer bestimmten Menge von Elektrizität bedient man sich der Kondensatoren, die im wesentlichen aus 2 Metallplatten bestehen, die durch eine isolierende Schicht getrennt sind (Luft, Glimmer, Glas). Die eine Platte ist mit der Stromquelle verbunden, die andere ist geerdet und übernimmt die Funktion eines Elektrizitätsbinders. Eine Art Kondensator stellt auch die Leidener Flasche dar. Sie ist ein Glasgefäß, innen und außen mit Stanniol belegt, dem inneren Belag wird die Elektrizität zugeleitet, der äußere ist geerdet. Die Verbindung der beiden Beläge bewirkt die Entladung, die unter starker Funkenbildung vor sich geht.

Zur bequemen Erzeugung von Reibungselektrizität bedient man sich der Elektrisiermaschinen.

Gewitter. Elektrisch geladene Körper (Konduktoren) von großen Ausmaßen stellen die Wolken dar, wie Franklin durch seinen Versuch mit dem Drachen bewies. Die positiv geladenen Wolken influenzieren die Erde und rufen auf ihr negative Elektrizität hervor. Der Blitz stellt nun lediglich den Ausgleich dieser beiden Elektrizitäten in Form eines gewaltigen Funkens dar. Durch den Blitzableiter suchen sich die Menschen gegen die verheerende Wirkung des Blitzes zu schützen. Er besteht aus einer 2 bis 4 cm dicken, 2 bis 4 m langen eisernen Auffangstange von der aus ein Netz von ca. 1 cm dicken Eisen- oder Kupferseilen zur Erde führen und dort in Kupferplatten von ca. 1 m² Größe enden. Die Platten müssen in feuchtem Grund eingebettet sein. Da der dem Blitz so gebotene Weg wenig Widerstand bietet, wird er diesen benützen und eine Beschädigung des Gebäudes wird vermieden.

2. Strömende Elektrizität.

Allgemeine Bemerkungen über den elektrischen Strom.

Da das Wesen der Elektrizität nicht bekannt ist, muß man, um sich das Verhalten des elektrischen Stromes verständlich zu machen, zu Hilfsvorstellungen greifen. Der anschaulichste Vergleich ist nun der, wenn wir uns den elektrischen Strom, mag er durch Wärme, durch chemische Wirkung oder durch Induktion erzeugt sein, mit einer Flüssigkeit vergleichen.

Figur 93 stellt zwei Behälter A und B vor, die durch ein Rohr P miteinander verbunden sind. Der Wasserstand in A sei höher als in B, durch das Rohr P wird sich diese Verschiedenheit ausgleichen, der Wasserstand in beiden Gefäßen wird schließlich gleich und zwar so hoch wie die mittlere Höhe der beiden ursprünglichen Wasserstände.

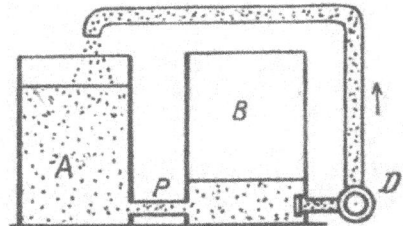

Figur 93

Wenn man nun statt Wasser Elektrizität annimmt und statt des Rohres P einen Draht, so hat man ein Bild für den elekrischen Strom, denn die Elektrizität fließt ebenfalls durch den Draht von einem höheren Niveau zu einem niedereren, wie das Wasser. Statt des Ausdrucks Niveau oder Höhe gebraucht man in der Elektrotechnik den Ausdruck Potential, der Strom fließt also von einem höheren Potential zu einem niedereren. Wenn die Differenz der beiden Potentiale ausgeglichen ist, d. h. in unserem Bilde, wenn die Wasserstände gleich geworden sind, hört jegliches Strömen auf, es tritt Ruhe ein. Um also einen fließenden Strom aufrecht zu erhalten, ist es notwendig, eines der Potentiale des Stromkreises immer höher zu halten wie das andere, man muß also gewissermaßen den Wasserspiegel in A immer höher halten wie in B. Dies kann man dadurch erreichen, daß man mit Hilfe einer Pumpe D dem Behälter B Wasser entnimmt und es in Behälter A pumpt, wodurch der Wasserspiegel in A steigt und wieder ein Strömen des Wassers durch Leitung P einsetzt. Diese Rundreise des Wassers entspricht dem elektrischen Stromkreis. An Stelle der Pumpe D hat man sich eben dann eine elektrische Batterie oder Dynamomaschine vorzustellen. Wie das Wasser, sucht sich auch der elektrische Strom auf seinem Kreislauf den bequemsten und kürzesten Weg. Dieser kürzere Weg wird dem Strom in der Praxis manchesmal unabsichtlich geboten, sei es durch einen über die Leitung liegenden Draht, oder durch Feuchtigkeit der Isolierung. Dieses Einschlagen des verkürzten Weges bezeichnet man dann als Kurzschluß im Stromkreis.

Volt. Ampère. Ohm.

Wie aus unserer Betrachtung mit den 2 Wasserbehältern hervorgeht, wird der elektrische Strom um so kräftiger sein, je größer der Unterschied der beiden Potentiale ist, je größer der Höhenunterschied des Wasserniveaus ist. Man bezeichnet nun den Druck mit dem der Strom fließt als elektromotorische Kraft. Elektromotorische Kraft ist also die Kraft, die den Strom durch die Leitung drückt, die sich ihm entgegenstellenden Widerstände überwindend. Spannung ist eine weitere Bezeichnung für denselben Begriff. Die Einheit der Spannung ist das V o l t (V).

Ein Volt erzeugt in einer Leitung von 1 Ohm Widerstand einen Strom von 1 Ampère (A).

Die in dem Wasser-Beispiel durch das Rohr P fließende Wassermenge ist abhängig vom Höhenunterschied der Wasserspiegel und der Weite und daher dem Widerstand der Röhre. Der Wassermenge entspricht die Stromstärke, je höher die elektromotorische Kraft und je geringer der Widerstand des Drahtes, desto größer die durchfließende Elektrizitätsmenge bzw. Stromstärke. Die Einheit der Stromstärke ist das A m p è r e.

Wie das Wasser in einem Rohr einen Widerstand erfährt der seine Geschwindigkeit zu verlangsamen sucht und der um so größer ist, je enger der Querschnitt und je größer die Länge und je rauher die Innenseite ist, so setzen auch die elektrischen Leiter dem Strom einen Widerstand entgegen. Es wird eine umso geringere Menge Stromes durch eine Leitung fließen, je kleiner der Querschnitt und je länger sie ist. Außerdem spielt auch das Material noch eine Rolle, da die Leitfähigkeit der einzelnen Materialien eine sehr verschiedene ist. Die Einheit des Widerstands ist 1 Ohm (Ω).

Ohmsches Gesetz.

1826 wurde von Ohm folgendes Gesetz aufgestellt:
In einem Stromleiter ist

Spannung $=$ Stromstärke $\times$ Widerstand

oder Anzahl der Volt $=$ Anzahl der Ampère $\times$ Anzahl der Ohm.

oder $E = I \cdot R$.

Stromstärke $I = \dfrac{E}{R}$;

Widerstand $R = \dfrac{E}{I}$;

z. B.: In einem Widerstand $R = 2\ \Omega$ fließt ein Strom von $I = 3$ A. Spannung an den Enden des Widerstandes ist dann $E = I \cdot R = 6$ Volt.

In einer unverzweigten Leitung ist die Stromstärke immer konstant. Kommen an einer Stelle eines Leitungsnetzes mehrere Leitungen zusammen, so ist der Strom in der Hauptleitung gleich der Summe der an dem Vereinigungspunkt zusammenfließenden Ströme (Fig. 94).

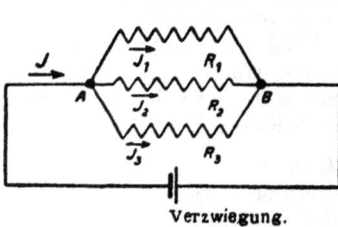

Verzwiegung.

Figur 94

$$I = I_1 + I_2 + I_3$$
(1. Kirchhoffsches Gesetz.)

Zwei Zweigströme verhalten sich umgekehrt zu einander wie ihre Zweigwiderstände. (2. Kirchhoffsches Gesetz.) Wenn Widerstände hintereinander geschaltet werden, d. h. wenn an das Ende des einen Widerstandes der Anfang des nächsten angeschlossen wird, so ist der Gesamtwiderstand gleich der Summe der Teilwiderstände.

$$R = R_1 + R_2 + R_3 + \ldots\ldots$$

Bei Parallelschaltung, d. h. wenn alle Anfänge und alle Enden etwa zwischen zwei Schienen gelegt werden, gilt:

$$\frac{1}{R} = \frac{1}{R_1} + \frac{1}{R_2} + \frac{1}{R_3} + \ldots\ldots;$$

Elektrische Leistung und Arbeit.

Wie der in unserem oben angeführten Vergleichsbeispiel angenommene Wasserkreislauf in der Lage ist Arbeit zu verrichten, ebenso ist dies natürlich der Fall beim elektrischen Strom. Wir sehen das täglich in unzähligen Beispielen. Er treibt die Treberpumpe, das Pfannenrührwerk usw., er bringt die elektrische Glühlampe zum Aufleuchten, erzeugt also Wärme, was nur durch Arbeitsaufwand möglich ist. Aus den von uns meßbaren Eigenschaften des elektrischen Stromes, seiner Spannung und seiner Stärke ergibt sich die Leistung aus

Leistung $N = E \cdot I$ (Watt)

1 Kilowatt $= 1000$ Watt

oder unter Berücksichtigung des Ohmschen Gesetzes

$$N = I^2 \cdot R \qquad\qquad N = \frac{E^2}{R}.$$

Um eine Messung zu sparen, hat man eigene Wattmeter konstruiert, die unmittelbar die Leistung abzulesen gestatten.

Beispiel: Eine Dynamomaschine liefert bei 230 V Spannung eine elektrische Leistung von 115 kW. Wie hoch ist die Stromstärke?

$$\text{Leistung } N = E \times I; \quad I = \frac{N}{E} = \frac{115\,000}{230} = 500 \text{ Ampère}$$

Die in einer bestimmten Zeit verrichtete Arbeit, wird in der Praxis in Kilowattstunden (kWh) ausgedrückt.

Durch Versuche wurde nun festgestellt (Joule), wie viel Wärme der elektrische Strom zu entwickeln im Stande ist. Da aber auch entsprechend dem mechanischen Wärmeaequivalent ein Zusammenhang zwischen Wärme und mechanischer Arbeit besteht, so läßt sich elektrische Leistung auch durch Begriffe aus der Mechanik angeben. Es ist

1 mkg/sec = 9,81 Watt oder

1 Pferdestärke = 75 mkg/sec. = 736 Watt.

Ist die Leistung einer elektrischen Maschine in Watt gegeben, so läßt sie sich also auf Grund obiger Beziehungen in Pferdestärken umrechnen unter Berücksichtigung des Wirkungsgrades der Maschine. Das bei einer bestimmten Umdrehungszahl und Pferdestärke geleistete Drehmoment in Meterkilogramm ergibt sich dann aus

$$D = \frac{N \cdot 75 \cdot 60}{2 \cdot \pi \cdot n} \text{ mkg,}$$

wobei n die Umdrehungszahl pro Minute bedeutet.

Durch chemische Wirkung erzeugter Gleichstrom und chemische Wirkungen eines vorhandenen Stromes.

Galvanische Elemente.

Wie sich im chemischen Vorgang Wärme entwickeln kann, etwa beim Verbrennen der Kohle, ebenso läßt sich auch auf chemischem Wege elektrischer Strom erzeugen, nämlich durch die Einwirkung von Säuren auf Metallplatten, in sogenannten Elementen. Am meisten angewendet, z. B. bei Klingelanlagen finden wir das Leclanché-Element (siehe Figur 95).

Es besteht aus einem Glasgefäß, das mit Wasser gefüllt ist. Dem Wasser wird eine geringe Menge von Salmiak oder Chlorammonium (NH_4Cl) beigegeben. In dieses Glas wird ein Zink- und ein Kohlestab gestellt, beide durch einen Isolator (Porzellan) getrennt. Der Kohle- und der Zinkstab tragen an ihrem herausragenden Ende Klemmen zur Befestigung eines Drahtes. Durch Verbindung der beiden Klemmen etwa vermittels eines Kupferdrahtes wird das Element geschlossen, der chemische Prozeß beginnt, es findet eine Zersetzung des Zinks statt. Die dabei auftretende elektromotorische Kraft beträgt ungefähr 1,5 Volt. Die Leistung eines Elements (Zelle) genügt meistens nicht, man hat dann

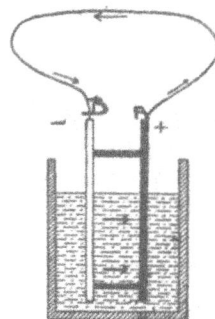

Figur 95

mehrere Elemente zu vereinigen. Dies kann geschehen durch Hintereinander-(Serien-)schaltung oder durch Nebeneinander-(Parallel-)schalten.

Im ersteren Fall verbindet man jeweils den negativen Pol des einen Elements mit dem positiven des nächsten usw. Bei dieser Schaltung addieren sich die Spannungen der einzelnen Zellen, so daß die Spannung der ganzen Batterie gleich ist der Summe der Einzelspannungen

$$E = E_1 + E_2 + E_3 + \cdots$$

Im zweiten Falle verbindet man alle positiven und alle negativen Pole durch zwei Sammelleitungen. Bei dieser Schaltungsart addieren sich die Stromstärken der einzelnen Elemente zu einem Gesamtstrom

$$I = I_1 + I_2 + I_3 + \cdots$$

Die Spannung der Batterie ist in diesem Fall gleich der eines Elementes derselben.

Elektrolyse.

Wie sich auf chemischem Wege Strom erzeugen läßt, so ist es auch möglich, mit Hilfe des elektrischen Gleich-Stromes chemische Wirkungen zu erzielen.

Flüssigkeiten und Metalle lassen sich durch den elektrischen Strom zum Zersetzen bringen. Man bezeichnet diesen Vorgang als Elektrolyse. In der Praxis wird dieses Verfahren angewandt z. B. in Vernickelereien, wo es sich darum handelt Metallgegenstände mit einem Nickelüberzug zu versehen. Der Vorgang ist dabei der: Der zu vernickelnde Gegenstand wird in ein Nickelbad (d. i. Lösung eines Nickelsalzes) gehängt und zwar als Stromableiter (Kathode −), als Stromzuleitung (Anode +) wird eine Nickelplatte hineingehängt. Es tritt nun mit Schließen des Stromkreises eine Wanderung des Nickels der Nickelplatte zu der Kathode ein. Der Gegenstand wird sich mit einer festhaftenden Nickelschicht überziehen. Dasselbe läßt sich mit Gold, Silber oder Kupfer machen. Weiterhin verwendet man die Elektrolyse zur Gewinnung von Sauerstoff und Wasserstoff, von Aluminium usw.

Aufspeicherung elektrischen Stromes (Akkumulator).

Ebenfalls durch Nußung von chemischer Wirkung des elektrischen Stromes gelang es, eine Möglichkeit zu schaffen, Gleichstrom aufzuspeichern. Man bedient sich dazu des Bleiakkumulators.

Der Bleiakkumulator besteht aus zwei Bleiplatten, wovon die eine (negative) mit Bleiglätte bestrichen ist. Gefüllt wird das Gefäß, das die Platten aufnimmt, mit verdünnter Schwefelsäure. Wird Strom eingeleitet, also der Akkumulator geladen, so verändern sich die auf den Platten befindlichen Schichten von Bleisulfat, auf der +Platte entsteht Bleisuperoxyd, an der −Platte Blei. Dadurch ist ein neues Element gebildet, das bei der Entladung Strom abzugeben in der Lage ist.

Der Ladestrom soll 2,2 Volt nicht überschreiten. Bei der Entladung soll die Spannung nicht unter 1,8 Volt sinken. Für 1 dm² Plattengröße rechnet man 1 Ampère Ladestrom.

Wird ein Akkumulator z. B. mit 2 Ampère geladen und es tritt nach 20 Stunden die Entladung auf 1,8 V ein, so sagt man die Kapazität des Akkumulators beträgt $2 \times 20 = 40$ Ampère-Stunden. Zum Speichern ist nur Gleichstrom geeignet.

Induktions-Elektrizität.

Wenn wir durch das Kraftlinienfeld etwa eines Hufeisenmagneten einen Leiter bewegen, so zeigt ein Meßinstrument, das wir in den Leiterkreis ein- schalten, einen Ausschlag, es wird also durch das Kreuzen von magnetischen Kraftlinien in dem Leiter eine Spannung bzw. elektromotorische Kraft er- zeugt, die einen Strom hervorruft. Man nennt den auf diese Weise erzeugten Strom I n d u k t i o n s s t r o m. Der Strom wird so lange in dem Leiter vor- handen sein, als seine Bewegung durch die Kraftlinien dauert. Dieses Vor- wärtsbewegen erfordert eine gewisse Kraft, der Induktionsstrom sucht immer die Bewegung, durch die er erzeugt wird, zu hemmen.

Eine zweite Art von Induktionsstrom läßt sich darstellen durch die Induktion zweier Spulen. Jede Spule stelle für sich einen geschlossenen Leiter dar. Die bei- den Spulen seien ineinander gesteckt (Fig. 96). Jedes Oeffnen bzw. Schließen eines eingeleiteten Stromes in der einen (primären) Spule erzeugt einen Induktions- strom in der anderen (sekundären) Spule. Durch vermehrte Anzahl der Windungen in der sekundären Spule läßt sich der In- duktionsstrom in derselben beliebig ver- größern.

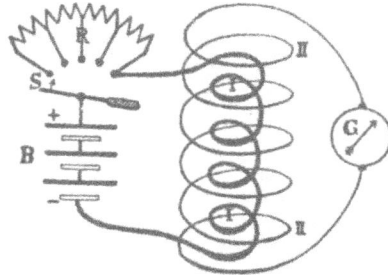

Figur 96

Thermo-Elektrizität.

Ueber das Entstehen von Thermoströmen und ihre Anwendung zur Temperaturmessung s. S. 81.

Elektrische Apparate und Maschinen.

Meßinstrumente:

Stromstärke und Spannung haben wir zu messen, wenn wir die Leistung einer elektrischen Maschine bestimmen wollen, oder auch den Verbrauch einer elektrischen Lichtanlage usw.

Die für diesen Zweck verwendeten Apparate basieren auf den ver- schiedenen Wirkungen des elektrischen Stromes, wie wir sie in früheren Kapiteln kennen gelernt haben. Die Wärmewirkung kommt beim Hitzdraht- instrument in Betracht, die magnetische bei Weicheiseninstrumenten, wobei die mehr oder weniger starke elektromagnetische Wirkung den Rückschluß auf die Stärke des Stromes zuläßt. Beim Drehspuleninstrument, das wir in der Praxis am häufigsten finden, sucht der Magnetfluß zwischen den Anker-

schenkeln den Anker, der den Zeiger trägt, bei Stromdurchgang zu ver-
drehen, worin er durch kleine Federn gebremst wird. Strommesser (Ampèremeter) und Spannungsmesser (Voltmeter), zeigen denselben Aufbau, da
eigentlich beide einen Strom messen. Ihre Schaltung, also das Einfügen in
einen gegebenen Stromkreis ist jedoch verschieden:

Der Strommesser (Ampèremeter), der uns ja den gesamten in der
Leitung fließenden Strom messen soll, muß an einer beliebigen Stelle in
die H a u p t zuführungsleitung eingeschaltet werden. (s. Fig. 97.)

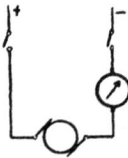

Der Spannungsmesser (Voltmeter) soll uns anzeigen,
wie groß die Spannungsdifferenz zwischen zwei Punkten ist,
etwa zwischen den Klemmen eines Motors, dessen Leistung
wir zu bestimmen haben.

Die Schaltung ist dann die aus Figur 98
ersichtliche.

Figur 97

Da bei dieser Schaltung, entsprechend
dem an anderer Stelle erwähnten Gesetz
der Stromverzweigung dem Motor Strom
entzogen wird, so muß der Eigenwiderstand
eines Voltmeters sehr groß sein, damit nur
ein geringer Teil des Netzstromes den Um-
weg durch das Instrument einschlägt.

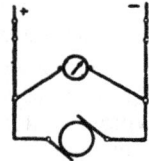

Figur 98

Das Produkt aus diesem Widerstand und dem Strom der durch diese
Zweigleitung geht, stellt den gesuchten Spannungsunterschied dar und die
Skala des Instrumentes ist daraufhin geeicht.

Sind vorhandene Ampèremeter bzw. Voltmeter nicht ausreichend für
einen bestimmten Bereich, so kann man sich beim Strommesser dadurch
helfen, daß man an die Klemmen des Instruments einen Nebenschlußwider-
stand legt (shunt) (s. Fig. 99).

Ist z. B. der Bereich eines Ampèremeters auf das
n fache zu erhöhen, so ist ihm ein Nebenschlußwider-
stand von dem (n —1)ten Teil seines Eigenwiderstandes
parallel zu schalten. Eine Bereich-Erweiterung beim
Voltmeter kann durch Vorschal-
ten eines Widerstandes erreicht
werden (s. Figur 100).

Figur 99

Dieser Vorschaltwiderstand muß das (n —1)fache
betragen vom Eigenwiderstand des Instrumentes, wenn
der Bereich desselben n mal vergrößert werden soll.

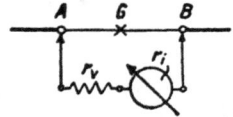

Figur 100

Widerstandsmessung.

Widerstände werden gemessen entweder durch Vergleichen mit einem
bekannten Widerstand, oder indirekt durch Messung des Spannungsabfalls
infolge des Widerstandes, woraus sich der Widerstand selbst nach dem
Ohmschen Gesetz berechnen läßt. Ein weiteres Verfahren besteht in der
Wheatstoneschen Brücke (Fig. 101).

Punkt D wird so lange auf Meßdraht, der auf einem Maßstab liegt, verschoben, bis Galvanoskop G stromlos ist. Widerstand r_2 sei bekannt (geeichter Stöpselrheostat).

Es ergibt sich dann aus dem Kirchhoffschen Gesetz:

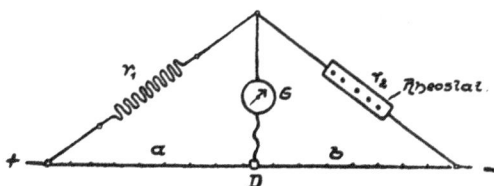

Figur 101

$$r_1 : r_2 = a : b; \quad r_1 = \frac{a}{b} \cdot r_2;$$

Wie schon an anderer Stelle erwähnt, ist die Einheit des elektrischen Widerstandes 1 Ohm (Ω), was dem Widerstand einer Quecksilbersäule von 1,063 m Länge und 1 mm² Querschnitt entspricht. Verschiedene Materialien zeigen verschiedenen Widerstand. Den Widerstand eines Drahtes von 1 m Länge und 1 mm² Querschnitt bei 15⁰ C bezeichnet man als den spezifischen Widerstand eines bestimmten Materials.

Zur Berechnung des Widerstands eines Leiters benützt man folgende Formel, die sich aus Versuchen ergeben hat.

$$R = \varrho \times \frac{l}{q}$$

Dabei bedeutet R den Gesamt-Widerstand, ϱ den spezifischen Widerstand, l die Länge in Metern, q den Querschnitt in mm² des Leiters.

Als Leitwert eines Leiters bezeichnet man den reziproken Widerstand desselben. Der Widerstand eines Materials ändert sich auch mit der Temperatur und zwar nimmt der Widerstand der M e t a l l e mit steigender Temperatur zu, der von Kohle und Flüssigkeiten dagegen ab. Man bezeichnet die Widerstandsänderung die 1 Ω eines Materials bei 1⁰ C Temperatursteigerung erfährt als dessen Temperaturkoeffizienten (K), der Endwiderstand R_2 bei einer Temperaturzunahme T errechnet sich aus

$$R_2 = R_1 \, (1 + K \cdot T) \quad \text{oder} \quad T = \frac{R_2/R_1 - 1}{K}.$$

Bei den in der Praxis verwendeten Widerstandsapparaten (Rheostaten), verwendet man Legierungen, die einen sehr hohen spezifischen Widerstand, aber einen niederen Temperaturkoeffizienten haben. (Nickelin, Manganin.)

Material	spez. Wid. ϱ bei 15⁰	Temp.- koeff. k	Material	spez. Wid. ϱ bei 15⁰	Temp.- koeff k
Aluminium . .	0,029	0,0037	Stahl (Draht)	0,184	0,0052
Eisen	0,132	0,0048	Zink . . .	0,059	0,0036
Kupfer . . .	0,0175	0,0040	Nickelin . .	0,40	0,00016
Messing . . .	0,071	0,0016	Manganin .	0,43	0,00001
Nickel . . .	0,131	0,0036	Konstantan	0,50	—0,000005
Platin	0,094	0,0024	Rheotan . .	0,47	—0,00003
Quecksilber . .	0,942	0,0009	Kruppin . .	0,85	0,00077
Silber . . .	0,016	0,0038	Kohle . .	100 bis 1000	—0,0003

Vorstehende Tabelle zeigt die spez. Widerstände ϱ und Temperatur-koeffizienten k verschiedener Materialien.

Die üblichen Regulierwiderstände enthalten entweder mehrere hinter-einandergeschaltete Spulen aus oben angeführten Materialien, die durch Stöpsel, Schieber oder Kurbeln ein- bzw. ausgeschaltet werden, oder sie benützen als Widerstand Flüssigkeit, in die Platten mehr oder weniger tief eingetaucht werden, wodurch der Durchgangswiderstand sich entsprechend ändert.

Gleichstromerzeuger und Motoren.

Gleichstromerzeuger — Generatoren oder auch Dynamos genannt — liefern von einer Kraftmaschine (Wasserkraft, Dampfmaschine) angetrieben elektrischen Strom.

Ihr Hauptbestandteil ist ein Hufeisen-Magnet, zwischen dessen Schenkeln der Anker rotiert, von der Antriebsmaschine in Drehung versetzt. Der Anker ist eine Trommel, an deren Umfang mehrere Drahtwindungen an-geordnet sind. Wir greifen der Einfachheit halber 1 Schleife davon heraus und betrachten an Hand der Figur 102 den Vorgang des Zustandekommens eines Gleichstroms in der Maschine. Beobachten wir bei einer Drehung der Schleife im Uhrzeigersinn deren Schenkel a, so sehen wir daß derselbe die Kraftlinien, die vom Nordpol zum Südpol gehen, mit immer größerer Ge-schwindigkeit schneidet. Wie wir schon an anderer Stelle sahen wird aber in einem Leiter der durch ein Kraftlinien-feld gezogen wird ein Strom induziert. Die stärkste Induktion des Schenkels a wird im höchsten bezw. tiefsten Punkt eintreten. Bei horizontaler Lage der Schleife wird überhaupt kein Strom in-

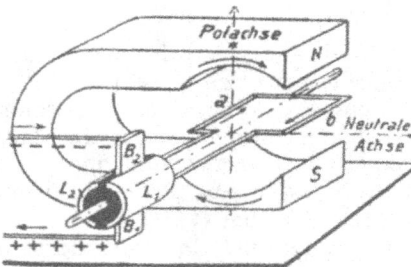

Figur 102

duziert, da hier keine Kraftlinien geschnitten werden bezw. die größte Zahl von Magnetlinien durch die Schleife gehen. Drehen wir weiter, so be-kommt die induzierte E. M. K. das entgegengesetzte Vorzeichen, erreicht ihren tiefsten Wert und kommt schließlich wieder auf 0, so daß der Verlauf der E. M. K. sich graphisch folgendermaßen darstellt. Man bezeichnet diesen Stromverlauf als Wechselstrom (Fig. 103).

Um zu vermeiden, daß der Strom seine Richtung wechselt, also auch negative Werte annimmt, hat man für die Gleichstrom-maschine den Kollektor, auch Commutator genannt, konstruiert. In unserem einfachen Beispiel mit nur einer Schleife würde er aus zwei Metallplatten bestehen, die von ein-ander isoliert auf der Ankerwelle angebracht sind.

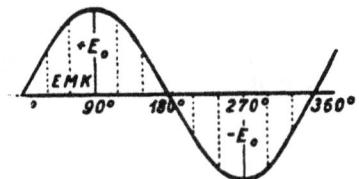

Figur 103

Die eine Lamelle ist mit dem einen, die andere mit dem 2. Schenkel der Schleife leitend verbunden. Auf der Kollektortrommel schleifen 2 Bürsten, die den erzeugten Strom abnehmen.

Die Wirkung des Kollektors ist nun die, daß in dem Moment, in dem der Strom eine Richtung annehmen will, die derjenigen entgegengesetzt ist, die er in der ersten Hälfte der Umdrehung hatte, die Bürsten die Lamellen vertauschen und dadurch den erzeugten Strom in dieselbe Richtung schicken, die er ursprünglich hatte. Das graphische Bild des Stromverlaufes zeigt Figur 104.

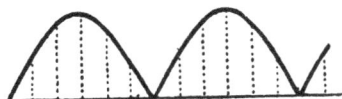

Figur 104

Es werden also Stromimpulse nur in einer Richtung ins Netz geschickt. Die Stromschwankungen werden mit Vermehrung der auf den Ankerumfang gewickelten Schleifen immer geringer. Der Anker besteht bei ausgeführten Maschinen aus einem Eisenkern und den Windungen aus isoliertem Kupferdraht.

Die Gleichstrommaschinen werden eingeteilt je nach der Art, wie ihre Magnete erregt werden, in
   a) Fremderregte Maschinen,
   b) Hauptstrommaschinen,
   c) Nebenschlußmaschinen,
   d) Doppelschluß- oder Compoundmaschinen.
Aus Figur 105 ist das Prinzip derselben zu entnehmen:

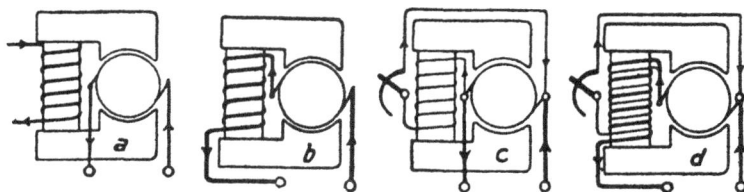

Figur 105

Bei der fremderregten Maschine werden die Magnetpole durch eine außen liegende Stromquelle erregt, d. h. magnetisch gemacht.

Bei der Hauptstrommaschine fließt der Hauptstrom um die Polschenkel, es sind also Anker und Magnetwicklung in Reihe geschaltet. Sie ist wenig verwendet.

Die Nebenschlußmaschine wird dadurch erregt, daß man die Magnetwicklung in Nebenschluß mit der Ankerwicklung legt. In der Praxis ist sie dadurch bereits an der geringen Drahtstärke der Magnetwicklung sofort erkenntlich. Sie ist die am häufigsten angewandte Generator-Konstruktion. Ihre Spannung ändert sich bei Leerlauf und Belastung nur wenig. Für Laden von Akkumulatoren sehr gut geeignet, da ihre Pole durch Rückstrom nicht umpolarisiert werden. Die Compound-Maschine ist eine Vereinigung der letzten beiden Konstruktionen. Sie ist wenig in Gebrauch.

Gleichstrom-Motoren.

Der Aufbau ist derselbe wie der der Gleichstromerzeuger. Leiten wir in eine Dynamo Strom ein, so läuft sie als Motor jedoch im entgegengesetzten Drehsinn, wie sie vorher als Generator angetrieben wurde.

Der Hauptstrommotor entwickelt eine große Zugkraft (Anzugsmoment), deshalb wird er für Bahnen und Hebezeuge viel verwendet. Bei steigender Belastung sinkt seine Tourenzahl rasch. Bei Leerlauf, etwa durch abfallenden Treibriemen, kann seine Tourenzahl eine gefährliche Höhe annehmen.

Der Nebenschlußmotor zeigt nur geringe Aenderung der Tourenzahl mit der Belastung. Er ist am meisten verwendet.

Die Regelung dieser Motoren erfolgt durch Veränderung der Magneterregung.*) Dies geschieht naturgemäß bei dem Nebenschlußmotor mit dem geringsten Stromverlust.

Bei Umkehrung der Stromrichtung kehrt sich auch das Magnetfeld um, so daß diese Motore mit derselben Drehrichtung weiterlaufen. Ausgenommen ist davon der fremderregte Motor.

Man könnte sie also auch mit Wechselstrom laufen lassen.

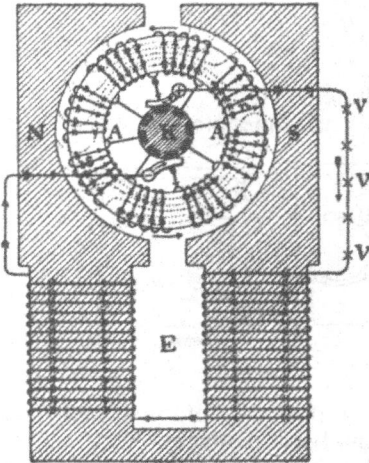

Der Gleichstrom wird benutzt zur Beleuchtung, zu Motorbetrieb, zur Elektrolyse, zum Betrieb der Elektromagnete, er allein ist speicherungsfähig im Akkumulator.

Zu seiner Fortleitung sind normal zwei Drähte benötigt, wovon der eine durch die Erde ersetzt sein kann. Haben wir zwei Gleichstromgeneratoren zur Verfügung, so können wir auch die Schaltung (Fig. 107) anwenden, die man oft antrifft:

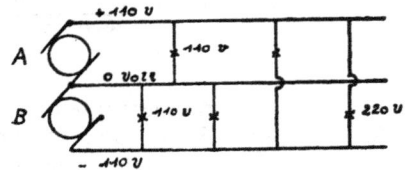

Figur 106   Figur 107

In der Figur bedeuten A und B die beiden Generatoren mit ihren stromabnehmenden Bürsten. Der Mitteldraht liegt in der Erde. Aus der Figur ersieht man, daß man bei dieser Schaltung nach Belieben 110 Volt oder 220 Volt abnehmen kann.

Wechselstromerzeuger und Motoren.

Wie Wechselstrom zu erzeugen ist, haben wir bereits im vorigen Kapitel kennen gelernt. Der Deutlichkeit halber sei noch eine weitere Darstellung eines Wechselstromerzeugers in seiner einfachsten Form angeführt, Figur 108. Statt des Kollektors der Gleichstrommaschine finden wir hier lediglich

---

*) Bei Verstärkung der Erregung sinkt die Tourenzahl, bei Schwächung steigt sie.

zwei Schleifringe vor, der eine Ring ist mit dem Anfang, der andere mit dem Ende der Spule S verbunden, es tritt also hier keine Stromwendung ein, man läßt den Strom seine Richtung wechseln. Statt der einen Spule kann der Anker auch deren mehrere tragen, die dann alle hintereinander geschaltet sind.

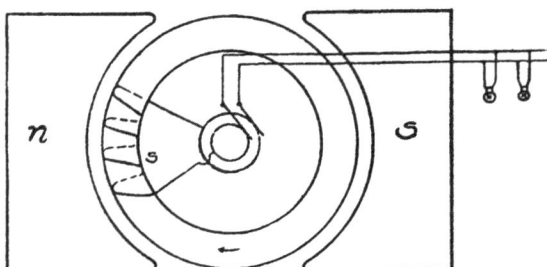

Figur 108

Ebenso wie die Zahl der Spulen variiert auch die Anzahl der Pole. Trägt der Ständer der Maschine p Polpaare, so wechselt die E. M. K. bei einem Umlauf p mal. Die Maschine mache minutlich n Umdrehungen, dann ist die sekundliche Wechselzahl auch Frequenz genannt

$$f = \frac{n}{60} \times p$$

n = 50 ist für Deutschland normal. Trägt der Anker des Wechselstromgenerators nur 1 Spule bzw. mehrere, die aber hintereinander geschaltet sind, so erzeugen wir damit Einphasenstrom. Statt 1 Wicklung können wir aber auch 2 oder was das allgemein übliche ist, 3 derselben darauf anbringen und ihre Anfänge bzw. Enden getrennt zu Schleifringen führen, von welchen durch Bürsten der Strom abgenommen wird. Man würde dazu 6 Schleifringe benötigen, also auch 6 Leitungen. Den auf diese Weise erzeugten Strom nennt man Dreiphasenwechselstrom.

Um die Maschine konstruktiv zu vereinfachen, hat man durch die sog. Verkettung der 3 Phasen·(Wicklungen), die Zahl der Leitungen auf die Hälfte reduziert (Drehstrom).

Ein schematisches Bild der Schaltung bei einer Drehstrommaschine zeigen die Figuren 109 und 110.

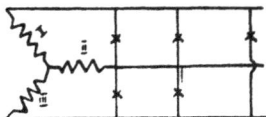

Figur 109

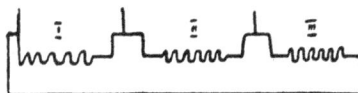

Figur 110

Durch den Kunstgriff der Verkettung läßt sich auch beim Zweiphasengenerator die Zahl der Leitungen von 4 auf 2 verringern.

Bei ausgeführten Generatoren sind die Windungen in den meisten Fällen auf dem feststehenden Teil (Stator) aufgebracht, während der rotierende (Rotor) die Magnetpole trägt, was für die Wirkungsweise der Maschine natürlich belanglos ist. Die Stromabnahme erfolgt dann von 3 fest auf dem Stator sitzenden Klemmen, während die Magnetpole, die durch

Gleichstrom erregt werden, über 2 Schleifringe ihren Strom zugeführt be-
kommen.

Die Spannung zwischen 2 Klemmen ist, wenn E_1 die Spannung einer
Wicklung ist $= E_1 \sqrt{3}$ bezw. $E_2 \sqrt{3}$ bei Sternschaltung. Die Ströme sind
dieselben wie in den Phasenwicklungen. Bei Dreieckschaltung ist die
Spannung zwischen den Klemmen dieselbe wie die in den Wicklungen während
der Strom I gleich ist $I_1 \sqrt{3}$ bezw. $I_2 \sqrt{3}$.

Die Leistung eines Wechselstromerzeugers ist abhängig zunächst wie
beim Gleichstrom von Stromstärke und Spannung, weiterhin aber noch von
dem sog. Leistungsfaktor cos φ, also $N = E \cdot I \cdot \cos \varphi$ Watt. Beim Wechsel-
stromerzeuger erreichen nämlich Stromstärke und Spannung nicht gleich-
zeitig ihren Höhenpunkt, sie eilen einander nach im Abstande φ auf dem
Kreise gemessen, was von der Selbstinduktion der Windungen herrührt.[*]
Außer diesem Leistungsfaktor kommt bei der Leistungsbeurteilung eines
Drehstromgenerators ebenso wie beim Gleichstromerzeuger noch der
Wirkungsgrad hinzu, der die Verluste im Innern der Maschine durch Magneti-
sierung, Stromwirbel usw. berücksichtigt.

Der erzeugte Wechselstrom wird zur Beleuchtung und Motorenbetrieb
verwendet. Er eignet sich jedoch nicht zur Elektrolyse, zum Betrieb von
Elektromagneten und zum Laden von Akkumulatoren.

Wechselstrommotoren.

Die Wechselstrommotoren bestehen wie die Gleichstrommotoren aus
2 Teilen: einem feststehenden und einem drehbaren. Im feststehenden Teil
werden magnetische Kraftfelder geschaffen auf dem drehbaren Teil befindet
sich eine Wicklung.

Durch den feststehenden Teil wird nun ein Drehstrom geschickt, dessen
Phasen die Pole nacheinander durcheilen, darin ein sogenanntes
Drehfeld erzeugend. Dieses Drehfeld durchschneidet dabei die Windungen
des drehbaren Ankers und veranlaßt denselben dadurch zum Drehen, er
wird sozusagen mitgerissen. Bei den Synchronmotoren wird der Anker mit
Gleichstrom beschickt, während beim Asynchronmotor der Anker keine eigene
Stromquelle bedarf. Die Asynchronmotoren unterscheiden sich in solche mit
Kurzschlußanker und solche mit Schleifringanker. Bei letzteren ist im Anker-
kreis über 2 Schleifringe ein Regulierwiderstand eingeschaltet, was ein Regulieren, allerdings in engen Grenzen, ermöglicht. Diese Art von Wechselstrommotoren ist am weitesten verbreitet.

Für Bahnzwecke speziell finden die sog. Kommutatormotoren Verwendung und zwar Einphasenstrom. Die Vor- und Nachteile vorgenannter
Motoren sind folgende :

Synchronmotoren laufen nicht von selbst an und benötigen eine Gleich-
stromquelle. Leistungsfaktor cos φ läßt sich durch Erregerstrom regulieren.

Asynchrondrehstrommotoren laufen von selbst an, haben aber, wenn
sie mit Kurzschlußanker ausgerüstet sind, ein geringes Anzugsmoment. Bei

---

[*] Ein mittlerer Wert für cos $\varphi = 0.8$

Anlaufen unter Last ist Schleifringanker zu verwenden. Der Leistungsfaktor ist nicht viel weniger wie 1,0. Eine rationelle Möglichkeit, die Tourenzahl zu regulieren, wie z. B. beim Gleichstromnebenschlußmotor besteht nicht.

Der Einphasen-Kommutatormotor läuft mit großem Anzugsmoment an, besitzt einen hohen Leistungsfaktor und ist in weiten Grenzen regulierbar, hat nur 2 Zuleitungen, weshalb er auch den Dreiphasenmotor aus dem Bahnbetrieb verdrängt hat.

Wahl der Stromart und Betriebsspannung im Brauereibetrieb.

Die Antriebe im Brauereibetriebe sind dadurch gekennzeichnet, daß sie mit vielen Unterbrechungen arbeiten und in weiten Grenzen regulierbar sein müssen, z. B. der Antrieb einer Auflocker- und Austrebermaschine. Außerdem ist immer neben dem Kraftstrom der Bedarf an Lichtstrom gegeben, mit Möglichkeit der Stromspeicherung. Diesen Bedürfnissen kommt am besten die Gleichstromnebenschlußmaschine nach. Gleichstromgeneratoren lassen sich ohne große Schwierigkeiten parallel schalten, während dies bei Drehstromerzeugern an bestimmte Bedingungen geknüpft ist. Die üblichen Drehstrommotoren eignen sich in erster Linie für Dauerbetrieb und für Betriebe, die keine Tourenregulierung verlangen beides ist bei der Brauerei nicht der Fall. Man wird also, wenn man nicht durch den Anschluß an ein vorhandenes Netz schon gebunden ist, sich immer für Gleichstrom entscheiden.

Die Betriebsspannung soll mindestens 220 Volt betragen, wodurch man mit dem vierten Teil an Leitungsquerschnitt auskommt, den man bei einer 110 Volt-Spannung benötigen würde. Um für Beleuchtung, die bei 110 Volt wirtschaftlicher arbeitet, diese Spannungshöhe zur Verfügung zu haben, führt man zweckmäßig das 3 Leitersystem mit zwei Generatoren durch, das bereits an anderer Stelle erwähnt ist. Die Glühlampen brennen dann mit 110 Volt, während die Motoren 220 Volt zur Verfügung haben. Für Betriebe von großer Ausdehnung kann auch 2×220 Volt ebenfalls nach dem Dreileitersystem geschaltet in Frage kommen. Der Antrieb des Generators erfolgt vermittels Riemenantrieb oder es sitzt der Generator direkt auf der Welle einer Turbine (Turbo-Dynamo) mit Fremderregung.

Transformatoren und Umformer.
Transformatoren.

Aus dem Ohmschen Gesetz geht hervor, daß, je höher die Spannung eines Stromes ist, um so geringer seine Stromstärke wird. Außerdem sahen wir bereits, daß die Wärmeentwicklung in einem Leiter auf Kosten der Stromstärke zu setzen ist. Haben wir also Elektrizität von einer Zentrale zum Verbraucher zu leiten, so werden wir dabei eine möglichst hohe Spannung verwenden, um mit dem geringsten Drahtquerschnitt auszukommen; denn aus der früher erwähnten Formel

$$R = \varrho \times \frac{l}{q}$$

ergibt sich, daß der Widerstand eines Leiters umso geringer ist, je größer sein Querschnitt ist. Durch den größeren Drahtquerschnitt geht also mehr Strom oder umgekehrt haben wir hohe Spannung mithin geringe Stromstärke, so kommen wir mit geringem Leitungsquerschnitt aus, sparen an Material, sowohl beim Draht selbst, wie bei seiner Aufhängung (Masten usw.).

Diese hohe Spannung, heute bereits bis zu 100 000 Volt (Bayernwerk), kann aber der Verbraucher nicht brauchen, die Isolierung würde zu schwierig sein. Er muß eine Möglichkeit haben, diesen hochgespannten Strom wieder umzuwandeln auf seine Betriebsspannung. Dazu dienen die sogenannten Transformatoren. Hier zeigt sich eine Ueberlegenheit des Wechselstromes gegenüber dem Gleichstrom. Die Spannungswandlung ist bei ihm mittels verhältnismäßig einfacher, nicht rotierender Apparate möglich. Einen Wechselstromtransformator zeigt Figur 111.

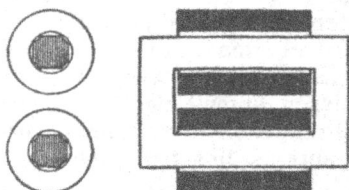

Er besteht aus einem Körper aus Eisenblechen, der mit zwei Wicklungen versehen ist. In die eine wird der hochgespannte Wechselstrom der Fernleitung geschickt, aus der zweiten wird der sekundäre Strom mit der gewünschten Spannung entnommen.

Figur 111

Die Wirkungsweise ist dabei folgende: Infolge des Wechselstroms entsteht im Eisenkern ein Wechselfeld. In den einzelnen Windungen der Sekundärwicklung entstehen infolgedessen Induktionströme und man hat es durch Wahl der Windungszahl der Sekundärwindung in der Hand, jede beliebig hohe Spannung zu erzeugen. Jede derartige Transformierung ist allerdings mit einem Verlust verbunden. Das Verhältnis der primären zur sekundären Spannung nennt man die Uebersetzung des Transformators, sie gibt zugleich auch das Verhältnis der beiden Windungszahlen an. Wegen dieser Einfachheit der Transformierung wird man in Ueberlandzentralen vorläufig immer hochgespannten Wechselstrom erzeugen. Wesentlich komplizierter als die Spannungswandlung ist die Stromumformung, d. h. der Uebergang von Wechselstrom in Gleichstrom, oder von Wechselstrom einer gegebenen Frequenz in Wechselstrom einer anderen Frequenz. In diesem Fall sind eigene rotierende Maschinen nötig, die als U m f o r m e r bezeichnet werden.

Man unterscheidet Einankerumformer (Converter), bei denen die eine Stromart auf der einen Seite eingeführt wird, auf der andern Seite die gewünschte Stromart abgenommen wird. Ihre Konstruktion zu erklären, würde hier zu weit führen. Die zweite Art sind die Motorgeneratoren, eine Doppelmaschine, bei der der Motor etwa durch Gleichstrom getrieben wird, während der mit dem Motor direkt gekuppelte Generator Wechselstrom erzeugt oder umgekehrt. Auch hier treten natürlich wieder Verluste auf und zwar sowohl im Motor als auch im Generator.

Elektrische Heizung und Beleuchtung.

Der elektrische Strom erwärmt den Leiter durch den er fließt. Diese Wärme gibt der Leiter an seine Umgebung ab. Man kann also mit Hilfe des elektrischen Stromes heizen, was auch bereits geschieht beim elektrischen Bügeleisen, bei Zimmerheizung und beim elektrischen Dampfkessel.

Joule fand, daß ein Strom von 1 Watt in 1 Sekunde 0,00024 Kal. entwickelt. Dieser Betrag heißt elektrisches Wärmeäquivalent.

Die entwickelte Wärmemenge in t-Sekunden ist also

$$Q = 0,00024 \times E \times I \times Z \text{ oder}$$
$$Q = 0,00024 \; I^2 \times R \times Z \text{ oder}$$
$$Q = 0,00024 \; (E^2 : R) \times Z$$

Beispiel:

In einem elektrischen Kochtopf für 110 V und 6 A sollen 1,5 Kg Wasser von 10 ⁰ C zum Sieden (100 ⁰ C) gebracht werden. Wie lange dauert dies?

$$Q = (100-10) \cdot 1,5 = 135 \text{ Kal.} \quad \text{Aus } Q = 0,00024 \; E \cdot I \cdot Z \text{ folgt}$$
$$Z = Q : (0,00024 \times E \times I) = 135 : 0,1452 = 931 \text{ sec} = 15 \text{ min } 31 \text{ sec.}$$

Was kostet das Erhitzen dieser Wassermenge bei einem Strompreis k = 0,5 Mark / kWh ?

$$A = E \cdot I \cdot Z = 110 \times 6 \times 931 = 6144,6 \text{ Wsec} = 61\,446 : 3\,600\,000 =$$
0,17 kWh
$$K = k \cdot 0,17 = 0,50 \cdot 0,17 = 0,09 \text{ Mk.} = 9 \text{ Pfg.}$$

Bei der elektrischen Dampfkesselheizung wird das Wasser unmittelbar als Widerstand geschaltet und dadurch erwärmt.

Eine weitere Ausnützung der Stromwärme finden wir in den Sicherungen der elektrischen Leitungen. Sie bestehen aus einem Stückchen dünneren Drahtes, der in die Hauptleitung eingeschaltet wird, bei zu starkem Strom in der Leitung und daraus resultierender starker Erwärmung desselben, schmilzt diese schwache Stelle sofort durch und unterbricht dadurch den Strom. Sie verhindern ein Glühendwerden der ganzen Leitung, was ev. einen Brand zur Folge haben könnte.

Die elektrische Beleuchtung macht sich in allen ihren Formen ebenfalls die Stromwärme zu Nutze.

Eine elektrische Glühbirne besteht aus dem luftleergemachten Glasgehäuse, das in einer Fassung gehalten wird. Die Evakuierung verhindert eine Verbrennung des in der Birne befindlichen Metallfadens. Derselbe erglüht bei Stromdurchleitung. Bei 110 Volt tritt Weißglut ein. Mehrere Lampen werden parallel geschaltet. Sie verbrauchen zirka 0,5 bis 1,2 Watt pro Kerzenstärke. Neuerdings werden ¼ Watt Nitra- (Stickstoffüllung) Lampen gebaut bis zu 3000 H. K. Sie verdrängen immer mehr die komplizierten Bogenlampen. Bei letzteren entsteht der Lichteffekt dadurch, daß zwei sich gegenüberstehende Kohlestäbe, die sich mit ihren Spitzen zunächst berühren, von einem Strom durchflossen und dann auseinandergezogen werden, wobei zwischen den beiden Spitzen sich ein Lichtbogen ausbildet. Die Bewegung der beiden Kohlestäbe wird automatisch gesteuert durch einen Elektromagneten, der im Haupt- oder Nebenschluß mit dem Leitungsstrom geschaltet ist.

Die Hitze des Lichtbogens (3000 ⁰ C) wird auch verwendet bei den Elektro-Stahlöfen, sowie beim elektrischen Schweißen.